CAD/CAM 技能型人才培养丛书

Mastercam X7 中文版 应用教程

王菁　丁伟　编著

U0364022

清华大学出版社

北　京

内 容 简 介

本书全面、详细地介绍了最新版 Mastercam X7 的功能和使用方法，通过大量的实例讲解，使读者能够快速掌握 Mastercam 编程的方法，并能达到举一反三的目的。

本书共 16 章，分别讲解了 Mastercam X7 入门基础、二维图形的绘制与编辑、转换图素、尺寸标注、实体造型和实体编辑、曲面造型和曲面编辑、外形铣削加工、二维挖槽加工、钻削、平面铣、雕刻加工、三维曲面粗加工、二次开粗加工、三维曲面精加工、清角加工等内容。

本书深入浅出，实例引导，讲解翔实，非常适合从事数控编程的初中级读者使用，既可以作为高等院校数控加工专业的教材，也可以作为社会相关培训机构的培训教材和工程技术人员的参考用书。

图书在版编目(CIP)数据

Mastercam X7 中文版应用教程 / 王菁，丁伟　编著. —北京：清华大学出版社，2015

(CAD/CAM 技能型人才培养丛书)

ISBN 978-7-302-40557-3

Ⅰ．①M…　Ⅱ．①王…　②丁…　Ⅲ．①计算机辅助制造－应用软件－教材　Ⅳ．①TP391.73

中国版本图书馆 CIP 数据核字(2015)第 137394 号

责任编辑：刘金喜
装帧设计：余慧枫
责任校对：曹　阳
责任印制：何　芊

出版发行：清华大学出版社
网　　　址：http://www.tup.com.cn，http://www.wqbook.com
地　　　址：北京清华大学学研大厦 A 座　　　邮　　编：100084
社 总 机：010-62770175　　　　　　　　　邮　　购：010-62786544
投稿与读者服务：010-62776969，c-service@tup.tsinghua.edu.cn
质 量 反 馈：010-62772015，zhiliang@tup.tsinghua.edu.cn
课 件 下 载：http://www.tup.com.cn，010-62794504
印 装 者：北京鑫海金澳胶印有限公司
经　销：全国新华书店
开　本：185mm×260mm　　　印　张：26.5　　　字　数：595 千字
　　　　(附光盘 1 张)
版　次：2015 年 9 月第 1 版　　　　　　　印　次：2015 年 9 月第 1 次印刷
印　数：1～2500
定　价：48.00 元

产品编号：058275-01

前　　言

　　Mastercam 是美国 CNC Software NC 公司研制开发的 CAD/CAM 一体化软件，当前已经发展到 Mastercam X7 版本。20 多年来，Mastercam 在功能上得到不断的更新与完善，已广泛应用于业界。

　　本书主要讲解 Mastercam X7 的 CAD/CAM 部分，其中对各种基本的造型方法以及各种加工编程方法都有详细的讲解，尤其对加工编程中遇到的加工参数进行了具体的解释，并对每种刀具路径的优缺点进行分析及对每种刀具路径使用的场合进行说明。

　　本书讲解过程中采用了大量的实例，对所讲的参数理论进行补充讲解，让读者了解具体编程过程中的参数设置。

1．本书特点

　　知识梳理：本书在每章开头设置学习目标，具体提示每章的重点学习内容，用户可根据本提示对重点学习内容进行逐点学习，以快速掌握 Mastercam X7 软件的基本操作。

　　专家点拨：本书在一些命令介绍后面设置了"提示"小模块，通过对特殊操作或重点内容进行提示，使用户掌握更多的操作。

　　实例讲解：本书以丰富的实例介绍 Mastercam X7 的各项命令及全过程操作，并在各章的结尾设置综合实例对章节介绍内容进行综合介绍，使用户能够快速掌握命令。

　　视频教学：为读者更方便地学习本书内容，本书为每章的基础讲解及综合实例的操作提供了视频教学，读者可以跟随视频的操作一步步进行学习。

2．本书内容

　　作者根据自己多年在设计和编程中的经验，从全面、系统、实用的角度出发，以基础知识与大量实例相结合的方式，详细介绍了 Mastercam 基础模块的各种操作、技巧、常用命令以及应用实例。全书共分 16 章，具体内容如下。

　　第 1 章　Mastercam X7 入门基础。主要介绍 Mastercam 软件基础入门知识，主要对软件基础操作命令简要介绍，以方便用户入门学习。

　　第 2 章　二维图形的绘制。主要讲解 Mastercam 二维图形的绘制，并通过几个案例来讲解其二维图形绘制技巧。

　　第 3 章　二维图形的编辑。讲解二维图形的编辑操作，通过编辑命令加快二维图形的绘制效率。

第 4 章 转换图素。主要讲解 Mastercam 图素的转换，主要用来进行复制、旋转、偏移、镜像等操作。

第 5 章 尺寸标注。讲解 Mastercam 的尺寸标注功能，主要是在二维图形和工程图基础上进行尺寸标注。

第 6 章 实体造型和实体编辑。主要讲解实体造型和实体编辑，通常用于简单的实体模型的创建和编辑操作。

第 7 章 曲面造型和曲面编辑。主要讲解曲面造型和曲面编辑，可以用来对曲面模型的创建和编辑操作。

第 8 章 外形铣削加工。详细讲解外形铣削加工操作，主要是对二维凸形或二维凹槽进行铣削加工。

第 9 章 二维挖槽加工。主要讲解二维挖槽加工刀路，包括对各种二维槽形进行加工操作等。

第 10 章 钻削。重点讲解钻削，主要是对点、圆等图素进行加工成各种孔。根据不同的孔、不同的精度，钻削加工的类型也不同。

第 11 章 平面铣。讲解平面铣加工，可以方便地对毛坯的表面、零件的平曲面或凹槽的平地面等进行光面加工。

第 12 章 雕刻加工。主要介绍雕刻加工，可以对线条、花纹、凹槽和凸形进行雕刻加工。

第 13 章 三维曲面粗加工。讲解曲面开粗加工，用于对三维曲面的开粗去残料加工。

第 14 章 二次开粗加工。讲解二次开粗加工，用于对铸件毛坯的开粗或者零件的首次开粗后进行去残料加工。

第 15 章 三维曲面精加工。讲解曲面精加工，用于对粗加工后的零件进行精修加工。

第 16 章 清角加工。讲解曲面清角加工，用于曲面精加工后的拐角或交线处进行清角加工。

为便于读者学习，本书中的图片为汉化版本截图，个别术语、选项汉化不够精确，文中讲解时仍按常用说法进行描述。

3．光盘内容

本书光盘包括了实例文件和视频文件两部分，源文件是实例的起始操作文件，结果文件是完成数控加工后的文件，包括从"第 1 章"至"第 16 章"16 个文件夹；视频文件包括了所有综合实例操作内容，视频文件全被放置在"视频文件"文件夹中。

用户在使用实例文件时，请将文件复制到 D 盘的根目录下使用。

4．读者对象

本书适合于 Mastercam X7 设计和编程加工模块的初学者和技术人员，具体说明如下：

- ❖ 相关从业人员
- ❖ 大中专院校的教师和在校生
- ❖ 广大科研工作人员
- ❖ 初学 Mastercam 的技术人员
- ❖ 相关培训机构的教师和学员
- ❖ Mastercam 编程爱好者

5．本书作者

本书由王菁、丁伟编著，另外徐进峰、史洁玉、孙国强、李昕、孔玲军、张樱枝、代晶、刘成柱、贺碧蛟、石良辰、柯维娜、温海洋、郝守海等也参与了本书编写。虽然作者在本书的编写过程中力求叙述准确、完善，但由于水平有限，书中欠妥之处在所难免，希望读者和同仁能够及时指出，共同促进本书质量的提高。

6．读者服务

为了方便解决本书疑难问题，读者朋友在学习过程中遇到与本书有关的技术问题，可以发邮件到邮箱 book_hai@126.com，或者访问博客 http://blog.sina.com.cn/tecbook，编者会尽快给予解答，我们将竭诚为您服务。

本书 PPT 课件素材可通过http://www.tupwk.com.cn/downpage下载。

服务邮箱：wkservice@vip.163.com。

编　者

目　　录

第1章

Mastercam X7 入门基础

　　本章主要讲解 Mastercam X7 的基础知识，包括软件的启动和退出、工作界面、文件管理、网格设置、系统配置、图层管理、图素选择、手动捕捉点等。下面将一一进行讲解。

 学习目标

　　◇　掌握软件的启动和退出操作。
　　◇　理解文件的管理方法。
　　◇　掌握图层的管理方法。
　　◇　掌握图素的选择技巧。
　　◇　认识软件的基本界面。

1.1　Mastercam X7 软件启动和退出

在进行工作和学习前，首先需要打开 Mastercam X7 软件，启动和退出该软件的操作比较方便，有多种操作方式，下面将分别进行讲解。

1.1.1　启动 Mastercam X7

Mastercam X7 软件的启动方式有以下 3 种：

(1) 在桌面上双击 Mastercam X7 快捷方式 即可快速启动软件。

(2) 在"开始"菜单中单击 Mastercam X7 快速启动图标 Mastercam X7 即可快速启动该软件。

(3) 在 Mastercam X7 安装根目录下找到 Mastercam X7 软件图标，然后双击该图标即可启动软件。

1.1.2　退出 Mastercam X7

Mastercam X7 软件的退出方式有以下 3 种：

(1) 在 Mastercam X7 窗口的右上角单击 ✕ (关闭)按钮，即可退出该软件。

(2) 在 Mastercam X7 主菜单中选择"文件"→"退出"命令，系统即可退出该软件。

(3) 直接按 Alt+F4 组合键即可退出软件。

1.2　Mastercam X7 工作界面简介

在桌面上启动软件后，即出现 Mastercam X7 软件的界面，该界面包括标题栏、菜单栏、工具栏、状态栏、操作管理器、绘图区等，如图 1-1 所示。

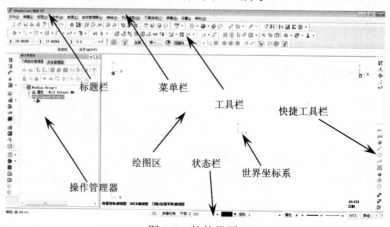

图 1-1　软件界面

常用选项含义如下：

◇ 标题栏：标题栏显示的是当前软件的版本信息。标题栏还可以显示当前使用的模块、打开文件的路径及文件名称等。

◇ 菜单栏：显示软件所有的主菜单，菜单栏中包含软件当前板块的所有命令。由于各个模块被整合为一体，所以，不管哪个模块，菜单栏都相同。

◇ 工具栏：位于菜单栏下方的按钮即是工具栏。工具栏其实就是常用的菜单项的快捷图标。

◇ 操作管理器：用来管理实体和刀具路径的管理器。此管理器可以折叠，也可以打开。所有实体相关的操作都可以在实体管理器中完成，所有刀具路径相关的操作都可以在刀具路径管理器中完成，因此，对实体和刀具路径的操作非常方便。

◇ 状态栏：用来设置或更改图形的属性信息。包括颜色、Z 深度、图层、线型、线宽等。

◇ 绘图区：用来绘制和编辑图形的区域。

1.3　Mastercam X7 文件管理

文件管理包括新建文件、打开文件、插入已有文件、文件的导入和导出等。在绘制图素后，必须要对图素进行管理，如保存和新建等管理，是进行文件处理过程中经常用到的功能。用户必须对文件有合理的管理，以方便以后的调取或随时重新进行编辑。

1.3.1　新建文件

在启动软件时，系统默认就新建了一个文件，用户不需要再进行新建文件操作，可以直接在当前窗口进行绘图。若用户在使用后，想新建一个文件，可以在主菜单中选择"文件"→"新建"命令，这时系统弹出询问对话框，该对话框询问用户是否对刚才的文件进行保存，如图 1-2 所示。

图 1-2　新建文件

在询问对话框中选择"是"，则对刚才的文件进行保存，系统弹出"另存为"对话框，该对话框用来设置保存路径，如图 1-3 所示。在询问对话框中选择"否"，则系统不予保存，直接新建了一个文件，用户即可以直接删除先前的图素，直接新建文件。

图 1-3 "另存为"对话框

1.3.2 打开文件

如果要调取其他文件，可以在主菜单中选择"文件"→"打开"命令，弹出"打开"对话框，该对话框用来查找打开目录，调取需要的文件，如图 1-4 所示。

图 1-4 打开文件

在右边的预览对话框中还可以对所选的图形进行预览，查看是否是自己需要的文件，从而方便地做出选择。

1.3.3 保存文件

保存文件有 3 种方式：保存文件、另存文件和保存部分。用户需要将所完成的文件进行保存，可以在主菜单中选择"文件"→"保存文件"命令，系统弹出"另存为"对话框，该对话框用来设置保存文件的路径，如图 1-5 所示。

图 1-5　"另存为"对话框

另存为保存文件和保存部分文件，系统弹出的对话框都一样，另存为是将当前的文件复制一份副本另存到别的目录，相当于保存副本。保存部分是选取绘图区某一部分图素进行保存，而没有选取的则不保存。

1.3.4　导入/导出文件

导入/导出文件主要是将不同格式的文件相互进行转换。导入是将其他类型文件转换为MCX 格式的文件。导出是将 MCX 格式的文件转换为其他格式文件。

在主菜单中选择"文件"→"汇入目录"命令，弹出"汇入文件夹"对话框，输入文件类型是选择要转换的文件的格式，如图 1-6 所示。

在主菜单中选择"文件"→"汇出目录"命令，弹出"汇出文件夹"对话框，输出文件类型是选择要转换成的文件的格式，如图 1-7 所示。

图 1-6　汇入目录

图 1-7　汇出目录

1.4　设置网格

设置网格的功能主要是用来辅助绘图，系统会在屏幕上显示等间距的密布的矩形点阵，用户在绘图时可以参考网格点进行绘制，而且可以用鼠标捕捉网格点来绘制图形。在主菜单中选择"屏幕"→"网格设置"命令，系统弹出"网格参数"对话框，如图 1-8 所示。该对话框用来设置网格相关的参数。

图 1-8　"网格参数"对话框

1.5　系统配置设定

　　系统配置主要用来控制 Mastercam X7 软件所有的系统参数设定，包括绘图颜色、工作区背景颜色、绘图单位制以及绘图和刀具路径等方面的设置。要更改系统配置，可以在主菜单中单击"设置"→"系统配置"命令，系统弹出"系统配置"对话框，如图 1-9 所示，该对话框用来设置系统内定参数。

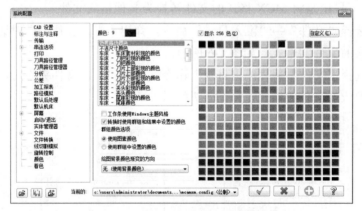

图 1-9　"系统配置"对话框

1.6　Mastercam X7 图层管理

　　Mastercam X7 图层管理主要是用来将诸多的图素进行分类整理存储，方便用户调取操作。图层管理主要分两个方面，一是图层打开和关闭，二是图层的移动和复制。下面分别讲解。

1.6.1　图层的打开和关闭

图层的打开和关闭可以控制在该层的图素的显示和隐藏。当绘图区图素过多时，图层的隐藏就显得非常重要。

打开图层的方式是在层别管理器中操作，打开层别管理器有两种方式：

(1) 按键盘的 Alt+Z 组合键即可打开层别管理器。

(2) 在绘图区下方的状态栏上单击 层别 1 ▼(图层)按钮，系统弹出"层别管理"对话框，如图 1-10 所示。

在层别管理器中"突显"栏单击"X"即可关闭该层。反之单击此栏显示"X"即可打开此图层。

1.6.2　图层的移动和复制

图层的移动和复制是指将此图层中的图素移动或者复制到另外一个图层。图层的移动和复制操作方式类似，首先选中需要移动的图素，再在绘图区下方的状态栏上右键单击 层别 1 ▼(图层)按钮，系统弹出"更改层别"对话框，如图 1-11 所示。

图 1-10　层别管理器　　　　　图 1-11　"更改层别"对话框

在"更改层别"对话框中选中"移动"选项，即可将选中的图素移动到目标图层，选中"复制"选项，则可以将选中的图素复制到目标图层。

1.7　Mastercam X7 图素选择方法

图素的选择方法有单体选择、串连选择、矩形框选、多边形选取、向量选取、区域选取等。有两种方式可以调取：

(1) 在没有调取任何命令时直接在工具栏上切换选取工具，然后即可进行选取。

(2) 在调取了某一工具后，系统弹出"串连选项"对话框，该对话框中也可以切换多种选取方式，与工具栏中的选取方式相同，如图 1-12 所示。

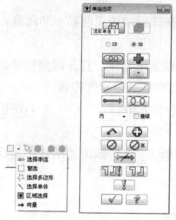

图 1-12　图素的选择方法

下面将详细讲解各种选取方式的含义和操作。

1.7.1　单体选择

单体选择是一次只选取一个图素，如果选取的图素比较多的话，此方法比较费时费力。但是，在有些特殊情况下，多个图素相连并相切时，用户若需要只选取某一个单独的图素，就可以采用单体选取模式。在工具栏中单击∖(单体选择)按钮，如图 1-13 所示。

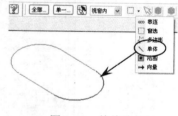

图 1-13　单体选择

 提示

　　单体选取模式除了可以单个地选取对象外，在曲面边界的选取过程中，如果曲面边界没有曲线，可以采用单体选取方式直接选取曲面边界，而无需再去抽取曲面的边界曲线。

1.7.2　串连选择

当图素较多时，多个图素首尾相连组成串连时，一个一个选太浪费时间，可以采用串连选取的方式一次选取所有相连接的图素，选取效率比较高。串连分为开放串连和封闭串连。开放串连不形成环即不封闭，存在独立的起点和终点。封闭串连是一个封闭环，起点和终点重合。选取串连方法有 3 种，方式如下：

(1) 在选择工具栏中单击"串连选取"按钮，再在绘图区选取串连。

(2) 按住 Shift 键，同时在绘图区选取串连。

(3) 在弹出的串连选项中选取"串连"按钮，即可在绘图区选取串连，如图 1-14 所示。

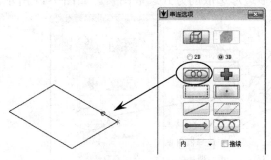

图 1-14　串连选取

1.7.3　矩形框选

当要选取的图素较多，单个选太慢，而且它们之间并不形成串连，此时可以采用框选的方式选取图素。框选方式有两种，一种是在弹出的"串连选项"对话框模式下框选，选取方式如图 1-15 所示，另一种是在工具栏中选取矩形框选，分框内和框外，因此根据框选区域不一样，框选的类型也有区别。在框选类别栏单击，出现下拉列表，有视窗内、视窗外、范围内、范围外和相交共 5 种框选类型，如图 1-16 所示。

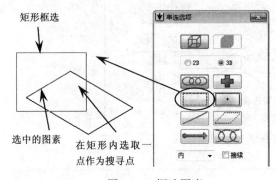

图 1-15　框选图素

图 1-16　框选类别

框选类别中各选项含义如下：

◇　视窗内：只选中矩形框之内的图素。

◇　视窗外：只选中矩形框之外的图素。

◇　范围内：选中矩形框之内的和与矩形框相交的图素。

◇　范围外：选中矩形框之外的和与矩形框相交的图素。

◇　相交：只选中与矩形框相交的图素。

1.7.4　多边形选择

当要选取的图素较多，单个选太慢，而且它们之间并不形成串连，并且它们不集中在矩形框之内时，此时可以采用多边形选取的方式选取图素。如图 1-17 所示。

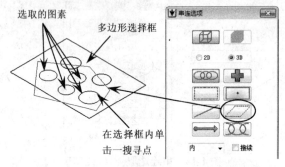

图 1-17　多边形选取

1.7.5　向量选取

向量选取是采用鼠标拉出一段或多段向量，凡是与向量相交的串连都被选取，也就是说与向量相交的图素被选取，并且与此图素相连组成的串连也全部被选取。此种选取方式也是对比较复杂的很多图素在一起时采用，如图 1-18 所示。

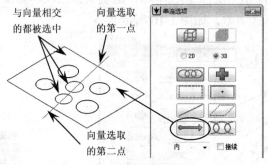

图 1-18　向量选取

1.7.6　区域选取

区域选取是鼠标单击某一点位置，系统会将此点所在的封闭范围内的所有图素全部选取。选取的原理是以此点作为中心，向四周发散，向外直到封闭的外边界为止，包括外边界，向内到封闭的内边界停止，包括内边界。凡是在外边界之外的不被选中，凡是在内边界之内的也不被选中。选取图素方式如图 1-19 所示。

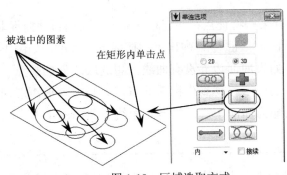

图 1-19　区域选取方式

1.7.7　部分串连选取

当只需要串连中的某一部分图素时，采用串连选取会选多，采用单体选取会选少，此时，可以采用部分串连功能，只选取用户需要的。或当图素较多时，并且存在分歧点，即 3 个或 3 个以上图素有共同的交点，此时用串连是无法选取的，可以采用部分串连。部分串连一般在串连选项中出现，在串连选项中单击"部分串连"⬭⬭按钮，系统提示选取第一个图素，选取直线，接着系统提示选取最后一个图素，选取另外一条直线，如图 1-20 所示。

🔧 **提示**

　　部分串连主要选取串连曲线中的一部分，避免采用串连方式选取到不需要的全部曲线。此外，当一串连在中间存在分叉时，此时采用串连是无法选取的，而采用部分串连却可以通过分叉选取整条曲线。

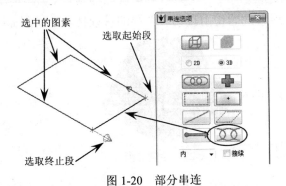

图 1-20　部分串连

1.8　手动捕捉点

在绘图过程中，有时由于不容易捕捉点，导致选取错误，此时可以采用手动捕捉，增加捕捉的成功率。特别适合选取某些特征点在一起相互靠近，采用自动捕捉非常难选时采用。单击工具栏手动捕捉按钮的下拉按钮 ，弹出手动捕捉下拉菜单，如图 1-21 所示。

另外，在绘制曲面时，如果曲面边界没有曲线，想选取边界的端点，就必须采用手动捕捉端点了。要将矩形曲面的中心移动到坐标系原点，就必须找出矩形曲面的中心点，矩形曲面的对角点连线的中点即为曲面中心。绘制对角线步骤如图 1-22 所示。

提示

捕捉点功能提供了精确选取点模式，有时比系统自动捕捉点模式更加精准。此外，有些点是自动捕捉无法捕捉到的，比如曲面的端点等。在点比较多的地方，手动捕捉点比自动捕捉点更加有优势。

图 1-21　手动捕捉下拉菜单

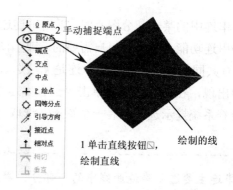

图 1-22　绘制对角线

案例 1-1：串连选择和图层管理

本例主要通过讲解串连方式的使用技巧和图层的管理技巧，绘制如图 1-23 所示的模型。

图 1-23　绘制的模型

操作步骤：

(1) 绘制矩形。在工具栏中单击 (矩形)按钮，并单击 (以中心点进行定位)按钮，输入矩形的尺寸为 20×20，选取定位点为原点，如图 1-24 所示。

(2) 绘制圆。在工具栏中单击 (绘圆)按钮，输入圆心点坐标为(0,0,10)，再输入直径为 15，绘制圆的结果如图 1-25 所示。

图 1-24　绘制底部矩形　　　　　　　　图 1-25　绘制顶部圆

(3) 在工具栏中单击 (修剪)按钮,在弹出的工具条中再单击 (修剪到点)按钮,接下来单击修剪类型为 (打断)按钮,选取矩形边后再选取中点为打断点。打断结果如图 1-26 所示。

(4) 串连倒圆角。在"草绘"工具栏中单击 (串连倒圆角)按钮,选取要倒圆角的矩形,输入半径为 5,单击"确定"按钮完成倒圆角,如图 1-27 所示。

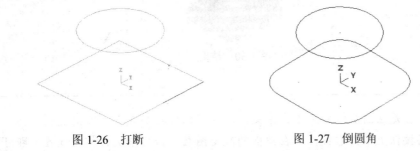

图 1-26　打断　　　　　　　　　　图 1-27　倒圆角

(5) 在主菜单中选择"实体"→"举升实体"命令,系统弹出"串连选项"对话框,在串连选项中选取 (串连)按钮,靠近刚才打断点处选取矩形串连后再选取圆,绘制出举升实体,如图 1-28 所示。

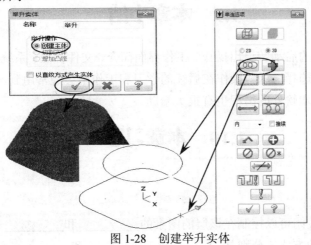

图 1-28　创建举升实体

(6) 将线框转层。选取所有线框,在图层按钮上单击右键,转到第 2 层,操作步骤如图 1-29 所示。

图 1-29 转层

(7) 图层关闭后线架被隐藏，结果如图 1-30 所示。

图 1-30 结果

提示

　　打开图层是在图层按钮上单击左键，而要将图素转层或者将图素复制到其他层则需要在图层按钮上单击右键，并在弹出的改变图层对话框中进行相关设置，即可进行图层操作。注意两种方式操作的区别主要在鼠标左右键上。

1.9　本章小结

　　本章主要讲解软件的启动和退出操作、工作界面简介、文件管理、系统配置、图层管理、图素选取和手动捕捉点选择。这些操作在后续的学习和工作中会经常用到，因此，熟练掌握这些技巧，对快速掌握本软件的编程也有很大帮助。

1.10　本章习题

一、填空题

1. 图层的打开和关闭可以控制在该层的图素的_____和_____。

2. 保存文件有 3 种方式，分别是_____、_____和_____。

二、简述题

简述各种图素选择方法的操作步骤和优缺点。

第 2 章

二维图形的绘制

Mastercam X7 二维绘图是整个 Mastercam 造型和加工编程的基础，利用 Mastercam X7 的点、线、圆等基本图素，再利用位置和几何关系进行绘制平面图或空间线架图形。很多复杂的图形都是由基本的点、线、圆、曲线通过一定的规律和位置排列而成的。因此，掌握基本的图素绘制技巧，即可以掌握图形的绘制技巧。

 学习目标

❖ 理解点在造型中的重要作用。

❖ 熟练掌握直线、圆和圆弧的操作技巧。

❖ 对于有相切条件或多圆弧相切条件下，学会利用切弧。

❖ 掌握矩形、椭圆、多边形等图形的操作。

❖ 掌握一般性的曲线绘制操作。

2.1　点

点是几何图素中最基本的元素，点在实际建模中用得并不多，但是点的思想却贯穿整个建模和加工过程中。点是创建其他所有图素的基础，下面将具体来说明点的创建过程。

2.1.1　指定位置绘点

绘制任意位置点主要用于绘制鼠标位置点或在屏幕图素上捕捉的特殊点。另外，也可以采用鼠标捕捉特殊点来绘制点。如对直径为 100 的圆，在圆中的 4 个象限点添加单点，如图 2-1 所示。操作步骤如下：

在"草图"工具栏单击🔲(指定位置点)按钮，单击鼠标左键捕捉圆的 4 个象限点后单击鼠标左键确定放置点，即可在该位置创建点，如图 2-2 所示。

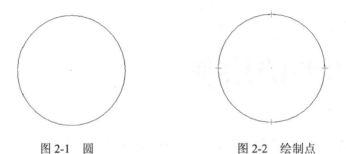

图 2-1　圆　　　　　　　　　　图 2-2　绘制点

另外还可以在坐标输入栏直接输入点的坐标，有两种操作方法：

(1) 直接单击🔲(快速输入点)按钮，系统弹出"快速输入文本框"用来输入点的坐标，如图 2-3 所示。可以直接输入"X10Y20Z30"创建该坐标点。

(2) 更快捷的输入方式是单击🔲(快速输入点)按钮，在"快速输入文本框"直接输入"10,20,30"，坐标之间用逗号连接，如图 2-4 所示，即可创建相应的点。

图 2-3　快速输入点　　　　　　　　图 2-4　快速输入

> 💡 **提示**
>
> 在输入坐标点时的输入法一定要在英文状态下，如果在中文状态下，就会出现坐标错误。
>
> 如果每次都要单击🔲(快速输入点)按钮，操作比较麻烦，可以在键盘上按 Space 键(即空格键)出现快速输入栏，可令快速输入点的方式更快。
>
> Mastercam X7 甚至不需要按空格键，直接输入数字，系统自动切换到快速输入坐标模式，更加便捷。

2.1.2　动态绘制点

动态绘制点命令用于在线段、圆、圆弧、曲线、曲面曲线、曲面及实体面等几何图素上动态绘制点。所有绘制的点都在选取的图素上。如图 2-5 所示的曲线，采用动态绘制点命令在曲线上创建任意 3 点。绘制动态点有两种方式，其操作步骤如下：

(1) 在对象上绘制任意位置点。在"草绘"工具栏中单击 (创建动态绘点)按钮，单击鼠标左键选中曲线，再移动指针到需要创建点的位置，单击鼠标左键确定放置点。同样的方法可以创建另外两个点，按 Esc 键退出命令，如图 2-6 所示。

图 2-5　绘制的曲线　　　　　　　　　图 2-6　动态绘点

(2) 在对象上绘制指定长度的点。在"草绘"工具栏中单击 (创建动态绘点)按钮，单击鼠标左键选中曲线，在参数输入栏输入距离为 20，单击"确定"按钮，从线的起点位置开始距离 20mm 的地方创建单点，如图 2-7 所示。

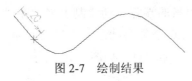

图 2-7　绘制结果

2.1.3　绘制曲线节点

绘制曲线节点命令，用于在曲线的节点处产生点。绘制节点的操作方法很简单，在"草绘"工具栏中单击 (曲线节点)按钮，再在绘图区选取任意曲线，系统即自动将此曲线的节点全部创建出来，如图 2-8 所示。

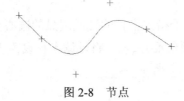

图 2-8　节点

2.1.4　绘制等分点

等分点命令主要用于在已有的图素上创建等分点或者创建指定距离的点，用来等分某图素，即平均等分，或用距离来进行不平均等分某图素。如将长为 90 的直线等分为 5 段，其操作步骤如下：

在"草绘"工具栏中单击 (等分点)按钮，在绘图区选取直线，在数量输入栏输入点数为 6，单击"确定"按钮完成参数输入，系统根据参数生成等分点结果，如图 2-9 所示，每段的距离都为 18。

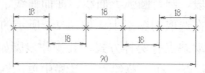

图 2-9　绘制等分点

 提示

　　输入的点数与需要等分的段数并不相等，一般段数加 1 就等于点数，因此，等分5 段需要 6 点才可以，相当于起始点不参与等分。

2.1.5　绘制端点

　　绘制端点命令能够将所有图素的端点自动绘制出来。在"草绘"工具栏中单击 (绘制端点)按钮，屏幕上所有图素的端点全部自动绘制出来。此命令不需要选取对象，启动命令后系统自动对屏幕上的所有图素添加端点，如图 2-10 所示。

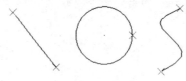

图 2-10　绘制端点

2.1.6　绘制小弧圆心点

　　小弧圆心点命令用于绘制小于指定半径的圆或圆弧的圆心点，用于寻找圆弧的圆心点。在"草绘"工具栏中单击 (小弧圆心)按钮，将过滤半径设为 15，再选取所有的圆和圆弧，单击"确定"按钮，结果如图 2-11 所示。

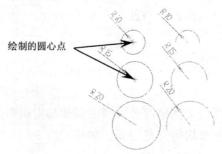

图 2-11　绘制小弧圆心点

如果在状态栏中选中 ◎（对圆弧有效）按钮，表示对圆和圆弧都有效，则此命令创建的圆心就包括所有指定半径范围内的圆和圆弧。

案例 2-1：绘制平面五角星

采用等分点命令绘制如图 2-12 所示的平面五角星。

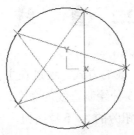

图 2-12　绘制圆内接五角星

操作步骤：

(1) 绘制圆，直径为 50。在"草绘"工具栏中单击 ⊕(绘圆)按钮，选取坐标系原点为圆心点，再输入圆的直径为 50，单击"确定"按钮后完成圆的绘制，如图 2-13 所示。

(2) 创建等分点。在"草绘"工具栏中单击 ⁺₅(等分点)按钮，在绘图区选取直线，在数量输入栏输入点数为 6，单击"确定"按钮完成参数输入，系统根据参数生成等分点结果，如图 2-14 所示。

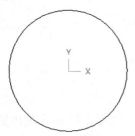

图 2-13　绘制圆

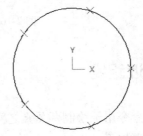

图 2-14　创建等分点

 提示

　　此处创建时输入点数为 6，但是在图中所看到的只有 5 个点，因为圆比较特殊，圆的起点和终点重合在一起，因此，等分点的第一点和最后一点重合。

(3) 连接直线。在"草绘"工具栏中单击 ⁺↖(直线)按钮，再选择 Ⓜ(绘制连续线)按钮，然后依次连接两相邻的等分点，结果如图 2-15 所示。

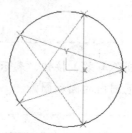

图 2-15　连接直线

2.2　直　线

Mastercam X7 提供了 5 种绘制直线的方式，通过在主菜单中选择"绘图"→"直线"命令，即会弹出绘制直线子菜单。共有 5 种绘制直线的命令，对应 5 种绘制直线的方法。也可以直接在"草绘"工具栏中单击直线按钮旁的 下拉按钮，调出绘制直线的所有工具。

2.2.1　通过两点绘制直线

两点绘制直线命令可以通过任意两点创建一条直线，通过捕捉两个点或输入两个点的坐标也可以创建两点直线。如图 2-16 所示，通过捕捉矩形的对角点来创建一条矩形对角线。

图 2-16　绘制矩形对角线

2.2.2　绘制近距线

绘制近距线命令用于绘制两图素之间的最近距离线，如图 2-17 所示的内圆外方图形中，绘制近距线的步骤如下：

在主菜单中选择"绘图"→"直线"→"绘制近距线"命令，选取绘图区的直线和圆弧，系统即创建了圆弧和直线之间最近距离的直线，如图 2-18 所示。

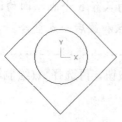

图 2-17　内圆外方

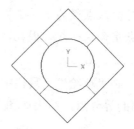

图 2-18　近距线

2.2.3 绘制分角线

平面内两条非平行线必然存在交点，并且形成夹角。分角线命令即是用于绘制两相交直线的角平分线。

由于直线没有方向性，因此两条相交直线组成的夹角共有 4 个，产生的角平分线当然也应该有 4 种，所以需要用户选择所需要的平分线。如对图 2-19 所示的矩形创建角平分线，其操作步骤如下：

在"草绘"工具栏中单击 ⩊(分角线)按钮，选取两条线，系统根据选取的直线位置绘制出角平分线，如图 2-20 所示。

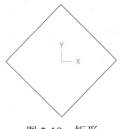 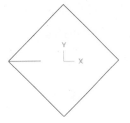

图 2-19　矩形　　　　　　　　　图 2-20　分角线

 提示

　　其实两相交直线的特殊情况即平行，两直线的夹角为 0°，因此角平分线与它们的夹角也是 0°。所以，此种情况做出来的角平分线也是与原平行线平行，并且到两平行线之间的距离相等。

2.2.4 绘制垂直正交线

绘制正交线命令是过某图素上一点，绘制一条图素在该点处的法向线。对如图 2-21 所示的内圆外方图形绘制垂直正交线，其操作步骤如下：

在"草绘"工具栏中单击 ⊢(绘制垂直正交线)按钮，先选取圆，再选取矩形角点，即可绘制出经过矩形角点的圆的法线，如图 2-22 所示。

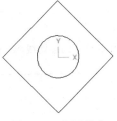 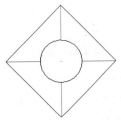

图 2-21　内圆外方　　　　　　　图 2-22　垂直正交线

提示 ----------

垂线是过线外一点作此线的垂线，如果没有线外一点，而是换作线上一点，同样可以作垂线，此时，过此线上的点的切线的垂线应该有两条，所以需要用户选取一条保留。

2.2.5 绘制平行线

绘制平行线是在已有直线的基础上，绘制一条与之平行的直线。偏移的方向是已知直线的法线方向。如图 2-23 所示的右上侧斜线即为通过左下侧斜线绘制的平行线。

图 2-23 绘制平行线

2.2.6 创建切线通过点相切

创建切线通过点相切即是创建圆或曲线的切线并经过圆或曲线上指定的切点。如对图 2-24 所示的图形创建一条过半径线端点的圆的切线，其步骤如下：

在"草绘"工具栏中单击◡(创建切线通过点相切)按钮，单击鼠标左键选取圆，再选取半径线上端点，拉出切线，输入切线长度为 30，单击"确定"按钮，完成切线绘制，如图 2-25 所示。

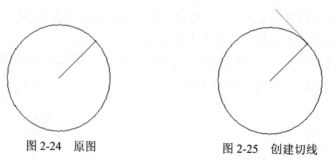

图 2-24 原图   图 2-25 创建切线

案例 2-2：绘制平行线

采用平行线命令绘制如图 2-26 所示的图形。

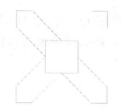

图 2-26　绘制平行线

操作步骤：

(1) 绘制矩形。在“草绘”工具栏中单击▣(矩形)按钮，并单击▣(以中心点定位)按钮，输入矩形的尺寸为 80×80，选取定位点为原点，如图 2-27 所示。

(2) 绘制线。在“草绘”工具栏中单击◥(绘制直线)按钮，再选取矩形的对角点进行连线，连线结果如图 2-28 所示。

图 2-27　绘制矩形　　　　图 2-28　绘制线

(3) 绘制平行线。在“草绘”工具栏中单击◣(绘制平行线)按钮，再选取矩形的对角线为要偏移的线，然后单击线两侧进行偏移，并单击▤(输入平行距离)按钮激活“距离”选项，输入距离为 10。绘制平行线结果如图 2-29 所示。

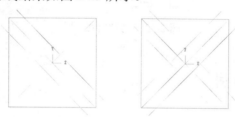

图 2-29　绘制平行线

(4) 修剪。在“修剪”工具栏中单击▦(修剪)按钮，系统弹出修剪工具条，在修剪工具条中单击▦(分割)按钮，单击要修剪的图素，修剪结果如图 2-30 所示。

(5) 绘制线。在工具栏中单击◥(绘制直线)按钮，再选取平行线交点为线的起点，分别拉出水平线和竖直线，长度任意。绘制结果如图 2-31 所示。

图 2-30　修剪　　　　　　图 2-31　绘制水平线和竖直线

(6) 修剪。在工具栏中单击 (修剪)按钮，系统弹出修剪工具条，在工具条中单击 (两物体修剪)按钮，单击要修剪的两条线，修剪结果如图 2-32 所示。

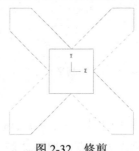

图 2-32　修剪

2.3　圆和圆弧

Mastercam 系统提供了多种绘制圆弧的工具，包括圆和圆弧两大类，共有 7 种，如图 2-33 所示。采用这些命令可以绘制绝大多数的有关圆弧的图形，下面将详细讲解绘制步骤。

图 2-33　圆和圆弧

2.3.1　已知圆心点画圆

通过圆心点绘制圆的方式是绘制圆最基本的形式，通过圆心点来确定圆有以下几种方式：

(1) 定义圆心点的位置和半径值确定圆。

(2) 定义圆心点的位置和直径值来确定圆。

(3) 定义圆心点的位置和圆上任意一个已知点来确定圆，圆上点间接提供了半径值。

(4) 定义圆心点位置和相切条件确定圆。

在"草绘"工具栏中单击 (已知圆心点画圆)按钮，系统弹出绘圆工具条，如图 2-34 所示。

图 2-34　已知圆心点画圆

各按钮含义如下：

✧　 ：已知点绘圆。

✧　 ：指定圆心点，单击此按钮可以修改圆心位置。

❖　　6.68257　：半径栏，在输入栏可以输入半径值，单击前面的按钮，可以锁定半径值。

❖　　13.36515　：直径栏，在输入栏可以输入直径值，单击前面的按钮，可以锁定直径值。

❖　　：相切，单击此按钮，指定与圆相切的条件。

案例 2-3：绘制已知圆心点圆

采用已知圆心点圆命令绘制如图 2-35 所示的图形。

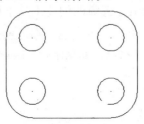

图 2-35　已知圆心点圆

操作步骤：

(1) 绘制圆。在"草绘"工具栏中单击 (已知圆心点圆)按钮，系统弹出绘圆工具条，在绘圆工具条上单击 (半径)按钮，将圆半径进行限定，然后输入半径 20，再依次输入圆心点坐标"30,20"、"-30,20"、"-30,-20"、"30,-20"，结果如图 2-36 所示。

(2) 连接直线。在"草绘"工具栏中单击 (直线)按钮，选取圆的象限点进行连线，结果如图 2-37 所示。

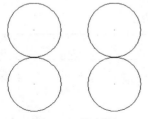

图 2-36　绘制圆

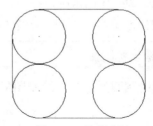

图 2-37　绘制直线

(3) 修剪。在"修剪"工具栏中单击 (修剪)按钮，系统弹出修剪工具条，在修剪工具条上单击 (分割物体)按钮，再选取要修剪的图素，结果如图 2-38 所示。

(4) 绘制圆。在"草绘"工具栏中单击 (已知圆心点圆)按钮，系统弹出绘圆工具条，在绘圆工具条上单击 (半径)按钮，将圆半径进行限定，然后输入半径 10，再依次选取先前绘制圆的圆心点，结果如图 2-39 所示。

图 2-38　修剪

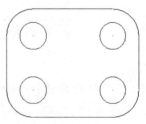

图 2-39　绘制圆

2.3.2 极坐标圆弧(以圆心为极点)

极坐标圆弧是通过以圆心点为极点，圆半径为极径，圆弧的起点作为极坐标起始点，圆弧终点作为极坐标终点的方式绘制圆弧。

在工具栏单击 极坐标圆弧 (极坐标圆弧)按钮，指定圆心点位置和圆上起点以及终点位置，即可绘制极坐标圆弧，极坐标圆弧的创建工具条如图 2-40 所示。

图 2-40 极坐标圆弧工具条

各按钮含义如下：

◇ ： 极坐标圆弧。

◇ ： 指定圆心点位置。

◇ ： 切换圆弧方向。

◇ 6.36618 ： 半径栏，在输入栏可以输入半径值，单击前面的按钮，可以锁定半径值。

◇ 12.73235 ： 直径栏，在输入栏可以输入直径值，单击前面的按钮，可以锁定直径值。

◇ 357.58897 ： 起始角度，指定极坐标圆弧起点的角度值。

◇ 81.72411 ： 终止角度，指定极坐标圆弧终点的角度值。

◇ ： 相切，单击此按钮，指定与圆相切的条件。

案例 2-4：绘制极坐标圆弧

采用极坐标绘制圆弧命令，绘制图形，如图 2-41 所示。

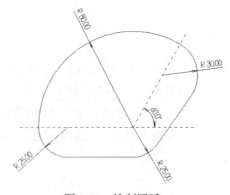

图 2-41 绘制圆弧

操作步骤：

(1) 在"草绘"工具栏单击 极座标圆弧 (绘制极坐标圆弧)按钮，输入圆心坐标为"X0Y0Z0"，输入半径为 80，在 (起始角度)栏输入 60°，在 (终止角度)栏输入角度为 180°。单击"确定" 按钮，完成圆弧的绘制，如图 2-42 所示。

(2) 继续输入圆心点的坐标为 "X-(80-25)Y0"，在 (起始角度)栏输入 180º，在 (终止角度)栏输入 270º。单击 "确定" 按钮，完成圆弧的绘制，如图 2-43 所示。

提示

在此处圆心点输入坐标值为 "X-（80-25）Y0"，是利用 Mastercam 系统可以计算的特性，系统可以计算加、减、乘、除、括号等四则运算，所以，很多的值没有必要进行人工计算，可以直接输入表达式让系统自行进行计算，非常方便。

(3) 继续输入圆心点的坐标为 "X0Y0"，在 (起始角度)栏输入 270º，在 (终止角度)输入 60º。半径为 25，单击 "确定" 按钮，完成圆弧的绘制，如图 2-44 所示。

图 2-42　绘制半径为 80 的圆　　　　图 2-43　绘制 1/4 圆弧　　　　图 2-44　绘制第三段圆弧

(4) 在 "草绘" 工具栏单击 (直线)按钮，选择 R80 的圆弧的起点和原点，并将直线的长度修改为 30，如图 2-45 所示。

(5) 在 "草绘" 工具栏单击 极座标圆弧 (绘制极坐标圆弧)按钮，捕捉刚才绘制的直线的终点为圆心点，输入半径为 R30，输入 (起始角度)为 270º，再输入 (终止角度)为 60º。单击 "确定" 按钮，完成圆弧的绘制，如图 2-46 所示。

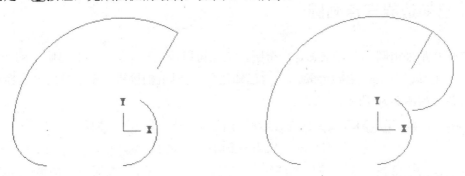

图 2-45　绘制直线　　　　　　　　图 2-46　绘制 R30 的圆

(6) 在 "草绘" 工具栏单击 (直线)按钮，连接 R25 的圆弧的端点，再在工具条上单击 (相切)按钮，绘制圆弧的相切线，如图 2-47 所示。

(7) 在"修剪"工具栏单击 (修剪)按钮，再单击 (修剪至点)按钮，修剪和延伸后，结果如图 2-48 所示。

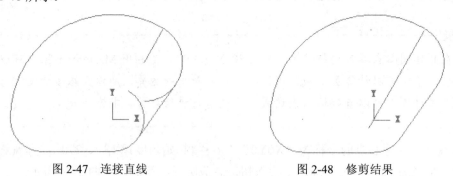

图 2-47　连接直线　　　　　　　图 2-48　修剪结果

(8) 修改线型。选取刚延伸的斜线，再在绘图区下方的状态栏上单击右键 ——— ∨(线型)按钮，系统弹出"设置线型"对话框，设置线型为"点划线"，单击"确定"按钮完成修改，结果如图 2-49 所示。

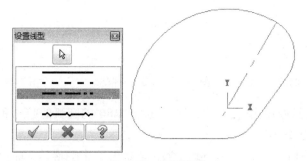

图 2-49　修改线型

2.3.3　已知边界三点画圆

三点画圆是采用圆上三点来确定一个圆，三点可以确定一个圆，而且是唯一的一个圆。在"草绘"工具栏单击 已知边界三点画圆 (已知边界三点画圆)按钮，系统弹出"边界三点画圆"工具条，如图 2-50 所示。

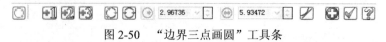

图 2-50　"边界三点画圆"工具条

各工具按钮含义如下：

✧　 ：边界三点画圆。

✧　 ：指定第一点。

✧　 ：指定第二点。

✧　 ：指定第三点。

- ◇　⟳：采用三点确定圆。
- ◇　⟳：采用两点作为圆直径确定圆。
- ◇　◢：指定相切。

案例 2-5：已知边界三点画圆

采用已知边界三点画圆，绘制如图 2-51 所示的图形。

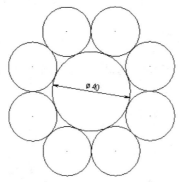

图 2-51　已知边界三点画圆

操作步骤：

(1) 绘制圆，直径为 40，圆心在原点。在"草绘"工具栏单击⊕(已知圆心点画圆)按钮，选取原点为圆心，在绘圆工具条上输入直径为 40，单击"确定"按钮完成绘制。结果如图 2-52 所示。

(2) 绘制直线，起点为原点，长度为为 40，角度分别为 0°、45°、90°、135°、180°、225°、270°、315°。在"草绘"工具栏单击↖(绘制任意线)按钮，选取原点为起点，在工具条上输入角度分别为 0°、45°、90°、135°、180°、225°、270°、315°，长度都为 40，结果如图 2-53 所示。

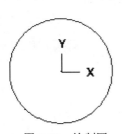
图 2-52　绘制圆

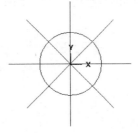
图 2-53　绘制直线

(3) 已知边界三点画圆，采用相切条件。在"草绘"工具栏单击◙(已知边界三点画圆)按钮，再单击类型为◙(三点)按钮和◢(相切)按钮，然后依次选取两条线和圆，绘制的三切弧如图 2-54 所示。

(4) 采用步骤(3)完成所有的三切圆，结果如图 2-55 所示。

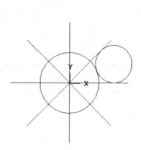

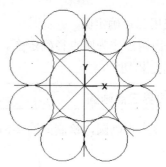

图 2-54　绘制三切弧　　　　　　图 2-55　完成所有三切圆

(5) 删除辅助直线。按键盘的 Delete 键后，再选取刚才绘制的所有的辅助直线，单击"确定"按钮后完成删除，结果如图 2-56 所示。

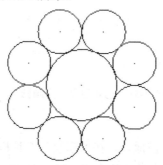

图 2-56　已知边界三点画圆

2.3.4　两点画弧

两点画弧命令通过选取两点和输入半径值来确定圆弧，或直接选取两点和圆上一点来确定圆弧。在工具栏单击 [两点画弧] (两点画弧)按钮，系统弹出两点画弧工具条，如图 2-57 所示。

图 2-57　"两点画弧"工具条

各工具按钮含义如下：

◇ ⊡：两点画弧。

◇ ⊞1：指定起点。

◇ ⊞2：指定终点

◇ ⊙ 9.34775：指定半径。单击前面的按钮，可以锁定半径值。

◇ ⊙ 18.69551：指定直径。单击前面的按钮，可以锁定直径值。

◇ ☑：指定相切。

案例 2-6：通过两点画弧

采用两点画弧命令绘制如图 2-58 所示的图形。

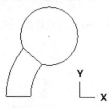

图 2-58　两点画弧

操作步骤：

(1) 绘制圆，半径为 60 和 90。在"草绘"工具栏单击⊕(已知圆心点画圆)按钮，选取原点为圆心，在绘圆工具条上输入半径分别为 60 和 90，单击"确定"按钮完成绘制。结果如图 2-59 所示。

(2) 绘制直线，角度为 180º 和 140º，长度为 90。在"草绘"工具栏单击＼(绘制任意线)按钮，选取原点为起点，在工具条上输入角度分别为 140º 和 180º，长度都为 90，结果如图 2-60 所示。

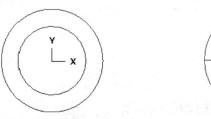

图 2-59　绘制圆　　　　　　　　　　图 2-60　绘制直线

(3) 修剪。在"修剪"工具栏单击❄(修剪)按钮，再单击╫(分割物体)按钮，选取要修剪的图素，结果如图 2-61 所示。

(4) 通过两点画弧，半径为 35。在"草绘"工具栏单击⊞(两点画弧)按钮，选取步骤(2)中绘制的上侧直线两端点，再输入半径为 35，按"确定"按钮，选取需要的结果，如图 2-62 所示。

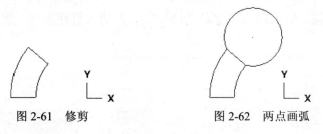

图 2-61　修剪　　　　　　　　　　图 2-62　两点画弧

2.3.5　三点画弧

三点画弧与三点画圆非常类似，是采用三点来确定一圆弧。如果与相切进行组合，可以绘制三切弧。在工具栏单击 三点画弧 (三点画弧)按钮，系统弹出"三点画弧"工具条，如图 2-63 所示。

图 2-63 三点画弧

各工具按钮含义如下：

◇ ：三点画弧。
◇ ：指定圆弧的第一点。
◇ ：指定圆弧的第二点。
◇ ：指定圆弧的第三点。
◇ ：指定和圆弧相切的图素。

案例 2-7：通过三点画弧

采用三点画弧命令绘制如图 2-64 所示的图形。

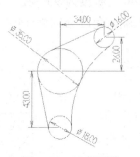

图 2-64 三点画弧

操作步骤：

(1) 绘制圆。在"草绘"工具栏单击(绘圆)按钮，输入圆心点坐标为(0,0)，再输入直径为 35，绘制圆的结果如图 2-65 所示。

(2) 继续绘制圆。输入圆心点坐标为(0,-43)，再输入直径为 18，绘制圆的结果如图2-66 所示。

(3) 继续绘制圆。输入圆心点坐标为(34,26)，再输入直径为 16，绘制圆的结果如图 2-67 所示。

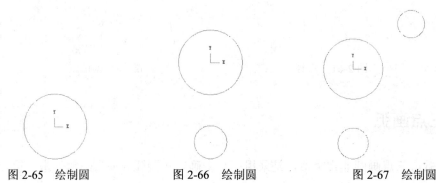

图 2-65 绘制圆   图 2-66 绘制圆   图 2-67 绘制圆

(4) 绘制切线。在"草绘"工具栏单击◻(绘制直线)按钮，并单击◿(相切)按钮，将相切选项激活，然后靠近圆捕捉切点，结果如图 2-68 所示。

(5) 绘制三点切弧。在工具栏单击⌖(三点画弧)按钮，并单击◿(相切)按钮，靠近圆捕捉切点，结果如图 2-69 所示。

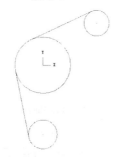　　　　　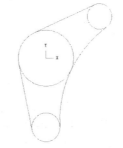

图 2-68　绘制切线　　　　　　　图 2-69　绘制三点切弧

2.3.6　极坐标画弧(通过端点)

通过端点的极坐标圆弧是采用端点、起始角度、终止角度和半径值来确定某一圆弧。此命令不一定要知道所有的选项，一般起始和终止角度有时候只需要一个就可以了。系统规定圆弧计算角度的正方向为逆时针方式。

在"草绘"工具栏单击 创建极坐标画弧 (创建极坐标画弧)按钮，系统弹出"创建极坐标圆弧"工具条，如图 2-70 所示。

| ⛏ | | ⋈1 | 🔄 | 🔁 | ⊙ 30.0 | ⊕ 60.0 | △ 0.0 | ◿ 0.0 | ⊕ | ✓ | ? |

图 2-70　极坐标圆弧

各工具按钮含义如下：

◇　⛏：极坐标圆弧。

◇　⋈1：圆弧通过点。

◇　🔄：切换起点。

◇　🔁：切换终点。

◇　⊙ 30.0：半径栏，在输入栏可以输入半径值，单击前面的按钮，可以锁定半径值。

◇　⊕ 60.0：直径栏，在输入栏可以输入直径值，单击前面的按钮，可以锁定直径值。

◇　△ 0.0：起始角度，指定极坐标圆弧起点的角度值。

◇　◿ 0.0：终止角度，指定极坐标圆弧终点的角度值。

案例 2-8：创建极坐标圆弧

采用创建极坐标画弧命令绘制如图 2-71 所示的图形。

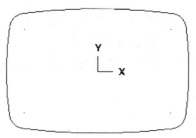

图 2-71　极坐标圆弧

操作步骤:

(1) 绘制矩形,长、宽为 12 和 8。在"草绘"工具栏单击 ▣(绘制矩形)按钮,以中心定位,选取原点为中心点,再输入长为 12、宽为 8,结果如图 2-72 所示。

(2) 创建极坐标圆弧 1。在"草绘"工具栏单击 ▨(创建极坐标画弧)按钮,选取矩形右边线中点为起点,任意点为终点,输入半径为 20,再输入起点角度为 0°,终点角度为 20°,结果如图 2-73 所示。

(3) 创建极坐标圆弧 2。在"草绘"工具栏单击 ▨(创建极坐标画弧)按钮,选取矩形上边线中点为起点,任意点为终点,输入半径为 40,再输入起点角度为 90°,终点角度为 110°,结果如图 2-74 所示。

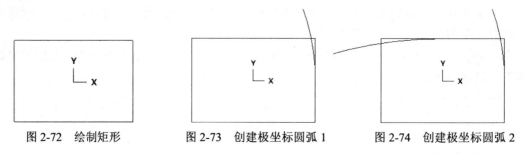

图 2-72　绘制矩形　　　　图 2-73　创建极坐标圆弧 1　　　　图 2-74　创建极坐标圆弧 2

(4) 镜像。在主菜单选择"转换"→"镜像"命令,再选取要镜像的右侧圆弧后单击"确定"按钮,以 X=0 的直线为镜像轴,结果如图 2-75 所示。

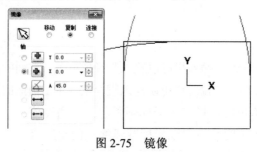

图 2-75　镜像

(5) 镜像。在主菜单选择"转换"→"镜像"命令,再选取要镜像的上侧圆弧后,按"确定"按钮,以 Y=0 的直线为镜像轴,结果如图 2-76 所示。

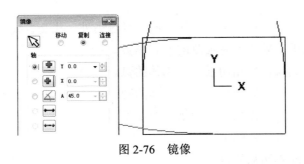

图 2-76　镜像

(6) 删除矩形。选取矩形后，按键盘的 Delete 键，将矩形删除，结果如图 2-77 所示。

(7) 修剪。在"修剪"工具栏单击⬛(修剪)按钮，再单击⬛(2 物体修剪)按钮，选择要修剪的两圆弧，结果如图 2-78 所示。

图 2-77　删除矩形　　　　　　　　　　　图 2-78　修剪

(8) 倒圆角。在"草绘"工具栏单击⬛(倒圆角)按钮，选择串连后输入倒圆角半径为 1，按"确定"按钮，完成倒圆角，结果如图 2-79 所示。

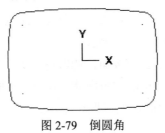

图 2-79　倒圆角

2.3.7　切弧

切弧是专门用来绘制与某图素相切的圆弧。切弧有 7 种形式，在工具栏单击⬛(切弧)按钮，系统弹出"切弧"工具条，如图 2-80 所示。

图 2-80　"切弧"工具条

各工具按钮的含义如下：

◇　⬛：切弧。

◇　⬛：相切于某一个图素。

◇　⬛：经过一点，即相切于某一图素，并且经过另外一点。

- ◇ ⊖：中心线，即相切于某一直线，圆心经过另外一相交直线。
- ◇ ⬒：动态切弧，采用动态绘制的方式画弧。
- ◇ ⦿：三物体切弧，做相切于三个物体的弧。
- ◇ ⦿：三物体切圆，做相切于三个物体的圆。
- ◇ ⬓：两物体切弧，做相切于两物体的切弧。
- ◇ ⦿：半径，输入切弧的半径。
- ◇ ⦿：直径，输入切弧的直径。

案例 2-9：创建切弧

采用切弧绘制图形，如图 2-81 所示。

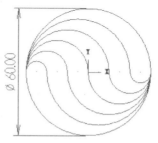

图 2-81　切弧

操作步骤：

(1) 在"草绘"工具栏单击⦿(绘制圆)命令，选取原点为圆心，并输入直径 D=60，单击☑(确定)按钮，完成圆的绘制，如图 2-82 所示。

(2) 在"草绘"工具栏单击⬒(切弧)按钮，选取切弧类型为⦿(相切于一物体)按钮，并输入直径值为 50。选取刚才的圆作为要相切的物体，分别选取圆的中点和起点作为切点，系统出现四条半圆弧供用户选取，选取圆内的半圆，单击➕(确定)按钮，完成当前圆弧的绘制，如图 2-83 所示。

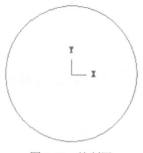

图 2-82　绘制圆

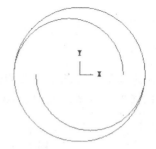

图 2-83　绘制切弧

(3) 继续绘制切弧 1，在直径栏输入直径值为 40，选取最外围圆作为要相切的物体，分别选取圆的中点和起点作为切点，系统出现四条半圆弧供用户选取，选取圆内的半圆，单击➕(确定)按钮，完成当前圆弧的绘制，如图 2-84 所示。

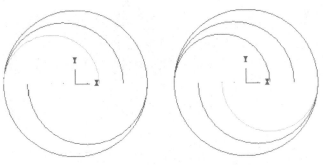

图 2-84　切弧 1

(4) 继续绘制切弧 2，在直径栏输入直径值为 30，选取最外围圆作为要相切的物体，分别选取圆的中点和起点作为切点，系统出现四条半圆弧供用户选取，选取圆内的半圆，单击➕(确定)按钮，完成当前圆弧的绘制，如图 2-85 所示。

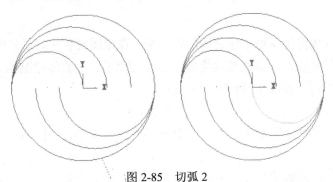

图 2-85　切弧 2

(5) 继续绘制切弧 3，在直径栏输入直径值为 20，选取最外围圆作为要相切的物体，分别选取圆的中点和起点作为切点，系统出现四条半圆弧供用户选取，选取圆内的半圆，单击➕(确定)按钮，完成当前圆弧的绘制，如图 2-86 所示。

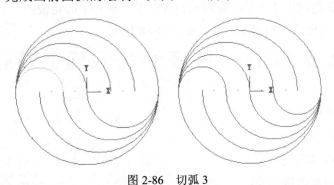

图 2-86　切弧 3

(6) 继续绘制切弧 4，在直径栏输入直径值为 10，选取最外围圆作为要相切的物体，分别选取圆的中点和起点作为切点，系统出现四条半圆弧供用户选取，选取圆内的半圆，单击➕(确定)按钮，完成当前圆弧的绘制，如图 2-87 所示。

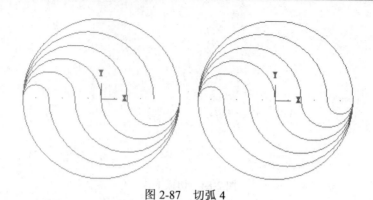

图 2-87 切弧 4

2.4 矩 形

矩形是由 4 条直线首尾相连形成封闭的四边形。在绘图过程中，很多的图形中都存在矩形。采用矩形命令，可以很快捷方便地绘制矩形，避免了使用直线绘制的繁琐过程。

根据矩形形状不同，有以下两种绘制方式：

(1) 标准矩形：以中心定位或者以矩形对角定位的方式来绘制。

(2) 矩形形状设置：以矩形中心或边角特殊点来定位矩形，并且可以设置矩形的多种形状。

下面将详细讲解两种矩形的绘制方法和技巧。

2.4.1 标准矩形

标准矩形的形状是固定不变的，有对角线定位的，也有中心定位的。在工具栏单击⊡(绘制标准矩形)按钮，出现绘制矩形工具条，如图 2-88 所示。

图 2-88 "矩形"工具条

各工具按钮含义如下：

◇ 🔲：标准矩形。

◇ 🔲：指定或修改第一点。

◇ 🔲：指定或修改第二点。

◇ 🔲：长度，输入矩形的长度。

◇ 🔲：宽度，输入矩形的宽度。

◇ 🔲：中心定位，单击此按钮，以矩形中心定位，否则以矩形对角定位。

◇ 🔲：绘制矩形为曲面。

2.4.2　矩形形状设置

矩形形状设置命令可以绘制标准矩形、键槽形、D 形和双 D 形 4 种，此外，矩形形状设置的定位点不仅可以中心定位，还可以在矩形的 9 个特殊点处进行定位。在"草绘"工具栏单击 💠(矩形形状设置)按钮，系统弹出"矩形选项"对话框，如图 2-89 所示。

图 2-89　矩形形状设置

各选项的含义如下：

◇　一点：采用中心点和边角点的 9 个特殊点定位的方式绘制矩形。

◇　2 点：采用矩形的对角点定位来绘制矩形。

◇　💠：指定定位点。

◇　📏：指定宽度。在按钮右边栏输入值，也可以单击此按钮锁定宽度值。

◇　📐：指定高度。在按钮右边栏输入值，也可以单击此按钮锁定高度值。

◇　⌐：指定圆角。

◇　🔄：指定旋转角度。

◇　▭：绘制标准矩形。

◇　▱：绘制键槽形。

◇　⌓：绘制 D 形。

◇　▱：绘制双 D 形。

◇　固定位置：指定定位点，分别有中心和边角总共 9 个特殊点。

◇　中心点：绘制矩形时添加中心点。

◇　曲面：绘制矩形时创建矩形曲面。

案例 2-10：创建矩形

采用矩形命令绘制图形，如图 2-90 所示。

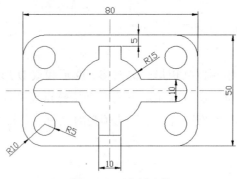

图 2-90　创建矩形

操作步骤：

(1) 绘制矩形，长、宽为 80 和 50。在"草绘"工具栏单击 (绘制矩形)按钮，以中心定位，选择原点为中心点，再输入长为 80、宽为 50，结果如图 2-91 所示。

(2) 绘制矩形，长、宽为 60 和 10。在"草绘"工具栏单击 (绘制矩形)按钮，以中心定位，选择原点为中心点，再输入长为 60、宽为 10，结果如图 2-92 所示。

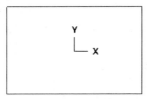

图 2-91　绘制矩形 1

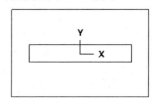

图 2-92　绘制矩形 2

(3) 绘制矩形，长、宽为 10 和 40。在"草绘"工具栏单击 (绘制矩形)按钮，以中心定位，选择原点为中心点，再输入长为 60、宽为 10，结果如图 2-93 所示。

(4) 绘制圆，半径为 15。在"草绘"工具栏单击 (已知圆心点圆)按钮，选择原点为圆心，输入半径为 15，结果如图 2-94 所示。

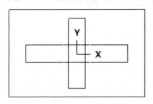

图 2-93　绘制矩形 3

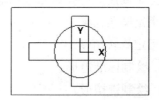

图 2-94　绘制圆

(5) 倒圆角，半径为 10。在"草绘"工具栏单击 (倒圆角)按钮，输入倒圆角半径为 10，再选择要倒圆角的直线，结果如图 2-95 所示。

(6) 绘制圆。在"草绘"工具栏单击 (已知圆心点圆)按钮，系统弹出绘圆工具条，在绘圆工具条上单击 (半径)按钮，将圆半径进行限定，然后输入半径为 5，再依次选择倒圆角圆弧的圆心和矩形左右边线中点为圆心，结果如图 2-96 所示。

(7) 修剪。在"修剪"工具栏单击 (修剪)按钮，再单击 (分割物体)按钮，选择要修剪的图素，结果如图 2-97 所示。

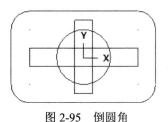

图 2-95　倒圆角

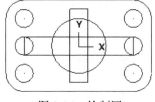

图 2-96　绘制圆

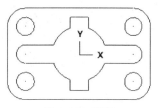

图 2-97　修剪

2.5　椭　　圆

椭圆是由平面以某种角度切割圆锥所得截面的轮廓线，是圆锥曲线的一种。在工具栏单击◯(椭圆)按钮，系统弹出"椭圆选项"对话框，该对话框用来设置椭圆参数，如图 2-98 所示。

图 2-98　"椭圆选项"对话框

各选项含义如下：

◇　　：指定定位点。

◇　　：指定宽度。在按钮右边栏输入值，也可以单击此按钮锁定宽度值。

◇　　：指定高度。在按钮右边栏输入值，也可以单击此按钮锁定高度值。

◇　　：指定旋转角度。

◇　中心点：绘制矩形时添加中心点。

◇　曲面：绘制矩形时创建矩形曲面。

◇　　：指定椭圆弧起始角度。

◇　　：指定椭圆弧终止角度。

案例 2-11：绘制椭圆

采用椭圆命令绘制如图 2-99 所示的图形。

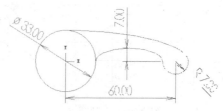

图 2-99　绘制椭圆

操作步骤：

(1) 绘制圆 1。在工具栏单击💿(绘圆)按钮，输入圆心点坐标为(0,0)，再输入直径为 33，绘制圆的结果如图 2-100 所示。

(2) 绘制圆 2，输入圆心点坐标为(60,0)，再输入直径为 14，绘制圆的结果如图 2-101 所示。

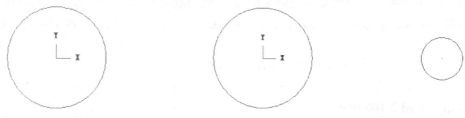

图 2-100　绘制圆 1 　　　　　　　　　　　　　　図 2-101　绘制圆 2

(3) 绘制直线。在工具栏单击🗋(绘制直线)按钮，再选取两圆的中点进行连线，连线结果如图 2-102 所示。

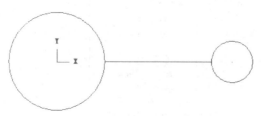

图 2-102　绘制直线

(4) 绘制椭圆。在工具栏单击◯(椭圆)按钮，系统弹出"椭圆"对话框，选取直线中点为椭圆圆心，再选取小圆的中点为长半轴端点，输入短半轴长为 7，结果如图 2-103 所示。

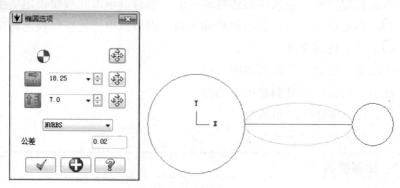

图 2-103　绘制椭圆

（5）绘制椭圆。在工具栏单击 ⬭(椭圆)按钮，系统弹出"椭圆选项"对话框，选择原点为椭圆圆心，再选择小圆的零点为长半轴端点，大圆 90º 象限点为短半轴端点，结果如图 2-104 所示。

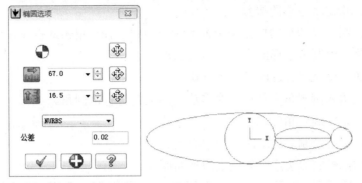

图 2-104　绘制椭圆

（6）修剪。在工具栏单击 ✂(修剪)按钮，系统弹出"修剪"工具条，在工具条中单击 ⬚(修剪于点)按钮，单击要修剪的图素，再指定修剪点，结果如图 2-105 所示。

（7）删除线。在工具栏单击 ✎(删除)按钮，再选取多余的直线，单击"确定"按钮完成删除，结果如图 2-106 所示。

图 2-105　修剪　　　　　　　　　　　　　　　图 2-106　删除线

2.6　多　边　形

正多边形命令可以绘制边数为 3～360 的正多边形，要启动绘制多边形命令，可以在工具栏单击 ⬠(多边形)按钮，系统弹出"多边形选项"对话框，该对话框用来设置多边形参数，如图 2-107 所示。

图 2-107　正多边形

各选项含义如下：

◇ 🌐：指定多边形中心定位点。

◇ #：指定多边形的边数。

◇ ◎：指定多边形的内接圆半径或者外切圆半径。单击此按钮，可以锁定半径值。

◇ 角落：绘制多边形的类型为内接圆形式。

◇ 外切：绘制多边形的类型为外切圆形式。

◇ ⌐：输入倒圆角半径值，对多边形的尖角进行倒圆角。

◇ ↻：指定旋转角度。

◇ 中心点：绘制多边形时添加中心点。

◇ 曲面：绘制多边形时创建多边形曲面。

案例 2-12：创建多边形

采用正多边形命令绘制如图 2-108 所示的图形。

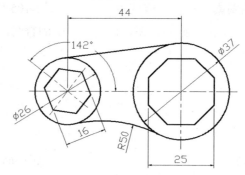

图 2-108　多边形

操作步骤：

(1) 绘制圆，直径为 26。在"草绘"工具栏单击 ⊕(已知圆心点圆)按钮，选取原点为圆心，输入直径为 26，绘制圆如图 2-109 所示。

(2) 继续绘制圆，直径为 37。在"草绘"工具栏单击 ⊕(已知圆心点圆)按钮，输入圆心点坐标为(44,0)，再输入直径为 37，绘制圆如图 2-110 所示。

图 2-109　绘制圆 1   图 2-110　绘制圆 2

(3) 绘制切线。在"草绘"工具栏单击 ◻(绘制直线)按钮，再单击 ▱(相切)按钮，选取两圆的切点进行连线，结果如图 2-111 所示。

(4) 倒圆角，半径为 50。在"草绘"工具栏单击 ⌐(倒圆角)按钮，采用不修剪模式，输入倒圆角半径为 50，再选择要倒圆角的两圆，结果如图 2-112 所示。

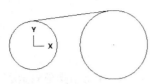

图 2-111　绘制切线

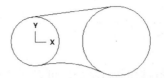

图 2-112　倒圆角

（5）绘制外切 6 边形，半径为 8，旋转角度为 142º。在"草绘"工具栏单击⬡(多边形)按钮，系统弹出"多边形选项"对话框，输入边数为 6，半径为 8，旋转 142º，以原点为定位中心，结果如图 2-113 所示。

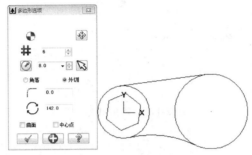

图 2-113　绘制 6 边形

（6）绘制外切 8 边形，半径为 12.5，旋转角度为 0º。在"草绘"工具栏单击⬡(多边形)按钮，系统弹出"多边形选项"对话框，输入边数为 8，半径为 12.5，旋转 0º，以原点为定位中心，结果如图 2-114 所示。

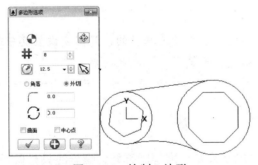

图 2-114　绘制 8 边形

2.7　螺　旋　线

螺旋线命令常用于绘制不标准弹簧或盘绕线，通常采用扫描曲面或扫描实体工具进行扫描。螺旋线有如下两种形式：

(1) 间距螺旋线：通过俯视图和侧视图来定义螺旋节距，节距可变。

(2) 锥度螺旋线：通过固定节距来定义的标准螺旋线，可以设置锥度。

下面将详细讲解这两种螺旋线的创建方式和技巧。

2.7.1 螺旋线(间距)

要启动螺旋线(间距)命令，可以在"草绘"工具栏单击 (绘制螺旋线)按钮，系统弹出"螺旋式"对话框，该对话框用来设置间距螺旋线参数，如图 2-115 所示。

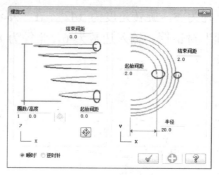

图 2-115　螺旋线

各选项含义如下：

- ◇　螺旋间距(起始间距/结束间距)：指定在侧面或俯视正面两螺旋线之间的距离。
- ◇　圈数：指定螺旋线螺旋圈数。
- ◇　高度：指定螺旋线总高度。
- ◇　半径：指定螺旋线的内圈半径值。

提示

螺旋间距、圈数和高度 3 个参数是联动的，只需要设置其中两个即可，如设置圈数和间距，系统即可自动计算出总高度，反之亦然。

2.7.2 螺旋线(锥度)

锥度螺旋线通常用来绘制螺纹和标准等距弹簧，螺旋线只是做弹簧所需要的线，还需要通过实体工具或曲面工具扫描成实体或曲面。

可以在工具栏单击 (螺旋线)按钮，系统弹出"螺旋式下刀"对话框，该对话框用来设置锥度螺旋线相关参数，如图 2-116 所示。

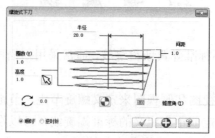

图 2-116　螺旋线

各选项含义如下：

◇　圈数：设置螺旋线的圈数。

◇　高度：设置螺旋线的总高度。

◇　半径：设置螺旋线的半径。

◇　间距：设置螺旋线的节距。

◇　锥度角：设置螺旋线的锥度角。

案例 2-13：创建弹簧

采用螺旋线命令绘制弹簧，如图 2-117 所示。

图 2-117　弹簧

操作步骤：

(1) 在"草绘"工具栏单击 (螺旋线)命令，系统弹出"螺旋式下刀"对话框，在该对话框中设置半径为 20，节距为 20，锥度角为 0，圈数为 5，高度自动计算为 100，单击 (确定)按钮，完成螺旋线的绘制，如图 2-118 所示。

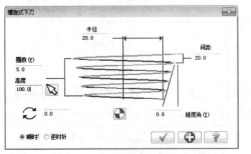

图 2-118　螺旋线

(2) 在工具栏单击 (前视构图面)按钮，并在工具栏单击 (绘圆)命令，输入半径为 5，选取螺旋线的端点作为圆心点，单击"确定"按钮，完成圆的绘制，如图 2-119 所示。

(3) 在工具栏单击 (扫描曲面)按钮，选取刚绘制的圆作为扫描截面，螺旋线作为扫描轨迹，单击"确定"按钮完成扫描曲面的绘制，如图 2-120 所示。

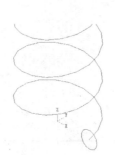

图 2-119　绘制圆

图 2-120　扫描曲面

2.8　绘制曲线

绘制曲线命令用于绘制样条曲线，有手动绘制曲线、自动绘制曲线、转成单一曲线、熔接曲线 4 种，下面将分别进行讲解。

2.8.1　手动绘制曲线

手动绘制曲线是通过鼠标直接捕捉曲线需要经过的点形成曲线，要启动手动绘制曲线命令，可以在工具栏单击┛(手动绘制曲线)按钮，系统提示选取点，鼠标连续单击几点，单击"确定"按钮即可结束选取，完成曲线的绘制，如图 2-121 所示。

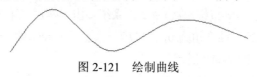

图 2-121　绘制曲线

2.8.2　自动绘制曲线

自动绘制曲线命令用于系统自动选取某些点形成曲线，所选择的点必须是已经存在的点，而且必须至少 3 点。在"草绘"工具栏单击▱(自动绘制曲线)按钮，选取第一点、第二点和最后一点。单击"确定"按钮即可自动生成曲线，如图 2-122 所示。

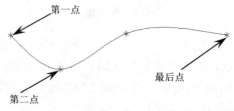

图 2-122　自动绘制曲线

2.8.3　转成单一曲线

转成单一曲线命令可以将现有的直线、连续线、圆弧等转换成单一的曲线。在"草绘"工具栏单击 "转成单一曲线"命令，即可调取此命令。

转成单一曲线后，原有图素外形并没有发生变化，只是图素的属性发生改变，改变成 NURBS 曲线格式。

如图 2-123 所示为将圆转成单一曲线通过属性分析前后的变化。

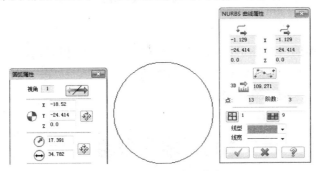

图 2-123　转成单一曲线

2.8.4　熔接曲线

熔接曲线是在两图素(直线、圆弧、曲线等)之间产生一条光顺过渡的曲线，要启动命令，可以在工具栏单击 (熔接曲线)按钮，系统弹出"熔接"工具条，如图 2-124 所示。

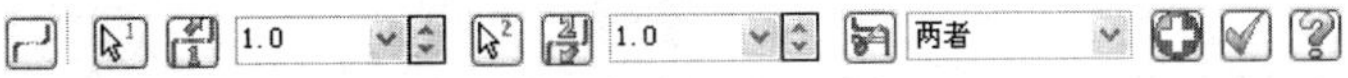

图 2-124　"熔接"工具条

各选项含义如下：

- ◇ ：熔接曲线。
- ◇ ：选取第一条曲线。
- ◇ ：指定第一点位置。
- ◇ ：选取第二条曲线。
- ◇ ：指定第二点位置。
- ◇ ：指定修剪类型。有"无"、"两者"、"第一条曲线"、"第二条曲线"选项。
  - ● 无：表示不修剪。
  - ● 两者：表示都修剪。
  - ● 第一条曲线：只修剪第一条曲线，而第二条曲线不修剪。
  - ● 第二条曲线：只修剪第二条曲线，而第一条曲线不修剪。

下图即是通过熔接曲线绘制的光顺曲线，如图 2-125 所示。

图 2-125　熔接

2.9　本章小结

　　本章主要讲解基本的二维图形绘制技巧，包括点、线、圆和圆弧、矩形、椭圆、多边形、螺旋线等图形的绘制。其中点、线、圆是最基本的二维图素，也是构成图形的基本单元。通过本章的学习，要掌握一般二维图形的绘制技巧。

2.10　本章习题

一、填空题

1．绘制近距线命令用于绘制两图素之间_____。

2．椭圆是由平面以某种角度切割_____所得截面的轮廓线。

二、上机题

采用二维命令绘制平面图形，结果如图 2-126 所示。

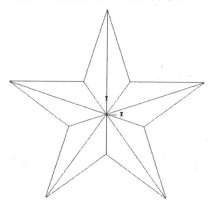

图 2-126　绘制的图形

第 3 章

二维图形的编辑

　　二维图形绘制完毕后会留下很多多余线条，与最后结果还是有一定的差别，需要通过修剪、倒圆角等工具做最后的修饰，剪掉不需要的图素。下面将详细讲解修剪、打断、倒圆角、倒角等图形编辑命令在图形绘制后的应用。

 学习目标

　　◆　掌握几种修剪和打断命令的运用。
　　◆　掌握倒圆角和倒角的运用。
　　◆　理解修剪和延伸之间的联系。

3.1　倒　圆　角

倒圆角是采用圆弧将两图素光顺地连接起来。倒圆角命令根据操作对象不同有两种操作方式：

(1) 倒圆角：对两图素夹角进行光顺连接。

(2) 串连倒圆角：对整个串连图素的所有拐角进行光顺连接。

下面将详细讲解两种倒圆角的操作方式和技巧。

3.1.1　倒圆角参数

倒圆角是将两相交图素(直线、圆弧或曲线)进行圆角过渡，避免尖角的出现。倒圆角有两种，一种是两物体倒圆角，另外一种是串连倒圆角，将在后面小节中讲解。要启动倒圆角功能，可以在工具栏单击 (倒圆角)按钮，出现"倒圆角"工具条，如图 3-1 所示。

图 3-1　"倒圆角"工具条

各参数的含义如下：

◆ ：倒圆角。

◆ ：输入圆角半径。

◆ ：倒圆角的类型，有常规、反转、循环、间隙 4 种类型，如图 3-2 所示。

◆ ：倒圆角的同时修剪边界。

◆ ：倒圆角的同时不修剪边界。

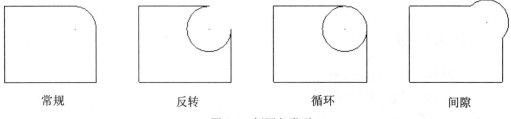

常规　　　　反转　　　　循环　　　　间隙

图 3-2　倒圆角类型

3.1.2　串连倒圆角

串连倒圆角功能用于对整个串连进行倒圆角，在工具栏单击 (串连倒圆角)按钮，系统弹出"串连倒圆角"工具条，如图 3-3 所示。

图 3-3　"串连倒圆角"工具条

各参数的含义如下：

- ◇ 🔲：串连倒圆角。
- ◇ 🔲：选取串连。
- ◇ 🔘：输入圆角半径。
- ◇ 🔲：设置沿正向或反向进行倒圆角。
- ◇ 🔲：倒圆角的类型，有常规、反转、循环、间隙 4 种类型。
- ◇ 🔲：圆角的同时修剪边界。
- ◇ 🔲：圆角的同时不修剪边界。
- ◇ 🔄：所有角落倒圆角。
- ◇ 🔄：正向扫描所有凸角倒圆角。
- ◇ 🔄：负向扫描所有凹角倒圆角。

案例 3-1：创建倒圆角

采用串连倒圆角命令绘制如图 3-4 所示的图形。

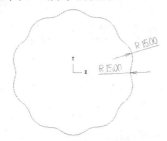

图 3-4　串连倒圆角

操作步骤：

(1) 绘制正五边形。在工具栏单击◇(多边形)按钮，系统弹出"多边形选项"对话框，该对话框用来设置多边形参数，设置边数为 5，内接圆半径为 50，选取原点为中心点，如图 3-5 所示。

(2) 继续绘制正五边形。在多边形对话框中设置边数为 5，内接圆半径为 50，并设置旋转角度为 36°，选取原点为中心点，如图 3-6 所示。

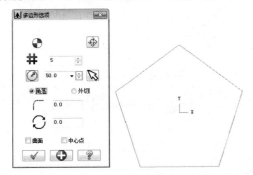

图 3-5　绘制五边形 1

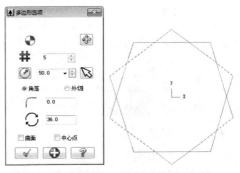

图 3-6　绘制五边形 2

(3) 修剪。在工具栏单击 (修剪)按钮，系统弹出"修剪"工具条，在工具条中单击 (分割物体)按钮，单击要修剪的地方，结果如图 3-7 所示。

(4) 串连倒圆角。在工具栏单击 (串连倒圆角)按钮，输入倒圆角半径为 15，再选取整个串连，倒圆角结果如图 3-8 所示。

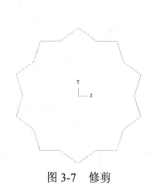

图 3-7　修剪

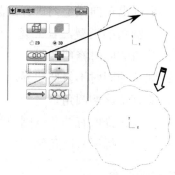

图 3-8　串连倒圆角

3.2　倒　　角

倒角是对两相交图素的尖角进行倒直角。倒角根据对象不同也有两种不同的操作方式：

(1) 倒角：对两图素进行倒直角。

(2) 串连倒角：对多个相连图素进行倒直角。

下面将详细讲解两种倒角的操作方式和技巧。

3.2.1　倒角参数

倒角是对零件上尖角部位倒斜角的处理，在五金零件和车床上的零件应用比较多。在工具栏单击 (倒角)按钮，系统弹出"倒角"工具条，用来设置倒角参数，如图 3-9 所示。

图 3-9　"倒角"工具条

各工具按钮含义如下：

◇　 ：倒角。

◇　 ：第一侧距离。

◇　 ：第二侧距离。

◇　 ：角度。

◇　 ：倒角类型。

◇　 ：修剪按钮，在倒角的同时进行修剪处理。删除掉尖角部分。

- ◇　□：不修剪，在倒角时不进行任何处理，只在尖角处增加倒角。
- ◇　[¹⁄— 距离 1 ▾]：单一距离倒角。
- ◇　[²⁄— 距离 2 ▾]：采用不同距离倒角。
- ◇　[↗— 距离/角度 ▾]：采用距离和角度来倒角。
- ◇　[Y— 宽 ▾]：采用宽度方式来倒角。

不同类型的倒角定义方式示意图如图 3-10 所示。

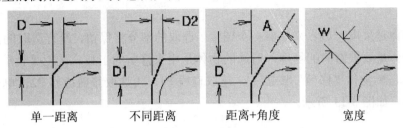

单一距离　　　不同距离　　　距离+角度　　　宽度

图 3-10　倒角类型

3.2.2　串连倒角

串连倒角和倒角类似，是对串连在一起的图素进行连续倒角。在"草图"工具栏单击⚁(串连倒角)按钮，系统弹出串连倒角工具条，与倒角工具条类似。如图 3-11 所示。

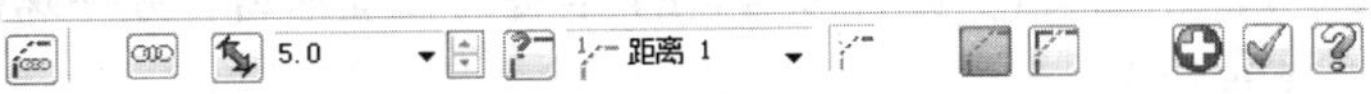

图 3-11　"串连倒角"工具条

3.3　修　　剪

修剪/打断/延伸命令是对两个或多个相交的图素在交点处进行修剪，也可以在交点处进行打断或延伸。在工具栏单击⚁(修剪)按钮，即可调取修剪命令，系统会弹出"修剪"工具条，如图 3-12 所示。

图 3-12　"修剪"工具条

各参数含义如下：

- ◇　⚁：修剪。
- ◇　⊞：修剪一物体。
- ◇　⊟：修剪两物体。
- ◇　⊞：修剪三物体。
- ◇　⊞：分割/删除。

- ◇　⬚：修剪至点。
- ◇　⬚：延伸/缩短指定长度。
- ◇　⬚：修剪。
- ◇　⬚：打断。

3.3.1　修剪一物体

修剪一物体是采用一边界来修剪一个图素，选取的部分将保留，没有选取的部分将被删除，先选的物体是要被修剪的物体，后选的物体是用来修剪的工具。在工具栏单击"修剪"按钮⬚，并单击单物体"修剪"按钮⬚，选取直线 P1，再选取修剪边界 P2，单击"确定"按钮完成修剪，如图 3-13 所示。

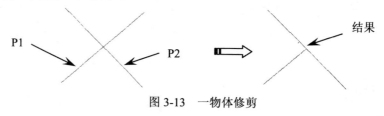

图 3-13　一物体修剪

系统采用边界 P2 将直线 P1 进行修剪，P1 单击的位置保留，另一端修剪。修剪边界 P2 只做工具，不被修剪。

3.3.2　修剪两物体

修剪两物体是选取两图素，两图素之间相互作为边界，并且相互之间进行修剪或延伸，选取的部分是保留的部分，没有选取的部分则被修剪。在工具栏单击⬚(修剪)按钮，并单击⬚(两物体修剪)按钮，选取直线 P1，再选取直线 P2，单击"确定"按钮完成修剪，如图 3-14 所示。

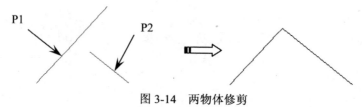

图 3-14　两物体修剪

两物体修剪时，相当于两个单物体修剪，先用 P2 修剪 P1，再用 P1 修剪 P2，最后所得的效果就是两物体相互修剪。从以上实例来看，修剪不仅可以对多余的部分进行裁剪，还可以对不足的部分进行延伸。因此，所有的修剪都具备延伸功能。

3.3.3　修剪三物体

三物体修剪是选取三个物体进行修剪，修剪的原理是一个三物体修剪相当于两个两物体修剪，即三物体修剪是第一物体和第三物体进行两物体修剪，同时，第二物体和第三物体进行两物体修剪，所得结果即是三物体修剪。在工具栏单击 （修剪）按钮，并单击 （三物体修剪)按钮，选取直线 P1 和 P2，再选取直线 P3，单击"确定"按钮完成修剪，如图 3-15 所示。

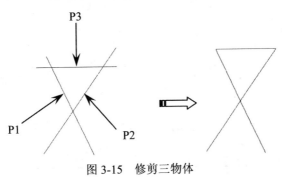

图 3-15　修剪三物体

> **提示**
>
> 　　三物体修剪的原理相当于将第一个要修剪的图素 P1 与修剪边界 P3 采用两物体修剪，再将第二个要修剪的物体 P2 与修剪边界 P3 采用两物体修剪，所得的最后结果即是三物体修剪。并且，修剪图素保留部位是鼠标单击的位置，而修剪边界不管单击位置在何处，都是夹在两修剪图素的中间部分保留下来，两端删除。三物体修剪同样带有延伸功能。

3.3.4　分割/删除图素

分割/删除图素是直接在边界上将图素分割修剪，如果没有边界，系统直接将图素删除。分割/删除图素命令对于修剪简单的图形效率非常高，操作也比较便捷。在工具栏单击 （修剪)按钮，并单击 （分割/删除)按钮，选取直线 P1 完成修剪，如图 3-16 所示。

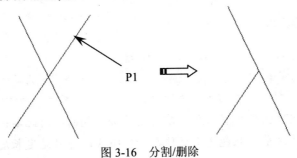

图 3-16　分割/删除

3.3.5　修剪至点

修剪至点是直接在图素上选取某点作为修剪位置，所有在此点之后的图素将全部被修剪，所有在此点之前的图素将全部延伸到此点终止。此修剪方式是最为灵活的修剪方法。在工具栏单击 (修剪)按钮，并单击 (修剪至点)按钮，选取直线 P1，再单击修剪点 P2，完成修剪，如图 3-17 所示。

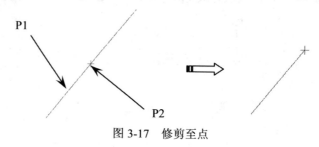

图 3-17　修剪至点

提示

修剪至点相对前面的修剪命令就更加直接，不需要任何修剪边界，想修剪到哪里就修剪到哪里，只需要选取修剪终止点即可。修剪于点的原理是先选取要修剪的图素，再选取修剪止点，系统会将该图素从选取的第一点开始到修剪止点结束，超过止点位置的图素全部被剪掉，如果止点在此线的延长线上，则系统会将此线延伸到止点为止。

3.3.6　延伸/缩短

延伸/缩短命令是用来将图素延伸定长或缩短定长，在工具栏单击 (修剪)按钮，并单击 (延伸/缩短)按钮，设置延伸的长度为 20mm，选取直线 P1 的右上端，即完成将直线延伸，如图 3-18 所示。

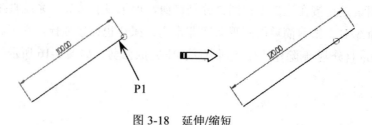

图 3-18　延伸/缩短

提示

延伸图素是根据单击的位置来判断需要延伸哪一侧的，因此单击的时候一定要注意。此延伸不能作为修剪，只能用来延伸或缩短图素，并且是定长度延伸或缩短。

案例 3-2：修剪

采用修剪命令绘制如图 3-19 所示的图形。

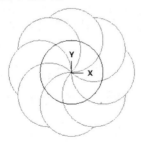

图 3-19　修剪

操作步骤：

(1) 绘制圆，直径为 35。在工具栏单击 (已知圆心点画圆)按钮，输入圆心点坐标为 (0,17.5,0)，再输入直径为 35，绘制圆的结果如图 3-20 所示。

(2) 旋转。在工具栏单击 (旋转)按钮，选取刚才绘制的圆，单击"确定"按钮完成选取。系统弹出"旋转"对话框，该对话框用来设置旋转参数。在旋转对话框中单击旋转类型为"移动"，次数为 8 次，总旋转角度为 360 度，单击"确定"按钮，完成参数设置，系统根据参数生成的图形如图 3-21 所示。

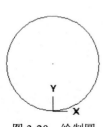

图 3-20　绘制圆

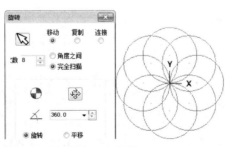

图 3-21　旋转

(3) 修剪。在工具栏单击 (修剪)按钮，系统弹出"修剪"工具条，在工具条中单击 (分割)按钮，单击要修剪的地方，结果如图 3-22 所示。

(4) 绘制圆，直径为 35。在工具栏单击 (已知圆心点画圆)按钮，选取原点为圆心，再输入直径为 35，绘制圆的结果如图 3-23 所示。

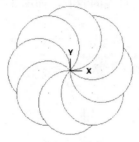

图 3-22　修剪

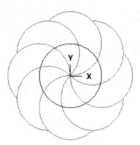

图 3-23　绘制圆

3.4　多物体修剪

多物体修剪是一次修剪多个图素，在工具栏单击多物体修剪按钮 ，系统弹出多物体修剪工具条，如图 3-24 所示。

图 3-24　多物体修剪

各参数的含义如下：

◆ 　：多物体修剪。
◆ 　：选取要修剪的物体。
◆ 　：切换修剪侧。
◆ 　：修剪。
◆ 　：打断。

案例 3-3：多物体修剪

采用多物体修剪命令绘制图形，如图 3-25 所示。

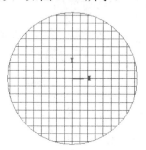

图 3-25　多物体修剪

操作步骤：

(1) 在工具栏单击 ⊙(已知圆心点画圆)按钮，输入圆直径为 50，选取系统原点为圆心，单击"确定"按钮完成圆的绘制，如图 3-26 所示。

(2) 在工具栏单击 (绘制直线)按钮，并单击 (竖直线)按钮，任意画一直线，并在竖直坐标栏输入竖直位置为 0，单击"确定"按钮，完成竖直线的绘制，如图 3-27 所示。

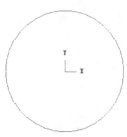

图 3-26　绘制圆

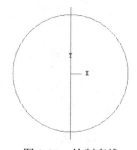

图 3-27　绘制直线

(3) 继续绘制线。单击 (水平线)按钮，任意画一直线，并在水平参数输入栏输入水平位置为 0，单击 (确定)按钮完成水平线的绘制，如图 3-28 所示。

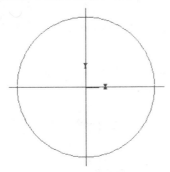

图 3-28　绘制水平线

(4) 在工具栏单击 (单体补正)按钮，系统弹出"单体补正"对话框，该对话框用来设置补正参数，在补正对话框中设置补正类型为"复制"，次数为 8 次，补正距离为 3，并单击方向按钮两次以采用双向补正，再选取刚绘制的竖直线，如图 3-29 所示。

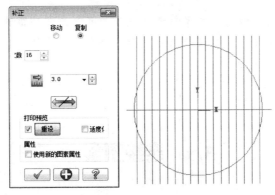

图 3-29　单体补正

(5) 继续单体补正，系统弹出单体补正对话框，该对话框用来设置补正参数，在补正对话框中设置补正类型为"复制"，次数为 8 次，补正距离为 3，并单击方向按钮两次以采用双向补正，再选取刚绘制的水平线，如图 3-30 所示。

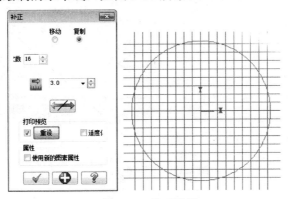

图 3-30　补正结果

(6) 在工具栏单击 (多物体修剪)按钮，选全部的直线作为修剪对象，单击"确定"按钮，再选取圆作为修剪边界，单击"确定"按钮，选取圆内部作为保留侧，系统即将圆外部修剪，如图 3-31 所示。

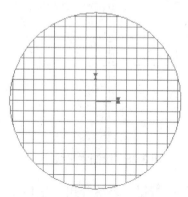

图 3-31 最后修剪结果

提示

此处在选取所有的直线时，由于数量比较多，可以先全部框选所有图素后再复选圆，复选对象即可取消选取，这样就可以把圆清除在选择集外，剩下在选择集中的就是所有直线了，就可以进行多物体修剪。

3.5 连接图素

连接图素是将两个图素连接在一起，两个图素相互独立，但是必须具有某些共性，如直线必须共线，圆弧必须同心且半径相等才可以。对于曲线，两曲线必须源自同一曲线，否则就不能连接在一起。在工具栏单击 (连接图素)按钮，选取要连接的图素，单击"确定"按钮即可将图素连接在一起，如图 3-32 所示。

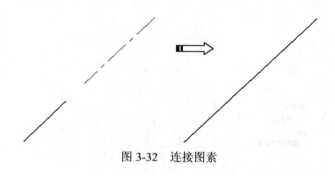

图 3-32 连接图素

3.6　封闭全圆

"封闭全圆"命令用于将圆弧恢复到整圆，由于圆弧具有整个圆的信息，因此，不管是多小的圆弧，都包含圆的半径和圆心点，所以，所有圆弧都可以恢复成整圆。在工具栏单击 ◌(封闭全圆)按钮，系统提示选取圆弧去封闭，选取绘图区的圆弧，单击"确定"按钮即可将圆弧封闭成全圆，如图 3-33 所示。

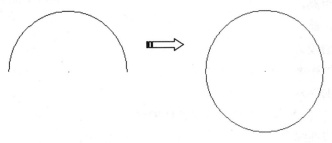

图 3-33　封闭全圆

3.7　打断全圆

"打断全圆"命令用于将整圆打断成多段圆弧，与封闭全圆是相反的。在工具栏单击 ◌(打断全圆)命令，选取圆，单击"确定"按钮，在输入框中输入段数 3，单击"确定"按钮即可将圆打断成 3 段，如图 3-34 所示。

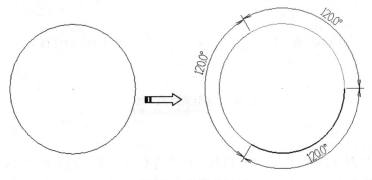

图 3-34　打断全圆

3.8　打断成多段

"打断成多段"命令可以将图素打断成多段线段，不管是圆还是曲线，都可以打断成直线段，而不是圆弧或曲线段。在工具栏单击  (打断成多段)按钮，系统弹出"打断成多段"工具条，如图 3-35 所示。

图 3-35   "打断成多段"工具条

各参数含义如下：

◇   ：打断成多段。

◇   ：精确距离。

◇   ：整数距离。

◇   ：打断的段数。

◇   ：打断的距离。

◇   ：打断的误差。

◇   删除   ：原图素是否删除、保留或隐藏。

◇   ：打断成曲线。

◇   ：打断成直线。

采用打断成多段命令对如图 3-36 所示的圆进行打断，结果如图 3-37 所示。

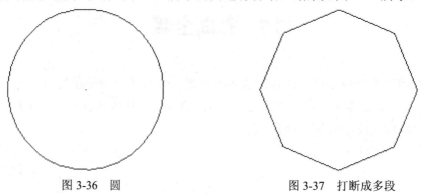

图 3-36   圆   图 3-37   打断成多段

3.9   曲线变弧

"曲线变弧"命令是将曲线转变成圆弧，因为有些机器并不支持 NURBS 曲线，所以要将 NURBS 曲线转变成圆弧才可以。在工具栏单击 (曲线变弧)按钮，系统弹出"曲线变弧"工具条，如图 3-38 所示。

图 3-38   "曲线变弧"工具条

各参数含义如下：

◇   ：曲线变弧。

◇　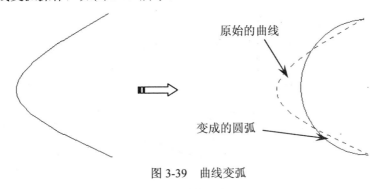：选取曲线。

◇　：设置曲线变弧的误差。

◇　删除▼：对原曲线的处理方式，有删除、保留和隐藏。

在工具栏单击(曲线变弧)按钮，选取绘制的曲线，并将误差值设为为 10，单击"确定"按钮完成曲线变弧操作，如图 3-39 所示。

原始的曲线

变成的圆弧

图 3-39　曲线变弧

提示

曲线要变成圆弧，首先跟曲线有很大关系，如果曲线的阶次太大就不能转变，一般是二次曲线才可以转变成圆弧。另外，如果误差值设置过小，一般转变也会失败，此时可以调整误差值，使误差值慢慢增大，直到变成圆弧为止。

3.10　本章小结

本章主要讲解二维图形的编辑操作。在绘制图形的过程中，熟练掌握图形的编辑，可以大大简化绘制图形的难度，提高绘制技巧。掌握最常用的倒圆角、修剪、延伸等操作，这些操作是最基本的操作，同时也是编辑操作的最常用的命令。

3.11　本章习题

一、填空题

1. 倒圆角是将两相交图素(直线、圆弧或曲线)进行_____，避免尖角的出现。

2. 倒角是对零件上尖角部位_____处理，在五金零件和车床上的零件应用比较多。

二、上机题

采用二维编辑命令绘制图形，结果如图 3-40 所示。

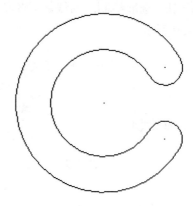

图 3-40　XT3-1

第 4 章

转换图素

转换图素是对图素或对象整体进行操作，包括镜像、旋转、平移、阵列等。转换功能主要是对图形进行移动或复制等多个操作，避免重复性劳动，提高设计效率，用户需熟练掌握。

 学习目标

- ◇ 掌握平移、旋转、缩放等操作技巧。
- ◇ 掌握单体补正和串连补正的原理和操作技巧。
- ◇ 掌握曲线的投影操作。
- ◇ 熟练掌握阵列操作以及删除阵列副本操作。
- ◇ 理解缠绕原理，会缠绕基本操作。

4.1 平　　移

平移是将原始图素移动到另一个地方。在"转换"工具栏单击 ▫▫(平移)按钮，系统弹出"平移"对话框，该对话框用来设置平移参数，如图 4-1 所示。

图 4-1　平移参数

各参数含义如下：

◇　⬚：选取要进行平移的图素。

◇　**移动**：将图素移动到另外一个地方，原来的图素将消失。

◇　**复制**：将图素移动到另外一个地方，原来的图素保留。

◇　**连接**：将图素移动到另外一个地方，原来的图素和移动后的图素对应点以直线连接。

◇　**次数**：平移的次数。

◇　⊙**两点间的距离**：以两点之间的距离来度量平移的距离。

◇　○**整体距离**：以所有平移的图素所占的整体距离来度量平移距离。

◇　△X：X 方向上的增量，右为正，左为负。

◇　△Y：Y 方向上的增量，前为正，后为负。

◇　△Z：Z 方向上的增量，上为正，下为负。

◇　⊞1：平移起点。

◇　⊞2：平移终点。

◇　⊢⊣：以直线作为平移的方向和距离。

◇　∠：极角。

◇　⇉：极径。

◇　⟼：反向平移。

案例 4-1：平移

采用平移绘制如图 4-2 所示的图形。

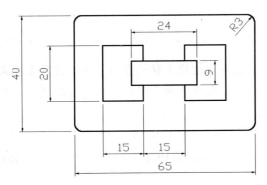

图 4-2　绘制的图形

操作步骤：

(1) 绘制矩形 65×40。在工具栏单击 (矩形)按钮，并单击 (以中心点进行定位)按钮，再输入矩形的尺寸为 65×40，选取定位点为原点，如图 4-3 所示。

(2) 继续绘制矩形 24×9。在标注矩形输入参数框输入矩形长 24、宽 9 后选取原点为中心，结果如图 4-4 所示。

(3) 继续绘制矩形 15×20。在标注矩形输入参数框输入矩形长 15、宽 20 后选取原点为中心，结果如图 4-5 所示。

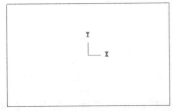

图 4-3　绘制矩形 1

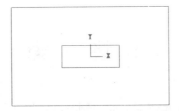

图 4-4　绘制矩形 2

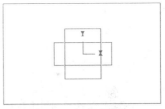

图 4-5　绘制矩形 3

(4) 平移。在工具栏单击 (平移)按钮，系统弹出"平移"对话框，选取平移类型为"移动"，数量为 1，距离为 X 方向 15，方向为双向同时平移。结果如图 4-6 所示。

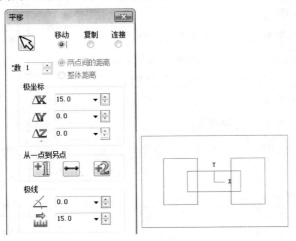

图 4-6　平移

提示 -

平移时可以通过单击箭头来切换平移的方向，单击是改变方向，双击是将箭头快速切换两次变成双向，即同时向两方向平移，这在有些时候，采用双向平移将显得非常方便。

(5) 倒圆角。在工具栏单击 (倒圆角)按钮，输入倒圆角的半径值为 3，选取矩形边线倒圆角，结果如图 4-7 所示。

(6) 修剪。在工具栏单击 (修剪)按钮，系统弹出"修剪"工具条，在工具条中单击 (分割)按钮，单击要修剪的地方，结果如图 4-8 所示。

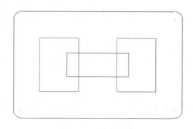

图 4-7　倒圆角

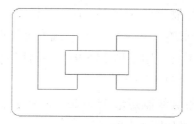

图 4-8　修剪

4.2　镜　　像

镜像图素命令主要用于对称几何图形的绘制，可以将几何图形以某一直线、两点、X 轴或 Y 轴为对称轴进行镜像。在工具栏单击 (镜像)按钮，系统弹出"镜像"对话框，该对话框用来设置镜像参数，如图 4-9 所示。

各参数含义如下：

◇　 ：选取镜像图素。

◇　Y 0.0 ：以解析几何 Y=0 的轴为镜像轴。

◇　X 0.0 ：以解析几何 X=0 的轴为镜像轴。

◇　A 45.0 ：以 45° 的极坐标线为镜像轴。

◇　 ：以选取的直线作为镜像轴。

◇　 ：以选取的两点作为镜像轴。

图 4-9　镜像参数

案例 4-2：镜像

采用镜像命令绘制如图 4-10 所示的图形。

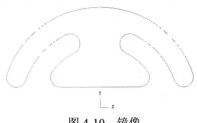

图 4-10　镜像

操作步骤：

(1) 绘制圆。在工具栏单击⊙(绘圆)按钮，选取原点为圆心，再输入半径为 50，绘制圆的结果如图 4-11 所示。

(2) 修剪于点。在工具栏单击◪(修剪)按钮，系统弹出"修剪"工具条，在工具条中单击◪(修剪于点)按钮，单击要修剪的圆后再单击修剪的点为 90º 象限点处，修剪结果如图 4-12 所示。

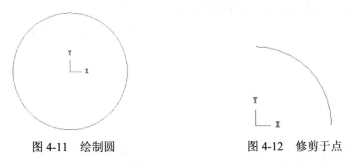

图 4-11　绘制圆　　　　　　　　　　　　图 4-12　修剪于点

(3) 单体补正。在工具栏单击Ϻ(单体补正)按钮，系统弹出"单体补正"对话框，在对话框中输入补正距离为 10，数量为 2，类型为复制，单击"确定"按钮完成补正，如图 4-13 所示。

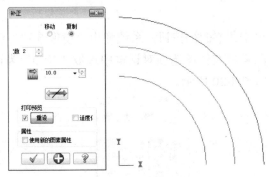

图 4-13　单体补正

(4) 绘制竖直线。在工具栏单击◳(绘制直线)按钮，单击◲(竖直)按钮，再选取任意点拉出竖直线，输入水平位置值为 10，结果如图 4-14 所示。

(5) 绘制水平线。在工具栏单击▨(绘制直线)按钮，单击⊡(水平)按钮，再选取任意点拉出水平线，输入水平位置值为 10，结果如图 4-15 所示。

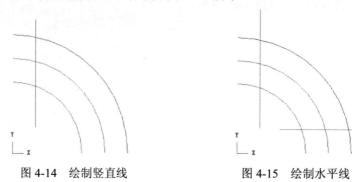

图 4-14　绘制竖直线　　　　　　　　图 4-15　绘制水平线

(6) 绘制三切弧。在工具栏单击⊡(三点画弧)按钮，再单击☑(相切)按钮，然后选取要相切的圆，结果如图 4-16 所示。

(7) 修剪。在工具栏单击▨(修剪)按钮，系统弹出"修剪"工具条，在工具条中单击⊡(分割)按钮，单击要修剪的地方，结果如图 4-17 所示。

(8) 延伸到原点。在工具栏单击▨(修剪)按钮，系统弹出"修剪"工具条，在工具条中单击▧(修剪于点)按钮，单击要延伸的直线，再选取要延伸到的点为原点，结果如图 4-18 所示。

图 4-16　三切弧　　　　　　图 4-17　修剪　　　　　　图 4-18　延伸

(9) 倒圆角。在工具栏单击☐(倒圆角)按钮，输入倒圆角的半径值为 5，选取同心圆弧，结果如图 4-19 所示。

(10) 镜像。在工具栏单击▦(镜像)按钮，系统弹出"镜像选项"对话框，选取镜像类型为"复制"，再选取所有图素后在镜像选项对话框中选取"X=0"为镜像轴，单击☑(确定)按钮后，完成镜像，结果如图 4-20 所示。

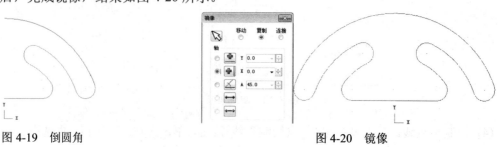

图 4-19　倒圆角　　　　　　　　　　　图 4-20　镜像

4.3 旋　　转

旋转用于几何图形绕选取的点旋转一定的角度，在工具栏单击 🔄 (旋转)命令，系统弹出
"旋转"对话框，该对话框用来设置旋转参数，如图 4-21 所示。

各参数含义如下：

◇ 🔲 ：选取旋转图素。

◇ ⊙单次旋转角度：两旋转图素之间的旋转角度。

◇ ○整体旋转角度：所有图素整体所覆盖的角度。

◇ 🔲 ：定义旋转中心。

◇ ⊿ 30.0 ：输入旋转角度。

◇ ⊙旋转：图素本身绕中心旋转。

◇ ○平移：图素本身绕中心平移。

◇ 🔁 ：方向反向。

◇ 🔲 ：删除项目。

◇ 🔲 ：重设项目。

图 4-21　旋转

案例 4-3：旋转

采用旋转命令绘制如图 4-22 所示的图形。

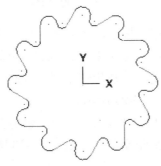

图 4-22　旋转

操作步骤：

(1) 绘制圆，半径为 5。在工具栏单击 🔘 (已知圆心点画圆)按钮，输入圆心点坐标为
(0,40,0)，再输入半径为 5，绘制圆的结果如图 4-23 所示。

(2) 绘制切线，角度为 240°。在工具栏单击 🔲 (绘制直线)按钮，并单击 📐 (相切)按钮，将
相切选项激活，然后选取圆的切点为起点，再输入角度为 240°，结果如图 4-24 所示。

(3) 旋转 30°。在工具栏单击 🔄 (旋转)按钮，选取刚才绘制的圆，单击"确定"按钮完成
选取。系统弹出"旋转"对话框，该对话框用来设置旋转参数。在旋转对话框中单击旋转类
型为"复制"，次数为 1 次，旋转角度为 30°，单击"确定"按钮，完成参数设置，系统根
据参数生成的图形如图 4-25 所示。

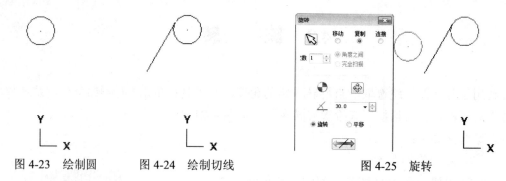

图 4-23　绘制圆　　　　　图 4-24　绘制切线　　　　　　　　图 4-25　旋转

(4) 倒圆角，半径为 3。在工具栏单击 （倒圆角）按钮，输入倒圆角的半径值为 3，选取圆和切线进行倒圆角，结果如图 4-26 所示。

(5) 绘制竖直线。在工具栏单击 （绘制直线）按钮，再选取圆的象限点拉出竖直线，结果如图 4-27 所示。

(6) 修剪。在工具栏单击 （修剪）按钮，系统弹出"修剪"工具条，在工具条中单击 （分割）按钮，单击要修剪的地方，结果如图 4-28 所示。

图 4-26　倒圆角　　　　　　图 4-27　绘制竖直线　　　　　图 4-28　修剪

(7) 旋转。在工具栏单击 （旋转）按钮，选取刚才绘制的所有图素，单击"确定"按钮完成选取。系统弹出"旋转"对话框，该对话框用来设置旋转参数。在"旋转"对话框中单击旋转类型为"移动"，次数为 12 次，总旋转角度为 360º，单击"确定"按钮，完成参数设置，系统根据参数生成的图形如图 4-29 所示。

(8) 修剪。在工具栏单击 （修剪）按钮，系统弹出"修剪"工具条，在工具条中单击 （两物体修剪）按钮，选取两个没有连接的圆弧，结果如图 4-30 所示。

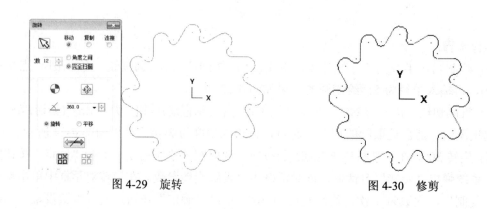

图 4-29　旋转　　　　　　　　　　　图 4-30　修剪

4.4 比例缩放

比例缩放命令用于将选取的图形以某点为基准进行缩放，可以设置等比例缩放，也可以设置不等比例缩放。在工具栏单击 ▣(比例缩放)命令，系统弹出"比例"对话框，该对话框用来设置缩放参数，如图 4-31 所示。

各参数含义如下：

- ◆ ▣：选取要缩放的图素。
- ◆ ▣：定义缩放中心。
- ◆ ○等比例：等比例缩放。
- ◆ ◉XYZ：不等比例缩放，XYZ 可以分别定义不同的比例。
- ◆ ◉比例因子：设置比例因子。
- ◆ ○百分比：设置百分比。
- ◆ X：X 方向比例。
- ◆ Y：Y 方向比例。
- ◆ Z：Z 方向比例。

图 4-31　缩放参数

案例 4-4：比例缩放

采用比例缩放绘制如图 4-32 所示的图形。

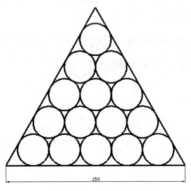

图 4-32　比例缩放

操作步骤：

(1) 绘制圆。在工具栏单击 ▣(绘圆)按钮，选取原点为圆心，再输入半径为 5，绘制圆的结果如图 4-33 所示。

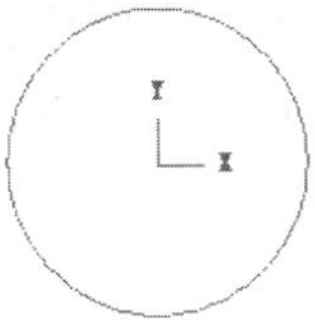

图 4-33　绘制圆

(2) 矩形阵列。在工具栏单击 ▦(矩形阵列)按钮，系统弹出"矩形阵列"对话框，设置参数如图 4-34 所示。单击 ▦(删除副本)按钮，将多余的副本阵列删除。

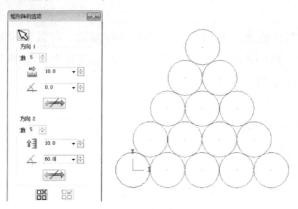

图 4-34　阵列

提示 ┄┄┄┄┄┄┄┄┄┄┄┄┄┄┄┄┄┄┄┄┄┄┄┄┄┄┄┄┄┄┄┄

　　此处的阵列技巧非常重要，首先采用两个方向成 60° 角度阵列出菱形阵列，然后采用删除副本命令删除掉阵列中的多余副本，这样采用了一步阵列命令完成了多步骤才能完成的操作，方便快捷。

(3) 绘制切线。在工具栏单击 ◣(绘制直线)按钮，并单击 ◢(相切)按钮，将"相切选项"激活，然后选取相切圆，结果如图 4-35 所示。

(4) 修剪。在工具栏单击 ▦(修剪)按钮，系统弹出"修剪"工具条，在工具条中单击 ▢(两物体修剪)按钮，单击刚绘制的线，结果如图 4-36 所示。

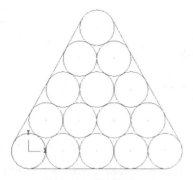

图 4-35　绘制切线

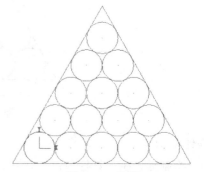

图 4-36　修剪

(5) 分析长度。在主菜单选择"分析"→"属性分析"命令，选取底部水平直线，系统弹出"分析"对话框，如图 4-37 所示。显示分析长度为 57.321。

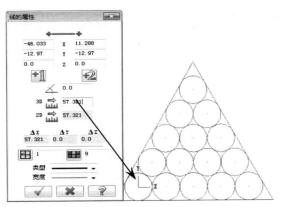

图 4-37　分析属性

 提示

此处采用分析的长度而没有采用标注尺寸是为了给下一步的缩放命令提供缩放参考，这样分析的结果会更精确，所得的缩放结果也就更加准确。

(6) 比例缩放。在工具栏单击 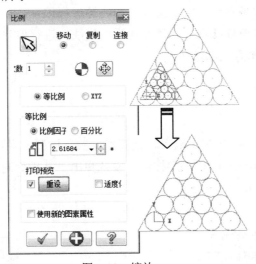(缩放)按钮，再选取所有图素后单击"确定"按钮，系统弹出"比例"对话框，将缩放类型设置为"移动"，比例因子为 150/57.321，系统会自动计算出结果，参数如图 4-38 所示。

图 4-38　缩放

 提示

此处是采用分析的数据，可以套用公式计算缩放比例因子，得到比例因子后，系统即通过比例因子进行缩放。比例因子=缩放结果/缩放前。缩放前即是分析数据，缩放要得到的结果即是 150 长度，因此比例因子采用 150/57.321 即可。

(7) 标注。在工具栏单击 ▋(快速标注)按钮，选取水平线进行标注，结果如图 4-39 所示。

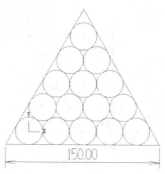

图 4-39　标注

4.5　补　　正

补正命令用于对图素(可以是直线、圆、圆弧、曲线等)或对象，沿其法向方向偏移一定的距离。

补正命令根据操作对象不同有两种不同的方式：

(1) 单体补正：对单条直线、圆、圆弧、曲线等进行偏移。

(2) 串连补正：对多条连接在一起的曲线沿曲线法向进行偏移。

下面详细讲解其操作方式和技巧。

4.5.1　单体补正

单体补正命令用于对单个的图素(可以是直线、圆、圆弧、曲线等)，沿其法向方向进行偏移补正。在工具栏单击 ▋(单体补正)按钮，系统弹出"补正"对话框，该对话框用来设置补正参数，如图 4-40 所示。

各选项含义如下：

◇ 移动：偏移后本体消失。

◇ 复制：偏移后本体保留。

◇ 次数：指定偏移的数量。系统会根据输入的距离进行多重偏移。

◇ ▦：偏移距离，指定偏移后的对象相对本体偏移的距离。

◇ ⟷：切换偏移方向。

图 4-40　补正参数

4.5.2 串连补正

串连补正是对整个串连沿曲线法向进行偏移,与单体补正的区别是串连补正是对整个串连而言。在工具栏单击 ⅃(串连补正)命令,系统弹出"串连选项"对话框,该对话框用来选取要进行补正的串连。在绘图区选取要偏移的曲线后,单击"确定"按钮,完成选取,系统弹出"串连补正选项"对话框,该对话框用来设置串连补正参数,如图 4-41 所示。

各参数含义如下:

- ◇ ▷:选取要补正的串连。
- ◇ ⇝:水平方向上补正距离。
- ◇ ⇟:Z 深度方向上补正距离。
- ◇ ∠:补正极坐标角度。
- ◇ ⇄:方向反向。
- ◇ 转角:设置转角方式。
- ◇ ○无:转角采用直角。
- ◇ ⊙尖角:小于 135°转角采用圆弧转角。
- ◇ ○全部:所有转角采用圆弧转角。

图 4-41 串连补正

案例 4-5:补正

采用补正命令绘制如图 4-42 所示的图形。

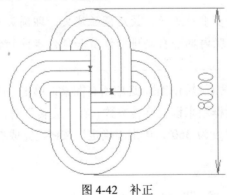

图 4-42 补正

操作步骤:

(1) 绘制圆。在工具栏单击 ⊙(绘圆)按钮,输入圆心点坐标为(0,20),再输入半径为 20,绘制圆的结果如图 4-43 所示。

(2) 绘制直线。在工具栏单击 ╲(绘制直线)按钮,再选取圆的右象限点,绘制竖直向下、长度为 20 的直线,如图 4-44 所示。

(3) 修剪。在工具栏单击 (修剪)按钮,系统弹出"修剪"工具条,在工具条中单击 (修剪于点)按钮,单击要修剪的图素后再单击要修剪的点,结果如图 4-45 所示。

图 4-43 绘制圆　　　　　　图 4-44 绘制直线　　　　　　图 4-45 修剪

(4) 串连补正。在工具栏单击 ⌐(串连补正)按钮，系统弹出"串连补正选项"对话框，在对话框中输入补正距离为 5，数量为 4，类型为"复制"，单击"确定"按钮完成补正，如图 4-46 所示。

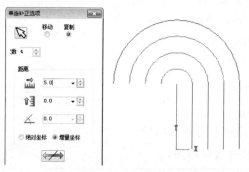

图 4-46 串连补正

提示 ·---

　　　此处的串联补正进行多重补正后，最后圆弧消失，即圆弧补正后变为 0。用户在使用时要会利用补正时串联内部会自动进行修剪和延伸操作的特性。

(5) 旋转。在工具栏单击 ⌐(旋转)按钮，选取所有图素，单击"确定"按钮完成选取。系统弹出"旋转"对话框，该对话框用来设置旋转参数。在"旋转"对话框中单击旋转类型为"移动"，次数为 4 次，总旋转角度为 360º，单击"确定"按钮，完成参数设置，系统根据参数生成的图形如图 4-47 所示。

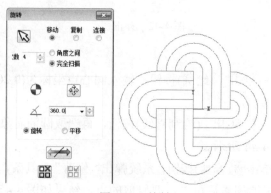

图 4-47 旋转

提示 ················

　　旋转时注意旋转类型为复制和移动的差别，特别在绕轴旋转一周 360º 时，此时要采用移动的方式。如果采用复制类型，旋转结果将会出现重复。

4.6 投　　影

　　投影命令用于将选取的图形在当前构图面上投影一定的距离，或投影到指定的平面上，或投影到指定的曲面上。在工具栏单击 ⊒(投影)按钮，选取要投影的图素后，单击"确定"按钮，系统弹出"投影"对话框，该对话框用来设置投影参数，如图 4-48 所示。

图 4-48　投影

各参数含义如下：
- ◇ 　:选取要投影的图素。
- ◇ 　:投影到构图平面。
- ◇ 　:投影到指定平面。
- ◇ 　:投影到曲面。
- ◇ ◉构图平面:投影方向为构图平面的法向方向。
- ◇ ○曲面法向:投影方向为曲面的法向方向。
- ◇ □连接公差:投影到曲面上的投影线与曲面之间的误差。

4.7 阵　　列

　　阵列几何图形用于将选取的几何图形沿某方向复制多个，并进行平移。在工具栏单击 ⊞(矩形阵列)按钮，选取要阵列的图形，单击"确定"按钮，系统弹出"矩形阵列选项"对话框，该对话框用来设置阵列参数，如图 4-49 所示。

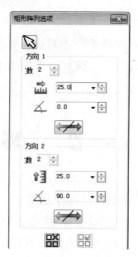

图 4-49 阵列参数

各参数含义如下：

✧ 🔲：选取要阵列的图素。

✧ 🔲：阵列第一方向或第二方向的距离。

✧ 🔲：阵列第一方向或第二方向的角度。

✧ 🔲：方向反向。

✧ 🔲：删除项目。

✧ 🔲：项目重设。

案例 4-6：阵列

采用矩形阵列命令绘制如图 4-50 所示的图形。

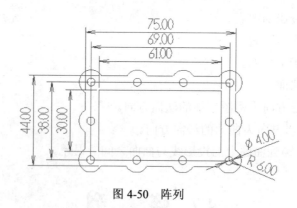

图 4-50 阵列

操作步骤：

(1) 绘制矩形。在工具栏单击🔲(矩形)按钮，并单击🔲(以中心点进行定位)按钮，再输入矩形的尺寸为 61×30，选取定位点为原点，如图 4-51 所示。

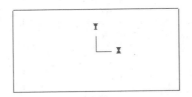

图 4-51　绘制矩形

(2) 串连补正。在工具栏单击 (串连补正)按钮，系统弹出"串连补正选项"对话框，在对话框中输入补正距离为 4，数量为 1，类型为"复制"，方向向外，转角类型为"无"，单击"确定"按钮完成补正，如图 4-52 所示。

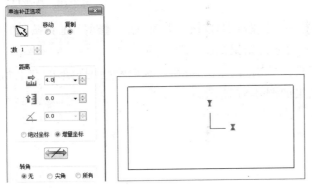

图 4-52　串连补正 1

(3) 继续串连补正。输入补正的距离为 3，数量为 1，类型为"复制"，方向向外，转角类型为"无"，单击"确定"按钮完成补正，如图 4-53 所示。

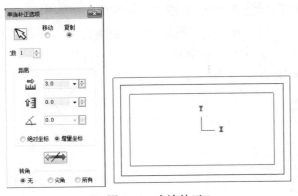

图 4-53　串连补正 2

(4) 绘制圆。在工具栏单击 (绘圆)按钮，选取刚绘制矩形的左上角点为圆心，再输入半径为 6，绘制圆的结果如图 4-54 所示。

(5) 阵列。在工具栏单击 (矩形阵列)按钮，系统弹出"矩形阵列选项"对话框，设置方向 1 的数量为 4、距离为 23，方向 2 的数量为 3、距离为 19，单击 (删除副本)按钮，将多余的副本阵列删除。设置参数如图 4-55 所示。

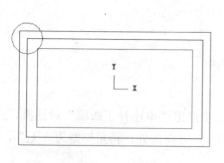

图 4-54　绘制圆

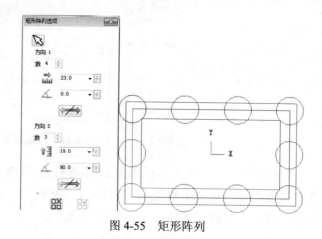

图 4-55　矩形阵列

(6) 修剪。在工具栏单击🖉(修剪)按钮，系统弹出"修剪"工具条，在工具条中单击┅(分割)按钮，单击要修剪的地方，结果如图 4-56 所示。

(7) 绘制圆。在工具栏单击⊙(绘圆)按钮，选取刚绘制矩形的左上角点为圆心，再输入半径为 2，绘制圆的结果如图 4-57 所示。

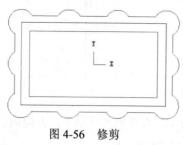

图 4-56　修剪

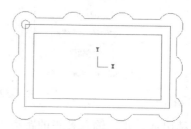

图 4-57　绘制圆

(8) 阵列。在工具栏单击▓(矩形阵列)按钮，系统弹出"矩形阵列选项"对话框，设置方向 1 的数量为 4、距离为 23，方向 2 的数量为 3、距离为 19，单击▓(删除副本)按钮，将多余的副本阵列删除。设置参数如图 4-58 所示。

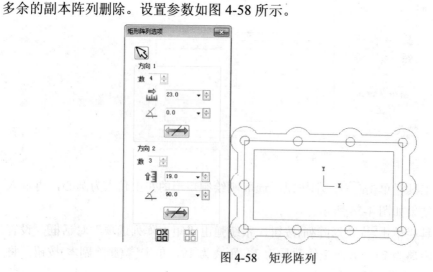

图 4-58　矩形阵列

提示

此处矩形阵列中间有两个圆不需要，可以采用删除副本命令将阵列中的某一个或多个副本删除，这样，即使阵列的图形只有一部分满足阵列关系，一样可以采用阵列命令来快速进行造型。

4.8 缠 绕

缠绕命令用于将选取的线架图形沿某一半径进行包络，可以缠绕成点、直线、曲线或圆弧。在工具栏单击 ◦⌒⌒(缠绕)按钮，系统弹出"串连"对话框，该对话框用来选取缠绕串连，选取图素后单击"确定"按钮，系统弹出"缠绕选项"对话框，该对话框用来设置缠绕参数，如图4-59所示。

图 4-59 "缠绕选项"对话框

各参数的含义如下：

◆ ▨：选取要缠绕的图素。

◆ ◠⬆：缠绕。

◆ ◠⬇：展开。

◆ ⦿X轴：以 X 轴缠绕。

◆ ○Y轴：以 Y 轴缠绕。

◆ ⦿顺时针：顺时针缠绕。

◆ ○逆时针：逆时针缠绕。

◆ ⬌：缠绕的直径。

◆ 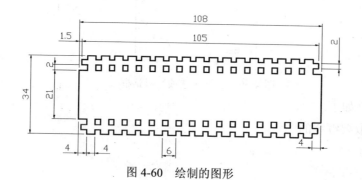：缠绕的角度误差。

◆ ：缠绕后的图素类型，有直线、点、圆弧、曲线等。

4.9　本章小结

　　本章主要讲解转换图素，即通过对图素的变换编辑，使图素移动、复制、旋转、缩放、补正、投影、阵列等，从而满足用户的要求。转换编辑在实际工作中使用非常多，因此，本章在二维绘图中的地位非常重要。

4.10　本章习题

一、填空题

　　1. 镜像图素命令主要用于对称几何图形的绘制，可以将几何图形以某一直线、两点、X轴或Y轴为＿＿＿＿＿＿进行镜像。

　　2. 补正命令用于对图素(可以是直线、圆、圆弧、曲线等)或对象，沿其＿＿＿＿＿＿方向偏移一定的距离。

二、上机题

　　采用转换命令绘制图形，结果如图4-60所示。

图 4-60　绘制的图形

第 5 章

尺寸标注

为了更好地表达图形信息，必须要借助量化信息才可以表达图形各种参数，因此需要对图形添加尺寸和文字标注。图形标注是 Mastercam X7 系统的一个辅助功能，它包括尺寸标注、文字说明、符号说明、注释、表格、图框、图案填充等内容。此外，零件和产品生产、检验、加工、交付使用等都是按照图纸中的尺寸来进行的，尺寸标注好坏合理与否，将影响零件的质量。

 学习目标

◇ 掌握尺寸标注的三要素。
◇ 掌握基本的水平和垂直标注。
◇ 会用图案填充绘制基本的剖面图。
◇ 理解尺寸基准的含义。

5.1 尺寸标注概述

尺寸标注在工程图中的作用非常重要，尺寸标注的正确与否直接影响工程人员之间的相互交流，懂得尺寸标注的美观、原则等对标注很有帮助，因此，要掌握好尺寸标注的一些基本原则和技巧。

5.1.1 尺寸标注的三要素

尺寸标注包括尺寸界线、尺寸线和尺寸数字 3 个部分，这 3 个部分都有才算是完整的尺寸标注，如图 5-1 所示。

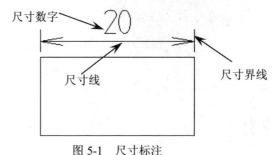

图 5-1 尺寸标注

5.1.2 尺寸标注的基本原则

尺寸标注是一个容易出错，且需要认真细心及有耐心的工作，很容易遗漏尺寸和重复尺寸，甚至可能出现错误的尺寸。因此，尺寸标注是一项很难的、繁琐的工作。尺寸一旦出现错误，会给加工带来很大的麻烦，导致工人无法加工，甚至产生废品，造成经济损失。掌握尺寸标注的一般原则，能减少错误的发生。

尺寸标注的一般原则如下：

✧ 尺寸标注首先必须正确，其次才是美观。

✧ 尺寸标注必须不遗漏，也不重复。

✧ 尺寸尽量标注在基准上，不要标注无法加工的尺寸或间接进行计算的尺寸，造成累计误差。

✧ 尺寸标注不能形成封闭尺寸链。

5.2 尺寸标注

Mastercam 系统提供了多种方式的尺寸标注形式，要启动尺寸标注，可以在主菜单中选择"绘图"→"尺寸标注"命令，也可以直接在工具栏中单击相应的标注按钮，下面将分别进行讲解。

5.2.1 水平标注

水平标注命令用于标注选取的两点之间的水平距离，在主菜单选择"绘图"→"尺寸标注"→"标注尺寸"→"水平标注"命令，即可调取水平标注命令。采用水平标注命令标注尺寸如图 5-2 所示。

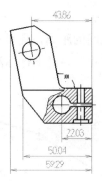

图 5-2 水平标注

 提示

> 水平标注可以选取水平线或者倾斜线进行标注，也可以选取两点进行标注，选取的两点可以在一条水平线上，也可以不在同一条水平线上。如果不在一条水平线上标注的是两点之间的水平距离。

5.2.2 垂直标注

垂直标注用于标注两点之间的垂直距离。在主菜单选择"绘图"→"尺寸标注"→"标注尺寸"→"垂直标注"命令，即可调取垂直标注命令。采用垂直标注命令进行标注，标注结果如图 5-3 所示。

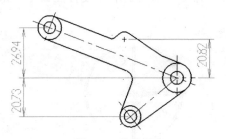

图 5-3 垂直标注

提示 --

> 垂直标注可以选取竖直线或者倾斜线进行标注,也可以选取两点进行标注,选取
> 的两点可以在一条竖直线上,也可以不在同一条竖直线上。如果不在一条竖直线上标
> 注的是两点之间的竖直距离。

5.2.3　平行标注

平行标注命令用于标注任意两点间的距离,且尺寸线平行于两点间连线。在主菜单选择
"绘图"→"尺寸标注"→"标注尺寸"→"平行标注"命令,即可调取平行标注命令。采
用平行标注结果如图 5-4 所示。

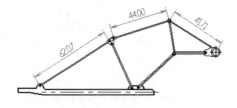

图 5-4　平行标注

 提示 --

> 平行标注可以直接选取倾斜线标注倾斜长度,也可以选取倾斜的两点标注两点之
> 间的距离。当然,平行标注也可以用来标注水平上的两点或者竖直上的两点之间的距
> 离,此时和水平标注以及竖直标注相同。

5.2.4　角度标注

角度标注命令用于标注两直线间或圆弧的角度值。在主菜单选择"绘图"→"尺寸标注"
→"标注尺寸"→"角度标注"命令,即可调取角度标注命令。采用角度标注结果如图 5-5
所示。

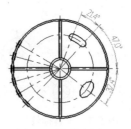

图 5-5　角度标注

提示

　　角度标注除可以标注两条直线之间的角度外，还可以标注三点之间的角度，标注时先选取角点，再选取角边界上的两点，即可创建三点组成的角度标注。

5.2.5　正交标注

　　正交标注命令用于标注两平行线之间的距离，或点到某线段的法线距离。在主菜单选择"绘图"→"尺寸标注"→"标注尺寸"→"正交标注"命令，即可调取正交标注命令。采用正交标注结果如图 5-6 所示。

图 5-6　正交标注

 提示

　　正交标注即是法向标注，首先必须选取直线，然后再选取直线或者点即可进行标注。正交标注无法对圆弧和曲线相切的部分进行标注。

5.2.6　相切标注

　　相切标注用于标注某点与某圆弧相切的尺寸值，在主菜单选择"绘图"→"尺寸标注"→"尺寸标注"→"相切标注"命令，即可调取相切标注命令。采用相切标注结果如图 5-7 所示。

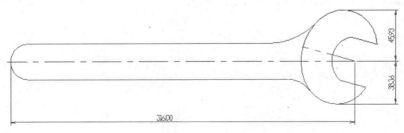

图 5-7　相切标注

5.3　图案填充

在工程图中往往为了表达内部信息，而采用剖视图，因此，除了常用的标注外，还需要创建各种不同的图案填充。要启动图案填充命令，可以在主菜单选择"绘图"→"尺寸标注"→"剖面线"命令，系统弹出"剖面线"对话框，该对话框用来设置剖面线的相关参数，如图 5-8 所示。

在"剖面线"对话框中单击"用户定义的剖面线图样"按钮，系统弹出"自定义剖面线图样"对话框，如图 5-9 所示。该对话框用来提供用户自定义样式，在"自定义剖面线图样"对话框中单击"新建线"按钮，系统弹出"新建样式"对话框，可以新建剖面线型、类型样式等。采用填充命令绘制结果如图 5-10 所示。

图 5-8　"剖面线"对话框

图 5-9　"自定义剖面线图样"对话框

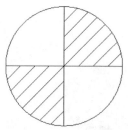
图 5-10　填充命令绘制结果

5.4　综合训练

采用图案填充命令绘制如图 5-11 所示的图形。

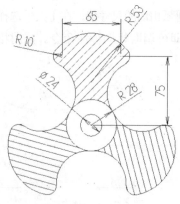
图 5-11　电扇叶片

操作步骤:

(1) 在工具栏单击⊙(绘圆)按钮,输入圆半径为 R12,选取原点为定位点,单击"确定"按钮,完成 R12 的圆的绘制,如图 5-12 所示。

(2) 继续输入圆半径为 R28,选取原点为定位点,单击"确定"按钮,完成 R28 的圆的绘制,如图 5-13 所示。

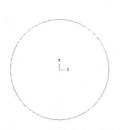
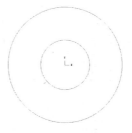

图 5-12　绘制 R12 的圆　　　　　　　图 5-13　绘制 R28 的圆

(3) 继续输入圆半径为 R10,输入定位点坐标为"X65/2Y75",单击"确定"按钮,完成 R10 的圆的绘制,如图 5-14 所示。

(4) 继续输入圆半径为 R10,输入定位点坐标为"X-65/2Y75",单击"确定"按钮,完成 R10 的圆的绘制,如图 5-15 所示。

图 5-14　绘制 R10 的圆　　　　　　　图 5-15　绘制 R10 的圆

(5) 在工具栏单击广(倒圆角)按钮,输入倒圆角半径为 53,并单击☐(不修剪)按钮,选取要倒圆角的边,并选取需要的圆弧,单击"确定"按钮,完成 R53 圆弧的绘制,如图 5-16 所示。

(6) 继续输入倒圆角半径为 R35,选取要倒圆角的边,并选取需要的圆弧,单击"确定"按钮,完成 R35 圆弧的绘制,如图 5-17 所示。

图 5-16　倒圆角　　　　　　　　　图 5-17　倒圆角

(7) 在工具栏单击 (修剪)按钮，并单击 (两物体修剪)按钮，选取要修剪的图素，单击"确定"按钮完成修剪，如图 5-18 所示。

(8) 再在修剪工具栏单击 (打断)按钮，并将 R28 的圆弧在交点地方打断，如图 5-19 所示。

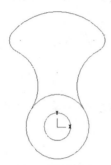
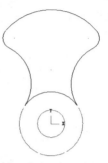

图 5-18　修剪结果　　　　　　　　　　图 5-19　打断结果

(9) 在主菜单选择"绘图"→"尺寸标注"→"剖面线"命令，系统弹出"剖面线"对话框，该对话框用来设置剖面线的相关参数，如图 5-20 所示。

(10) 设置好图样和剖面线参数后单击"确定"按钮，系统即弹出"串联选项"对话框，该对话框用来选取填充串联，在串联选项对话框中选中 (框选)按钮，选取矩形框内的图素，单击"确定"按钮，完成选取，如图 5-21 所示。

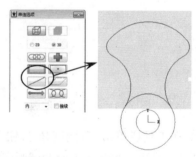

图 5-20　剖面线　　　　　　　　　　图 5-21　框选图素

(11) 单击"确定"按钮后系统即生成填充图案，如图 5-22 所示。

图 5-22　填充图案

(12) 在工具栏单击 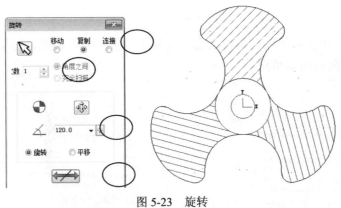(旋转)按钮，选取刚才填充的图案和边界，单击"确定"按钮完成选取，系统弹出"旋转"对话框，该对话框用来设置旋转参数，在"旋转"对话框中设置类型为"复制"，次数为 1，角度为 120 度，方向为双向，单击"确定"按钮，完成设置，如图 5-23 所示。

图 5-23　旋转

(13) 在工具栏单击 (智能标注)按钮，对上一步绘制的图形标注，标注结果，如图 5-24 所示。

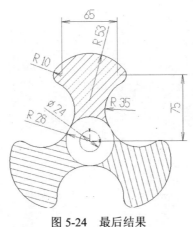

图 5-24　最后结果

5.5　本章小结

本章主要讲解尺寸标注和图案填充等内容，尺寸标注和图案填充是绘制二维图形的两项辅助工作。尺寸标注的主要工作是进行尺寸和文本的标注，以表达零件的各种参数。图案填充主要任务是使用某种图案填充到空白的区域作为零件的剖切截面，更好地表达内部结构。

5.6　本章习题

一、填空题

1．尺寸标注包括_____、_____和_____ 3 个部分。

2．在工程图中往往为了表达内部信息，而采用_____，因此，除了常用的标注外，还需要创建各种不同的图案填充。

二、简述题

简述尺寸标注的基本原则。

第6章

实体造型和实体编辑

　　实体造型是 Mastercam X7 造型中比较好用的功能，操作非常简单。本章主要讲解实体造型，分两部分：一部分为实体成型工具，即通过实体操作命令直接建模；另一部分是实体编辑命令，即在原有实体上进行编辑，获得另外造型的建模方式。

 学习目标

　　❖　掌握拉伸、切割等操作方法。
　　❖　掌握扫描、举升、牵引等操作方法。
　　❖　掌握镜像、旋转、复制等操作方法。
　　❖　掌握实体拔模、抽壳等操作。
　　❖　掌握实体拔模、抽壳等操作。

6.1 实体概述

实体是指三维封闭几何体，具有质量、体积、厚度等特性，占有一定的空间，由多个面组成。实体还分两种，一种是上面所说的封闭实体，还有一种片体，其实它更像曲面，即是薄片实体，它是一种特殊的实体，是零厚度、零体积、零质量的片体，带有曲面的特性。不过这种片体不能直接得到，是不带任何参数的实体，如图 6-1 所示。

图 6-1 实体和片体

6.2 基本实体

基本实体包括圆柱体、圆锥体、立方体、球体、圆环体 5 种基本类型，如图 6-2 所示。

图 6-2 基本实体

基本实体的调取方法有两种，一种是直接在工具栏调取相应的图标按钮，另一种是在主菜单选择"绘图"→"基本实体"，再选择相应的实体命令即可调取相关操作。下面将分别进行讲解。

6.2.1 圆柱体

圆柱体是矩形绕其一条边旋转一周而成的。在主菜单选择"绘图"→"基本实体"→"圆柱体"命令，系统弹出"圆柱"对话框，该对话框用来设置圆柱体参数，如图 6-3 所示。

图 6-3 圆柱参数

6.2.2　圆锥体

圆锥体是一条母线绕其轴线旋转而成，圆锥体底面为圆，顶面为尖点。在主菜单选择"绘图"→"基本实体"→"圆锥体"命令，系统弹出"锥体"对话框，该对话框用来设置圆锥体参数，如图 6-4 所示。

图 6-4　圆锥参数

6.2.3　立方体

立方体的六个面都是长方形。在主菜单选择"绘图"→"基本实体"→"立方体"命令，系统弹出"立方体"对话框，该对话框用来设置立方体参数，如图 6-5 所示。

图 6-5　立方体参数

各选项含义如下：

- ◇　实体：创建实体立方体。
- ◇　曲面：创建曲面立方体。
- ◇　：设置定位点。
- ◇　：输入立方体的长度值(L)。
- ◇　：输入立方体的宽度值(W)。
- ◇　：输入立方体的高度值(H)。
- ◇　：切换立方体的轴向。

6.2.4　球体

球体是半圆弧沿其直径边旋转生成的。在主菜单选择"绘图"→"基本实体"→"球体"命令，系统弹出"圆球"对话框，该对话框用来设置球体参数，如图 6-6 所示。

图 6-6　球体

创建球体主要定义球体半径和球中心定位点，即可确定球体的外形和位置。球体参数比较简单，用户可以参照前面的圆柱体参数。

6.2.5　圆环体

圆环体是指一截面圆沿一轴心圆进行扫描产生圆环实体。在主菜单选择"绘图"→"基本实体"→"圆环体"命令，系统弹出"圆环体"对话框，该对话框用来设置圆环体参数，如图 6-7 所示。

图 6-7　圆环体

案例 6-1：创建基本实体

采用基本实体命令绘制如图 6-8 所示的色子图形。

图 6-8　色子

操作步骤：

(1) 绘制立方体。在工具栏单击 (立方体)按钮，系统弹出"立方体"对话框，选取类型为"实体"，设置长为 20、宽为 20、高为 20，定位点为底面矩形的中心点，选取原点为定位点，结果如图 6-9 所示。

(2) 绘制线。在工具栏单击 (绘制直线)按钮，再选取立方体面的对角点进行连线，连线结果如图 6-10 所示。

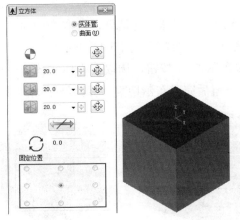

图 6-9　立方体

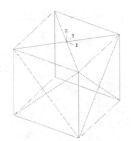

图 6-10　绘制线

(3) 绘制球体。在工具栏单击 (球体)按钮，系统弹出"圆球"对话框，选取类型为"实体"，设置球半径为 4，选取定位点为顶面线的交点，结果如图 6-11 所示。

(4) 绘制线。在工具栏单击 (绘制直线)按钮，选取构图面为 (前视图)按钮，再选取立方体前面的对角点交点为起点绘制线，线长为 5，分别向上和向下，绘制的结果如图 6-12 所示。

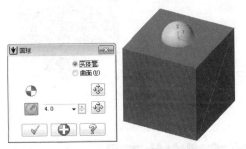

图 6-11　绘制球体

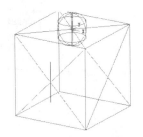

图 6-12　绘制线

(5) 绘制球体。在工具栏单击 (球体)按钮，系统弹出"圆球"对话框，选取类型为"实体"，设置球半径为 3，选取定位点为刚绘制的直线端点，结果如图 6-13 所示。

(6) 打断线。在工具栏单击 (修剪)按钮，系统弹出"修剪"工具条，在工具条中单击 (分割)按钮，单击修剪类型为 (打断)按钮，单击要修剪的地方，结果如图 6-14 所示。

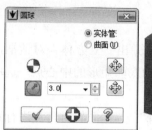

图 6-13　绘制球体

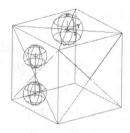

图 6-14　分割

(7) 在工具栏单击(球体)按钮，系统弹出"圆球"对话框，选取类型为"实体"，设置球半径为 2.5，选取定位点为刚绘制的直线中点，结果如图 6-15 所示。

(8) 布尔切割运算。在工具栏单击(布尔切割)按钮，选取立方体实体为目标体，再选取余下的实体为工具实体，单击"确定"按钮后完成布尔切割运算，结果如图 6-16 所示。

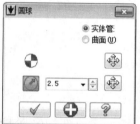

图 6-15　绘制球体

图 6-16　布尔切割

(9) 倒圆角。在工具栏单击(实体边倒圆角)按钮，选取整个实体，单击"确定"按钮后系统弹出倒圆角对话框，输入倒圆角半径为 1，单击"确定"按钮后完成倒圆角如图 6-17 所示。

图 6-17　倒圆角

6.3　草绘成型实体工具

草绘成型实体工具主要是通过二维草绘截面成型为实体的操作工具，包括挤出实体、旋转实体、扫描实体、举升实体。下面将详细讲解其操作方式和技巧。

6.3.1　挤出实体

挤出实体命令可以采用二维绘制的草图截面沿截面垂直方向拉伸一定的高度，或者产生薄壁拉伸。当存在基础实体时，挤出实体命令还可以绘制挤出切割实体、薄壁切割实体或增加凸缘体等。

在主菜单选择"实体"→"挤出实体"命令，选取挤出串连，按"确定"按钮后，系统弹出"挤出串连"对话框，该对话框用来设置拉伸挤出实体的相关参数，如图 6-18 所示。

各选项含义如下：

　◇　创建主体：只创建拉伸实体。

　◇　切割实体：创建拉伸实体的同时和已有的实体做布尔减运算。

　◇　增加凸缘：创建拉伸实体的同时和已有的实体做布尔加运算。

　◇　按指定的距离延伸：指定拉伸距离。

　◇　全部贯穿：切割时全部穿透实体。

　◇　延伸到指定点：指定某点作为拉伸终止点。

　◇　按指定的向量：指定向量作为拉伸的距离。

　◇　重新选取：重新定义拉伸方向。

　◇　修剪到指定的曲面：以指定的曲面来修剪拉伸的实体。

　◇　更改方向：更改拉伸方向。

　◇　两边同时延伸：双向同时拉伸。

　◇　双向拔模：拉伸的同时进行拔模。

如果需要拉伸挤出实体为薄壁件，还需要设置薄壁参数，在实体挤出的设置对话框中单击"薄壁设置"标签页，系统弹出"薄壁设置"选项卡，该选项卡用来设置薄壁参数，如图 6-19 所示。

图 6-18　实体挤出

图 6-19　薄壁参数

案例 6-2：挤出实体

采用拉伸命令绘制实体，如图 6-20 所示。

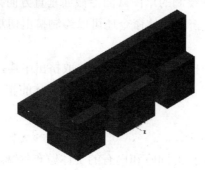

图 6-20 绘制图形

操作步骤：

(1) 在工具栏单击 （绘制变形矩形）按钮，系统弹出"矩形选项"对话框，该对话框用来设置矩形参数，如图 6-21 所示。

(2) 在工具栏单击 ▼（前视图）按钮，在"矩形选项"对话框中设置矩形长度为 6，宽度为 20，以矩形右下点为锚点，选取系统坐标系原点作为定位点，单击"确定"按钮完成矩形绘制，如图 6-22 所示。

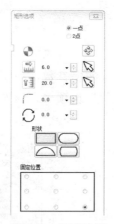

图 6-21 矩形选项

图 6-22 绘制的矩形

(3) 再在"矩形选项"对话框中输入长度为 20，宽度为 6，选取原点为定位点，单击"确定"按钮完成矩形绘制，如图 6-23 所示。

(4) 在工具栏单击 （修剪）按钮，再单击 （两物体修剪）按钮，选取要修剪的两条直线，单击"确定"按钮完成修剪，如图 6-24 所示。

(5) 在工具栏单击 （删除）按钮，选中重复的图素，单击"确定"按钮完成删除操作，如图 6-25 所示。

图 6-23　绘制第二个矩形　　　　图 6-24　两物体修剪　　　　图 6-25　删除重复的线

(6) 在主菜单选择"实体"→"挤出实体"命令，系统弹出"串连选项"对话框，该对话框用来选取拉伸的串连，在"串连选项"对话框中单击⊙⊙⊙(串连)按钮，选取刚绘制的串连，单击"确定"按钮完成选取，系统"挤出串连"对话框，该对话框用来设置拉伸实体参数，设置拉伸类型为"创建主体"，距离为 19，采用双向拉伸，单击"确定"按钮，完成拉伸实体操作，如图 6-26 所示。

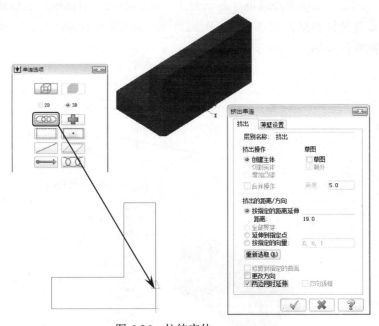

图 6-26　拉伸实体

(7) 在工具栏单击✿(绘制变形矩形)按钮，系统弹出"矩形选项"对话框，该对话框用来设置矩形参数。在工具栏单击🎲▾(右视图)按钮，在"矩形选项"对话框中设置矩形长度为 38，宽度为 10，以矩形左上点为锚点，选取实体的左上点为定位点，单击"确定"按钮完成矩形绘制，如图 6-27 所示。

(8) 再在工具栏单击🎲▾(俯视图)按钮，在矩形选项对话框中输入长度为 10，宽度为 38，选取实体的角点为定位点，单击"确定"按钮完成矩形绘制，如图 6-28 所示。

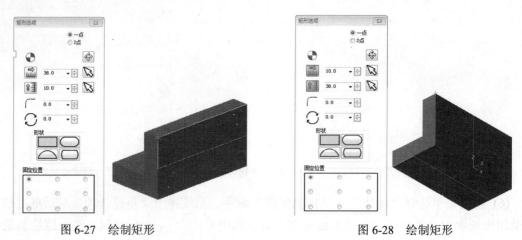

图 6-27　绘制矩形　　　　　　　　　　　　　　　　图 6-28　绘制矩形

(9) 在主菜单选择"实体"→"挤出实体"命令，系统弹出"串连选项"对话框，该对话框用来选取拉伸的串连，在"串连选项"对话框中单击 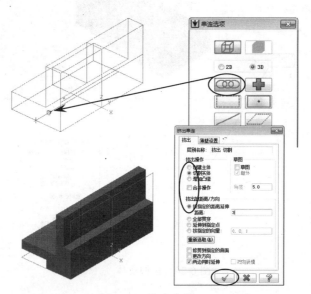 "串连"按钮，选取刚绘制的串连，单击"确定"按钮完成选取，系统弹出"挤出串连"对话框，该对话框用来设置拉伸实体参数，设置拉伸类型为切割实体，距离为3，采用双向拉伸，单击"确定"按钮，完成拉伸实体切割操作，如图 6-29 所示。

图 6-29　挤出实体

 提示

在拉伸切割时，通常可以选取多个一起拉伸，并设置为两边同时延伸选项，这样可以不必考虑拉伸方向的影响。如刚才绘制的拉伸切割，同时选取两个，如图拉伸方向不一致，还要进行换向，而采用双向拉伸，就避免了此问题。读者注意理解，什么时候可以使用这种方法。

(10) 在工具栏单击 ⚙ (绘制变形矩形)按钮，系统弹出"矩形选项"对话框，该对话框用来设置矩形参数，在工具栏单击 🔲·(右视图)按钮，在"矩形选项"对话框中设置矩形长度为 4，宽度为 10，以矩形左下点为锚点，输入定位点坐标为"X6Y0"，单击"确定"按钮完成矩形绘制，如图 6-30 所示。

(11) 再在"矩形选项"对话框中选取右下角为锚点，输入长度为 4，宽度为 10，在坐标输入栏输入定位点坐标为"X-6Y0"，单击"确定"按钮完成矩形绘制，如图 6-31 所示。

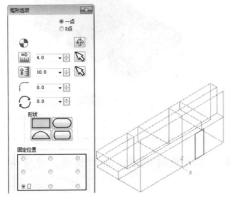

图 6-30　绘制矩形

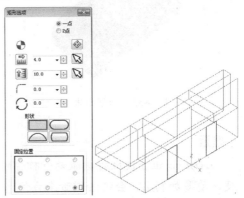

图 6-31　绘制左边的矩形

(12) 在主菜单选择"实体"→"挤出实体"命令，系统弹出"串连选项"对话框，该对话框用来选取拉伸的串连，在"串连选项"对话框中单击 ⚭(串连)按钮，选取刚绘制的串连，单击"确定"按钮完成选取，系统弹出"挤出串连"对话框，该对话框用来设置拉伸实体参数，设置拉伸类型为切割实体，距离为 3，采用双向拉伸，单击"确定"按钮，完成拉伸实体切割操作，如图 6-32 所示。

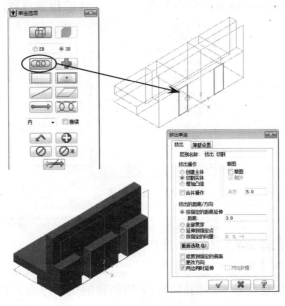

图 6-32　切割结果

(13) 采用同样的方法，将底部进行切割，切割结果如图 6-33 所示。

(14) 选取实体，按 ALT+E 组合键进行隐藏，单击"确定"按钮，将所有没有选取的线进行隐藏，结果如图 6-34 所示。

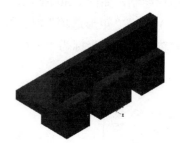

图 6-33　切割结果　　　　　　　　　　　　　　　图 6-34　隐藏结果

 提示

ALT+E 组合键进行隐藏是一种暂时性的隐藏，可以随时调出，随时隐藏，非常方便，要多加利用，会给绘图带来方便。

6.3.2　旋转实体

旋转实体命令能将选取的旋转截面绕指定的旋转中心轴旋转一定的角度产生旋转实体或薄壁件。在主菜单选择"实体"→"旋转实体"命令，选取旋转截面和旋转轴，系统弹出"旋转实体的设置"对话框，该对话框用来设置旋转实体的相关参数，如图 6-35 所示。

图 6-35　旋转实体

各选项含义如下：

◇　创建主体：只创建旋转实体，不做任何布尔操作。

◇　切割实体：在创建旋转实体的同时，采用创建的实体来切割现有的实体。

◇　增加凸缘：在创建旋转实体的同时，采用创建的实体作为工具体来和现有实体做布尔加运算。

◇　起始角度：输入旋转开始的角度。

◇　终止角度：输入旋转结束的角度。

◇　相反方向：切换旋转轴向。

6.3.3　扫描实体

扫描实体是采用截面沿指定的轨迹进行扫描形成实体。扫描截面必须封闭，否则扫描实体会失败，除非生成扫描薄壁件时截面才允许开放。在主菜单选择"实体"→"扫描实体"命令，选取扫描截面，确定后再选取扫描轨迹，系统弹出"扫描实体"对话框，该对话框用来设置扫描实体的相关参数，如图 6-36 所示。

图 6-36　"扫描实体"对话框

案例 6-3：扫描实体

采用扫描实体命绘制图形，如图 6-37 所示。

图 6-37　杯子的绘制

操作步骤：

(1) 在工具栏单击 ⊙(绘圆)按钮，输入圆直径为 90，捕捉圆心定位点为原点，单击"确定"按钮完成圆的绘制，如图 6-38 所示。

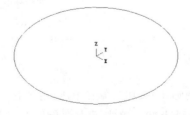

图 6-38　绘制圆

(2) 在主菜单选择"实体"→"拉伸实体"命令，系统弹出"串连选项"对话框，该对话框用来选取拉伸串连，在"串连选项"对话框中单击 (串连)按钮，选取刚绘制的圆，单击"确定"按钮，完成选取，系统弹出实体拉伸设置对话框，该对话框用来设置拉伸实体的相关参数，设置操作类型为"创建主体"，拉伸距离为125，单击"确定"按钮，完成拉伸操作，如图6-39所示。

图 6-39　拉伸实体

(3) 在主菜单选择"实体"→"实体抽壳"命令，系统提示选取要移除的面，选取圆柱体顶面，单击"确定"按钮完成选取，系统弹出"实体抽壳"对话框，该对话框用来设置实体抽壳参数，在该对话框中设置朝内的厚度为5，单击"确定"按钮完成参数设置，如图6-40所示。

(4) 在工具栏单击 (前视图)按钮，并单击 (绘制变形矩形)按钮，系统弹出"矩形选项"对话框，该对话框用来设置矩形参数，在"矩形选项"对话框中设置矩形长为45，宽为75，输入定位点为"X45Y25"，单击"确定"按钮完成矩形绘制，如图6-41所示。

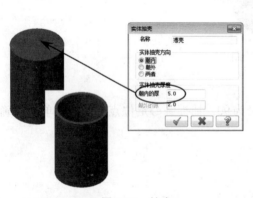

图 6-40　抽壳

图 6-41　绘制的矩形

(5) 在工具栏单击 (倒圆角)按钮，输入倒圆角半径为20，单击矩形的两条边，单击"确定"按钮后，再输入半径为30，单击下方要倒圆角的边，单击"确定"按钮完成倒圆角的绘制，如图6-42所示。

(6) 在工具栏单击(修剪)按钮，并输入延伸的距离为 5，选取两条水平的线，系统即对线进行延伸，如图 6-43 所示。

(7) 在工具栏单击 ✎(删除)按钮，选取竖直线，单击"确定"按钮完成删除，如图 6-44 所示。

图 6-42　倒圆角

图 6-43　延伸

图 6-44　删除直线

> **提示**
>
> 将线延伸一定距离，避免圆弧面与扫描实体无法接触而导致失败，所以采用往里延伸一定距离，就可以避免此缺陷。

(8) 在工具栏单击 ▦▾(右视图)按钮，并单击 ⊕(绘圆)按钮，输入圆直径为 14，选取刚绘制的扫描轨迹线的端点，单击"确定"按钮完成圆的绘制，如图 6-45 所示。

(9) 在主菜单选择"实体"→"扫描实体"命令，系统弹出"串连选项"对话框，选取刚绘制的圆，系统提示选取轨迹线，选取与圆垂直的轨迹线，单击"确定"按钮完成选取，系统弹出"扫描实体"对话框，该对话框用来设置扫描的参数，在"扫描实体"对话框中设置扫描类型为增加凸缘，单击"确定"按钮，完成扫描，如图 6-46 所示。

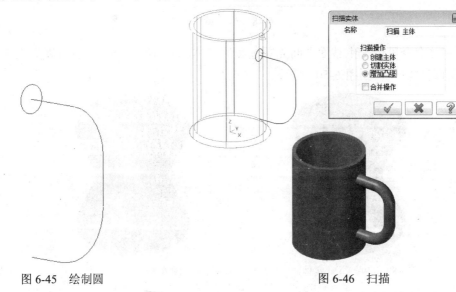

图 6-45　绘制圆

图 6-46　扫描

(10) 在主菜单选择"实体"→"倒圆角"→"实体倒圆角"命令，系统提示选取要倒圆角的边，选取实体边，单击"确定"按钮完成选取，系统弹出"倒圆角参数"对话框，该对话框用来设置倒圆角参数，在该对话框中设置倒圆角半径为 1，单击"确定"按钮完成倒圆角，如图 6-47 所示。

图 6-47　倒圆角结果

6.3.4　举升实体

举升实体命令能将选取的多个截面产生平滑过渡实体。在主菜单选择"实体"→"举升实体"命令，选取举升截面，确定后系统弹出"举升实体"设置对话框，该对话框用来设置举升实体参数，如图 6-48 所示。

图 6-48　举升实体

举升实体命令可以产生截面之间光顺过渡的实体。如图 6-49 所示。也可以产生截面之间直接过渡的直纹实体，如图 6-50 所示。

图 6-49　举升实体

图 6-50　直纹实体

6.4　实体布尔运算

实体布尔运算包括布尔结合、布尔切割和布尔交集，还包括非关联布尔运算，下面将详细讲解布尔运算法则。

6.4.1　布尔结合

布尔结合命令可以将两个以上的实体结合成一个整体的实体，在主菜单选择“实体”→“布尔运算-结合”命令，系统提示选取目标体以及工具体，单击“确定”按钮即可将目标体和工具体合并成一个实体，如图 6-51 所示。

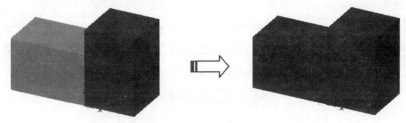

图 6-51　布尔结合

6.4.2　布尔切割

布尔切割命令可以采用工具实体对目标体进行切割，目标体只能有一个，工具体可以选取多个。在主菜单选择“实体”→“布尔运算-切割”命令，系统提示选取目标体以及工具体，单击“确定”按钮即可将工具体切割目标体形成一个新实体，如图 6-52 所示。

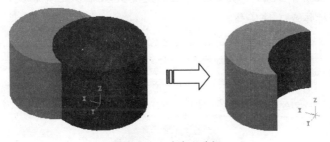

图 6-52　布尔切割

6.4.3　布尔交集

布尔交集命令可以将目标实体和工具实体进行求交操作，生成新物体为两物体相交的公共部分，在主菜单选择“实体”→“布尔运算-交集”命令，系统提示选取目标体以及工具体，单击"确定"按钮即可将工具体和目标体相交形成一个新实体，如图 6-53 所示。

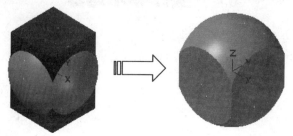

图 6-53 布尔交集

6.4.4 非关联布尔运算

非关联布尔运算包括非关联布尔切割和非关联布尔求交两种，其操作步骤与相关联的布尔运算操作相同，不同在于非关联布尔操作可以选择保留目标体和工具体，如图 6-54 所示。

图 6-54 非关联操作

 提示 -------------------------------

非关联布尔运算和关联布尔运算的区别是非关联布尔运算在关联布尔运算的基础上可以保留目标体或工件实体。

案例 6-4：布尔运算

以圆柱体命令和布尔运算命令绘制图形，如图 6-55 所示。

图 6-55 绘制图形

操作步骤：

(1) 在工具栏单击 (圆柱体)按钮，系统弹出"圆柱"对话框，该对话框用来设置圆柱体参数，在对话框中设置圆柱体类型为"实体"，半径为 50，高度为 5，选取原点为定位点，单击"确定"按钮完成操作，如图 6-56 所示。

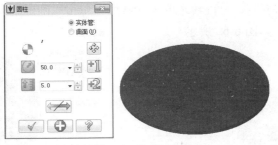

图 6-56　绘制圆柱体

(2) 继续在"圆柱"对话框中输入半径为 30，高度为 20，选取原点为定位点，单击"确定"按钮完成操作，如图 6-57 所示。

(3) 继续在"圆柱"对话框中输入半径为 18，高度为 30，选取原点为定位点，单击"确定"按钮完成操作，如图 6-58 所示。

图 6-57　绘制第二个圆柱体　　　　　　　图 6-58　绘制第三个圆柱体

(4) 继续在"圆柱"对话框中输入半径为 15，高度为 50，选取原点为定位点，单击"确定"按钮完成操作，如图 6-59 所示。继续在"圆柱"对话框中输入半径为 10，高度为 55，选取原点为定位点，单击"确定"按钮完成操作，如图 6-60 所示。

图 6-59　绘制圆柱体　　　　　　　　　图 6-60　继续绘制圆柱体

提示

此处将圆柱体的高度设为 55，比其他的都要高，主要是为了方便后面布尔运算的选取方便，否则需要验证选取。

(5) 继续在"圆柱"对话框中输入半径为 5，高度为 10，输入定位点的坐标值为"X40Y0"，单击"确定"完成操作，如图 6-61 所示。

(6) 在工具栏单击 🔳(旋转)按钮，选取刚绘制的 R5 的圆柱体，单击"确定"按钮完成选取，系统弹出"旋转"对话框，该对话框用来设置旋转参数，在"旋转"对话框中设置旋转类型为"移动"，次数为 6 次，总旋转角度为 360 度，单击"确定"按钮完成设置，系统对选取的圆柱体进行旋转，如图 6-62 所示。

图 6-61　绘制最后一个圆柱体

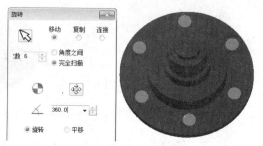
图 6-62　旋转结果

(7) 在主菜单选择"实体"→"布尔运算-结合"命令，选取目标体和工具体，单击"确定"按钮，完成合并，如图 6-63 所示。

(8) 在主菜单选择"实体"→"布尔运算-切割"命令，系统提示选取目标体和工具体，单击"确定"按钮，完成切割，如图 6-64 所示。

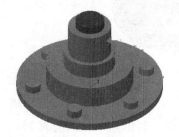
图 6-63　布尔结合

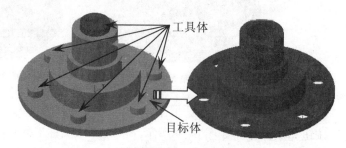
图 6-64　布尔切割

🔧 提示

　　布尔结合和布尔切割操作都是先选取一个目标体，其后所有的都是工具体，单击"确定"按钮即可完成布尔运算。

6.5　实体编辑

　　在绘制某些复杂的图形时，光有实体操作和布尔运算还不够，还需要实体倒圆角和倒角，以及实体抽壳、薄壁加厚、实体拔模等功能进行辅助编辑，才能达到想要的效果。

6.5.1 实体倒圆角

实体倒圆角命令可以对实体尖角部分进行圆角处理，以减少应力或避免伤人。在主菜单选择"实体"→"倒圆角"→"实体倒圆角"命令，系统弹出"倒圆角参数"对话框，该对话框用来设置倒圆角参数，如图 6-65 所示。选取某条边后，单击"确定"按钮，完成倒圆角，如图 6-66 所示。

图 6-65　实体倒圆角

图 6-66　倒圆角结果

案例 6-5：实体倒圆角

采用倒圆角命令绘制如图 6-67 所示的图形。

图 6-67　倒圆角

操作步骤：

(1) 绘制立方体。在工具栏单击 (立方体)按钮，系统弹出"立方体"对话框，选取类型为"实体"，设置长为120、宽为80、高为20，定位点为底面矩形的中心点，选取原点为定位点，并单击箭头进行双向成长，结果如图 6-68 所示。

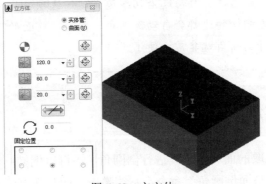

图 6-68　立方体

(2) 可变倒圆角。在工具栏单击▣(实体边倒圆角)按钮，选取要倒圆角的边，单击"确定"按钮后系统弹出"倒圆角参数"对话框，在"倒圆角参数"对话框中选取类型为"变化半径"，输入线性倒圆角半径为 10，并在中点插入可变圆角半径 20，确定后完成倒圆角，如图 6-69 所示。

图 6-69　可变倒圆角

 提示

可变圆角操作技巧是在普通圆角的基础上，在边界选项上单击右键，在弹出的右键菜单中选取在中点插入选项，再靠近中点单击即可插入可变点，然后修改圆角半径值。原则上可以插入多个不同的半径值。

(3) 倒圆角。在工具栏单击▣(实体边倒圆角)按钮，选取要倒圆角的边，单击"确定"按钮后系统弹出"倒圆角参数"对话框，输入倒圆角半径为 8，勾选沿切线边界延伸选项，确定后完成倒圆角，如图 6-70 所示。

图 6-70　倒圆角

 提示

此步骤倒圆角放在最后，并且勾选沿切线边界延伸选项，此选项的好处是只需选取一条边，凡是与此边相切的边都会自动倒圆角，因此，前面的可变倒圆角后，就构造了整圈相切，再进行倒圆角就非常方便了。

6.5.2　面与面倒圆角

面与面倒圆角是对选取的面和面之间进行倒圆角，还可以倒椭圆角。在主菜单选择"实体"→"倒圆角"→"面与面倒圆角"命令，系统弹出"面与面倒圆角参数"对话框，该对话框用来设置面倒圆角参数，如图 6-71 所示。

各参数含义如下：

◇ 半径：直接采用输入半径进行倒圆角，此种方式与普通的边倒圆角一样。

◇ 宽度：采用输入宽度值和两方向的跨度比进行控制圆角，如果比值不为 1，则倒圆
角为椭圆倒圆角。

◇ 控制线：采用倒圆角公共边相对的两条边线作为控制线来控制圆角。

◇ 单侧：采用最靠近两倒圆角面的公共交线的对边线来控制倒圆角。

◇ 双侧：采用倒圆角公共边相对的两条边线同时控制倒圆角。

选取两面后，并分别单击"确定"按钮，完成面倒圆角，如图 6-72 所示。

图 6-71 面倒圆角参数

图 6-72 面倒圆角结果

案例 6-6：面与面倒圆角

采用基本实体和面与面倒圆角命令绘制图形，如图 6-73 所示。

图 6-73 面与面倒圆角

操作步骤：

(1) 在工具栏单击 (绘圆)按钮，选取坐标系原点，输入直径为 D30，单击"确定"按
钮，完成绘制，如图 6-74 所示。

(2) 在工具栏单击 (前视构图面)按钮，并在工具栏单击 (绘圆)按钮，输入圆心点
"X30Y25"，输入直径为 D20，单击"确定"按钮，完成绘制，如图 6-75 所示。

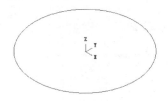

图 6-74 绘制 D30 的圆

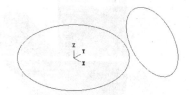

图 6-75 绘制 D20 的圆

(3) 在主菜单选择"实体"→"拉伸实体"命令,选取 D30 的圆,单击"确定"按钮完成选取,系统弹出"挤出串连"对话框,将类型设置为"创建主体",指定距离为 50,单击"确定" ☑ 按钮,完成拉伸操作,如图 6-76 所示。

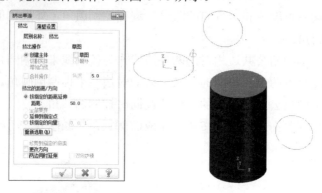

图 6-76   拉伸实体

(4) 在主菜单选择"实体"→"拉伸实体"命令,选取 D20 的圆,单击"确定"按钮完成选取,系统弹出"挤出串连"对话框,将类型设置为"创建主体",指定距离为 20,并选取"两边同时延伸"选项,单击"确定" ☑ 按钮,完成拉伸操作,如图 6-77 所示。

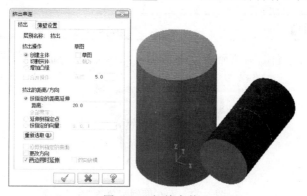

图 6-77   拉伸实体

(5) 在主菜单选择"实体"→"实体倒圆角"→"面与面倒圆角"命令,分别选取两圆柱面后确定,系统弹出"处理实体期间出错"对话框,该对话框提示用户两组实体面必须是同一个实体的两个实体面才能倒圆角,如图 6-78 所示。

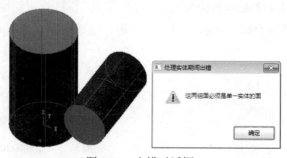

图 6-78   出错对话框

提示

此步骤无法倒圆角的原因是倒圆角的前提条件必须是在同一个实体的基础上进行边倒圆角或者面倒圆角，因此，要解决失败问题必须首先创建以辅助特征将两实体合并成一个实体后才可以进行倒圆角。

(6) 在工具栏单击📄(绘制圆柱体)按钮，系统弹出"圆柱"对话框，设置类型为"实体"，圆柱体半径为 3，长度为 10，并双击方向按钮，采用"双向"，选择定位轴为 X 轴，选取 D20 圆柱体圆的中点为定位点，如图 6-79 所示。

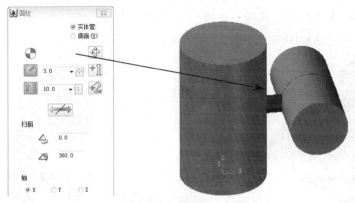

图 6-79　圆柱体

(7) 在主菜单选择"实体"→"布尔运算-结合"命令，系统提示选取目标体，选取大圆柱体，系统继续提示选取工具体，选取另外两个圆柱体，单击"确定"按钮，完成合并，如图 6-80 所示。

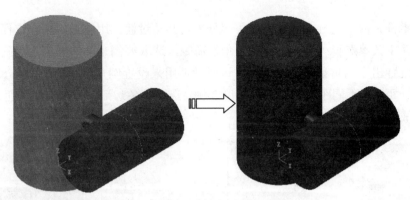

图 6-80　布尔结合

(8) 在主菜单选择"实体"→"实体倒圆角"→"面与面倒圆角"命令，分别选取两圆柱面后单击"确定"按钮，系统弹出"实体的面与面倒圆角参数"设置对话框，该对话框用来设置倒圆角参数，设置半径为 R5，单击"确定"✓按钮，完成倒圆角，如图 6-81 所示。

图 6-81　实体面与面倒圆角

(9) 在主菜单选择"实体"→"实体抽壳"命令，系统提示选取要移除的面，选取两个圆柱体的端面，单击"确定"按钮，系统弹出"实体抽壳"对话框，设置抽壳厚度为 2，在"实体抽壳"设置对话框中单击"确定" ✔ 按钮，完成抽壳，如图 6-82 所示。

图 6-82　设置参数

6.5.3　实体倒角

某些零件，特别是五金零件，尖角部分采用圆角过渡，用普通机床不方便加工，一般采用倒角。在主菜单选择"实体"→"倒角"命令，选取要倒角的边并单击"确定"按钮完成选取，系统弹出"倒角参数"对话框，该对话框用来设置倒角参数，如图 6-83 所示。倒角类型有单一距离、不同距离和距离加角度 3 种，选取某条边后，并选取参考面，单击"确定"按钮，完成倒角，如图 6-84 所示。

图 6-83　实体倒角参数

图 6-84　倒角结果

案例 6-7：实体倒角

采用倒角命令绘制如图 6-85 所示的图形。

图 6-85　倒角

操作步骤：

(1) 绘制矩形 105×55。单击 (绘制变形矩形)按钮，系统弹出"矩形选项"对话框，该对话框用来设置矩形参数，设置矩形长度为 105，宽度为 55，以矩形下中点为锚点，选取系统坐标系原点作为定位点，单击"确定"按钮完成矩形绘制，如图 6-86 所示。

(2) 绘制矩形 50×15。单击 (绘制变形矩形)按钮，系统弹出"矩形选项"对话框，该对话框用来设置矩形参数，设置矩形长度为 50，宽度为 15，以矩形上中点为锚点，选取系统坐标系原点作为定位点，单击"确定"按钮完成矩形绘制，如图 6-87 所示。

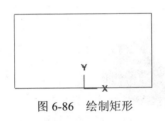

图 6-86　绘制矩形

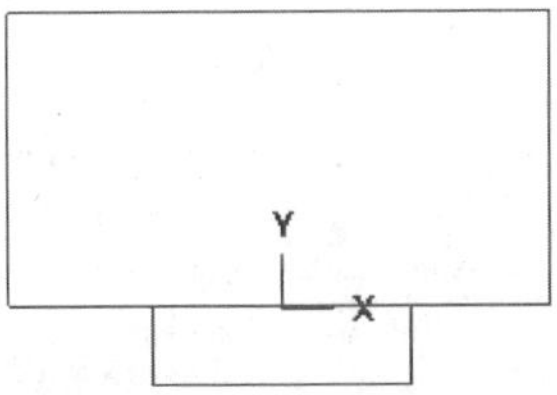

图 6-87　绘制矩形

(3) 创建挤出实体，拉伸高度 67。在主菜单选择"实体"→"挤出实体"命令，系统弹出"串连选项"对话框，在该对话框中单击 (串连)按钮，选取刚绘制的串连，单击"确定"按钮完成选取，系统弹出"挤出串连"对话框，设置拉伸类型为"创建主体"，距离为 67，单击"确定"按钮，完成拉伸实体操作，如图 6-88 所示。

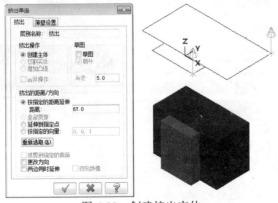

图 6-88　创建挤出实体

(4) 布尔结合。在工具栏单击 (布尔结合)按钮，然后选取大实体为目标体，再选取小实体为工具体，单击"确定"按钮完成合并，合并后的实体为一个整体，如图 6-89 所示。

(5) 倒角 52.5×47。在工具栏单击 (距离/角度倒角)按钮，选取要倒角的顶面右侧边，系统弹出"参考面"对话框，选取实体的顶面为参考面，单击"确定"按钮后弹出"倒角参数"对话框，设置倒角距离 1 为 52.5，倒角距离 2 为 47，单击"确定"按钮完成倒角，如图 6-90 所示。

图 6-89 布尔结合

图 6-90 倒角

(6) 倒角 52.5×47。在工具栏单击 (距离/角度倒角)按钮，选取要倒角的顶面左侧边，系统弹出"参考面"对话框，选取实体的顶面为参考面，单击"确定"按钮后弹出"倒角参数"对话框，设置倒角距离 1 为 52.5，倒角距离 2 为 47，单击"确定"按钮完成倒角，如图 6-91 所示。

图 6-91 倒角

(7) 倒圆角，半径为 5。在工具栏单击 (实体边倒圆角)按钮，选取要倒圆角的边，单击"确定"按钮后系统弹出"倒圆角参数"对话框，输入倒圆角半径为 5，确定后完成倒圆角如图 6-92 所示。

图 6-92 倒圆角

(8) 更改图层。选取所有的曲线，再在状态栏右键单击层别 1 (图层)按钮，系统弹出"更改层别"对话框，将类型设置为"移动"，并选取要移动到第 2 层，单击"确定"按钮即可将选取的曲线层进行隐藏，如图 6-93 所示。

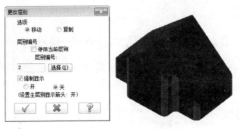

图 6-93　更改层别

6.5.4　实体抽壳

在塑料产品中，通常需要将产品抽成均匀薄壁，以利于产品均匀收缩，在主菜单选择"实体"→"实体抽壳"命令，系统提示选取要移除的面，单击"确定"按钮后，系统弹出"实体抽壳"对话框，该对话框用来设置抽壳参数，如图 6-94 所示。

图 6-94　抽壳参数

各选项含义如下：

❖　实体抽壳方向：用来定义实体抽壳掏空的方向，有"朝内"、"朝外"、"两者"
　　3 种方式掏空。

● 　朝内：在实体表面向内偏移一定距离后，在偏移面内部全部掏空。

● 　朝外：在实体表面向外偏移一定距离后，在实体面内部全部掏空。

● 　两者：在实体表面向内和外都偏移设定距离后，在内偏移面内部的实体材料全
　　部掏空。

❖　朝内的厚：实体面向内偏移的距离。

❖　朝外的厚：实体面朝外偏移的距离。

案例 6-8：实体抽壳

采用抽壳命令绘制图形，如图 6-95 所示。

图 6-95　抽壳

操作步骤：

(1) 绘制立方体。在工具栏单击 ✐(立方体)按钮，系统弹出"立方体"对话框，在"立方体"对话框中输入长宽高都为 50，选取定位点为原点，单击"确定"按钮，完成绘制，如图 6-96 所示。

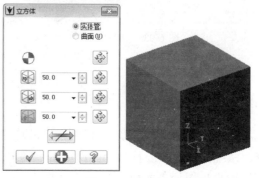

图 6-96　立方体

(2) 实体抽壳。在主菜单选择"实体"→"实体抽壳"命令，系统提示选取要移除的面，选取立方体前、顶、右侧面 3 个面，单击"确定"按钮，系统弹出"实体抽壳"对话框，设置抽壳厚度为 5，单击 ✔(确定)按钮，完成抽壳，如图 6-97 所示。

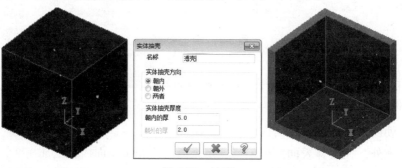

图 6-97　抽壳

(3) 继续实体抽壳。在主菜单选择"实体"→"实体抽壳"命令，系统提示选取要移除的面，选取立方体左侧面和它的对面，单击"确定"按钮，系统弹出"实体抽壳"对话框，设置抽壳厚度为 5，单击 ✔(确定)按钮，完成抽壳，如图 6-98 所示。

图 6-98　抽壳结果

(4) 采用以上同样的步骤对后侧面和底侧面进行抽壳，结果如图 6-99 所示。

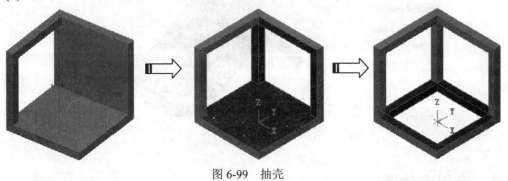

图 6-99　抽壳

提示

抽壳主要就是选取移除面，移除面不同，抽壳结果也有所不同，因此，要掌握好抽壳就要搞清楚该移除哪些面。

6.5.5　由曲面生成实体

曲面生成实体命令能够将显示的曲面全部转化成实体。在主菜单选择"实体"→"由曲面生成实体"命令，系统弹出"曲面转为实体"对话框，该对话框用来设置曲面转实体参数，设置参数后单击 ✓ (确定)按钮，完成转化操作，生成实体，虽然外形没变，但是属性已经变成实体了，如图 6-100 所示。

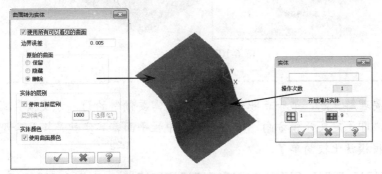

图 6-100　曲面转实体

6.5.6　薄壁加厚

薄壁加厚命令可以对开放的薄片实体进行加厚处理，形成封闭实体。在主菜单选择"实体"→"薄片实体加厚"命令，系统弹出"增加薄片实体的厚度"对话框，该对话框用来设置薄片加厚的参数，设置参数后单击 ✓ (确定)按钮，完成加厚，如图 6-101 所示。

图 6-101　薄片加厚结果

6.5.7　牵引实体面

牵引实体面命令用于绘制塑料产品的脱模角度。塑料产品在脱模时，如果没有脱模角，就会导致脱模困难并刮伤产品表面，导致废品出现。在主菜单选择"实体"→"牵引实体面"命令，系统弹出"实体牵引面的参数"对话框，该对话框用来设置拔模参数，选取正面作为要拔模的面，顶面作为方向平面，输入拔模角度为 10°，单击"确定"按钮，结果如图 6-102 所示。

图 6-102　拔模结果

 提示

拔模需要理解三点，第一点即是拔模面，是需要倾斜的面，方便模具脱模，第二是拔模方向，即是定义开模方向，第三点即是中性平面，其实就是模具分型面。这样来理解再去拔模就比较简单了。

6.5.8　移除实体面

移除实体面命令用于将实体某部分的表面移除，形成开放实体，在主菜单选择"实体"→"移除实体表面"命令，系统提示选取要移除的面，选取后单击"确定"按钮，完成选取，系统弹出"移除实体表面"对话框，该对话框用来设置移除实体面参数，设置参数后单击"确定"按钮，完成移除操作，如图 6-103 所示。

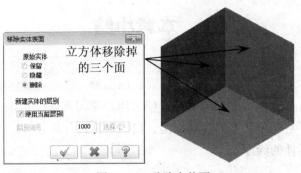

图 6-103　移除实体面

 提示

移除实体面是将封闭实体的面移除掉，变成开放的薄片实体，操作类似于抽壳，只是与抽壳的操作结果有些不一样，抽壳结果是带有一定厚度的封闭实体，相当于将移除实体面结果加厚。

6.5.9　修剪实体

修剪实体命令用于实体造型过程中不方便直接绘制的图形，采用平面修剪实体、曲面修剪实体、薄片修剪实体来获得想要的结果。在主菜单选择"实体"→"修剪实体"命令，系统弹出"修剪实体"对话框，该对话框用来设置修剪类型，如图 6-104 所示。

图 6-104　修剪实体

各选项含义如下：

◇　修剪到：设置用来修剪的工具。

◇　平面：以平面作为修剪工具，采用平面来修剪实体。

◇　曲面：以曲面作为修剪工具来修剪实体。

◇　薄片实体：以薄片实体作为修剪工具来修剪实体。

◇　全部保留：在进行修剪时保留修剪后的结果和被修剪掉的部分。

◇　修剪另一侧：切换修剪方向。

6.6　本章小结

　　本章主要介绍实体造型。实体的概念发展要比曲面晚，因此，实体造型目前没有曲面造型强大，但是，由于实体造型更加形象易懂，便于用户学习理解，所以，本书先介绍实体，再介绍曲面。实体主要是利用基本的拉伸挤出、扫描、旋转、举升等，再利用布尔运算和其他的编辑操作，完成零件的绘制。

6.7　本章习题

一、填空题

　　1．实体是指_____，具有质量、体积、厚度等特性，占有一定的空间，由多个面组成。

　　2．_____命令可以对实体尖角部分进行圆角处理，以减少应力或避免伤人。

二、上机题

采用基本实体命令和布尔运算绘制模型，结果如图 6-105 所示。

图 6-105　绘制的模型

第 7 章

曲面造型和曲面编辑

曲面造型主要是首先构建空间曲线,再通过曲线构建曲面。曲面造型构建形式比较灵活,方法自由多变,能够满足复杂的工作需求。

 学习目标

- ✧ 掌握曲面的几种倒圆角方法。
- ✧ 掌握曲面修剪的操作方法及其运用。
- ✧ 会采用恢复曲面、恢复修剪、填补内孔等曲面命令来修补破面。
- ✧ 会用曲面熔接命令绘制简单的曲面。

7.1 曲面造型

曲面造型主要是通过空间线架来创建曲面。下面将详细讲解各种曲面造型工具的操作方法和技巧。

7.1.1 举升和直纹曲面

直纹曲面命令可以将两个或两个以上的截面以直接过渡的方式形成直纹曲面，如图 7-1 所示。举升曲面命令是将两个或两个以上的截面以光顺过渡的方式形成举升曲面，如图 7-2 所示。要启动直纹或举升命令，可以在主菜单选择"绘图"→"曲面"→"直纹/举升曲面"命令，即可调取该命令。

图 7-1　直纹曲面　　　　　　　　　　图 7-2　举升曲面

> 举升曲面要求至少两个或两个以上的截面进行混合，截面与截面之间起始点对应，截面串联方向一致，而且在创建举升曲面时，系统为保证加工的安全性，不允许截面存在锐角，系统会自动对锐角进行圆角光滑处理。

7.1.2 旋转曲面

旋转曲面是将空间线架绕其旋转轴旋转而成的曲面，旋转轴必须是直的，可以是直线、虚线、直曲线。在主菜单选择"绘图"→"曲面"→"旋转曲面"命令，即可调取该命令。下面以实例来说明旋转曲面的操作方式。

> 旋转曲面要求旋转截面必须在旋转轴的两侧，以免产生的曲面有自交性。并且选取的轴线只能是直线，不能为直曲线或者直曲面曲线。

采用旋转曲面命令，绘制漏斗模型，如图 7-3 所示。

图 7-3   旋转曲面

操作步骤：

(1) 在工具栏单击⬚(绘制直线)按钮，系统提示选取第一点，选取原点作为直线的第一点，绘制一竖直线，长度不限，单击"确定"按钮完成旋转轴的绘制，如图 7-4 所示。

(2) 系统继续提示选取第一点，输入第一点的坐标为"X10Y0"，并在长度输入栏输入长度为 100，角度为 85º，单击"确定"按钮完成直线绘制，如图 7-5 所示。

(3) 继续选取刚绘制的直线终点，并输入直线长度为 80，角度为 30，单击"确定"按钮完成绘制，如图 7-6 所示。

图 7-4   绘制竖直的旋转轴   图 7-5   绘制 5º 的直线   图 7-6   绘制 30º 的直线

(4) 再继续选取刚绘制的直线终点作为起点绘制直线，输入长度为 20，直接绘制水平线，单击"确定"按钮完成直线绘制，如图 7-7 所示。

(5) 在工具栏单击⌐(倒圆角)按钮，输入倒圆角半径为 10，对绘制的母线全部倒圆角，单击"确定"按钮完成绘制，如图 7-8 所示。

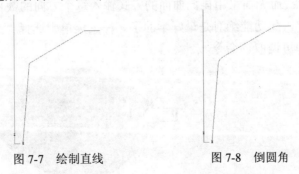

图 7-7   绘制直线   图 7-8   倒圆角

(6) 在主菜单选择"绘图"→"曲面"→"旋转曲面"命令，系统提示选取轮廓线，并弹出"串连选项"对话框，选取母线轮廓后，单击"确定"按钮，系统提示选取旋转轴，选取绘制的直线，单击"确定"按钮，完成绘制，如图7-9所示。

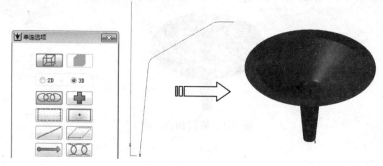

图 7-9　绘制的结果

7.1.3　扫描曲面

扫描曲面是采用截面沿扫描轨迹进行扫描生成扫描曲面，在主菜单选择"绘图"→"曲面"→"扫描曲面"命令，即可调取该命令。

 提示

扫描曲面可以创建单个截面沿单条轨迹扫描，也可以创建两个截面沿一条轨迹扫描，以及单截面沿多条轨迹扫描的曲面。

7.1.4　网格曲面

网格曲面是采用一系列的横向和纵向的网格线组成的线架产生的曲面。网格曲面是在以前版本昆氏曲面基础上改进的，非常简单，在3D空间上可以允许曲线不相交，各个曲线端点可以不重合，而且在操作方法上网格曲面变得非常人性化，可以直接框选线架就可以作出曲面，如图 7-10 所示；而无需采用昆氏曲面的方式输入每个方向的数目和选取的限制，因此，对于新入门的用户，此功能绝对是最好学的了。在主菜单中选择"绘图"→"曲面"→"网格曲面"命令，即可调取该命令。

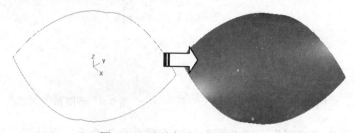

图 7-10　由线架生成网格曲面

提示

　　网格曲面是在以前版本的昆氏曲面基础上改进而来的，采用边界矩阵计算出空间曲面，操作方式灵活，曲面的边界线可以相互不连接，不相交。

案例 7-2：网格曲面

采用网格曲面命令绘制果盘，如图 7-11 所示。

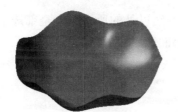

图 7-11　果盘

操作步骤：

(1) 绘制第一个六边形。在工具栏单击 ○ ▾(多边形)按钮，在弹出的"多边形选项"对话框中设置多边形参数，多边形内接半径为 100mm，边数为 6，旋转角为 0°，定位点为(0,0,-10)，如图 7-12 所示。

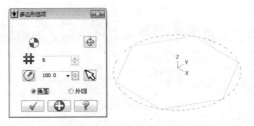

图 7-12　绘制多边形 1

(2) 绘制第二个六边形。在工具栏单击 ○ ▾(多边形)按钮，在弹出的对话框中设置多边形参数，多边形内接半径为 100mm，边数为 6，旋转角为 30°，定位点为(0,0,10)，如图 7-13 所示。

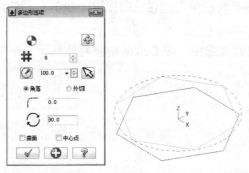

图 7-13　绘制多边形 2

(3) 绘制曲线。在工具栏单击 ⌐·(手动绘制曲线)按钮，顺次连接各点，结果如图 7-14 所示。

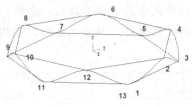

图 7-14　绘制曲线

(4) 转层。将除刚才绘制的曲线以外的所有图素全部选中，在 层别1(图层)按钮上单击右键，弹出"更改层别"对话框，将要改变的图层设为 2 层，如图 7-15 所示。

图 7-15　转层

(5) 绘制圆。在工具栏单击 ⊙·(绘圆)按钮，输入圆半径 R=50mm，定位点为(0,0,-40)，结果如图 7-16 所示。

(6) 绘制直线。在工具栏单击 ↖(绘制直线)按钮，连接刚绘制的圆的起点和中点，如图 7-17 所示。

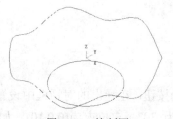

图 7-16　绘制圆

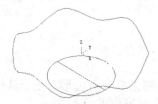

图 7-17　绘制直线

(7) 绘制切弧。在工具栏单击 ◔(切弧)按钮，并单击 ◔(动态切弧)按钮，绘制切弧，如图 7-18 所示。

(8) 删除直线。将直线选中，按 Delete 键将直线删除。结果如图 7-19 所示。

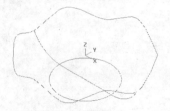

图 7-18　绘制切弧

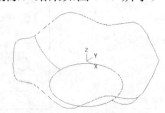

图 7-19　删除直线

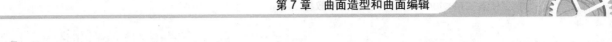

> **提示**
>
> 　　此步骤绘制的两条圆弧主要是构造第二方向的曲线，此圆弧与底面是相切的，得到的曲面也与底面保持相切。

　　(9) 绘制网格曲面。在工具栏单击 ⊞(网格曲面)按钮，框选所有曲线，绘制出的网格曲面如图 7-20 所示。

　　(10) 绘制平面修剪曲面。在工具栏单击 ▦·(平面修剪)按钮，选取底面圆作为边界，结果如图 7-21 所示。

　　(11) 转层。将所有线架全部选中，在 层别ȷ̅1(图层)按钮上单击右键，弹出"改变层别"对话框，将要改变的图层设为 2 层，如图 7-22 所示。

图 7-20　绘制网格曲面

图 7-21　绘制平面修剪

图 7-22　结果

7.1.5　拉伸曲面

　　拉伸曲面指的是利用一条封闭的线框沿与之垂直的轴线拉伸而成的曲面。拉伸曲面的截面线框必须封闭，如果未封闭，系统会提示用户封闭并自动进行封闭处理，如图 7-23 所示，圆缺口被系统用直线进行封闭。

　　在主菜单选择"绘图"→"曲面"→"挤出曲面"命令，选取挤出串连并确定后，系统弹出"挤出曲面"对话框，该对话框用来设置拉伸曲面参数，如图 7-24 所示。

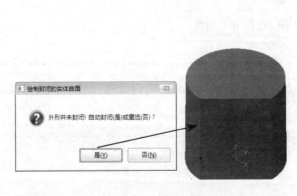

图 7-23　封闭处理

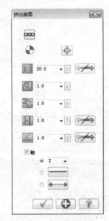

图 7-24　拉伸曲面

各选项含义如下：

◇ ：选取拉伸曲面的串连。

◇ 　：设置拉伸曲面的基准点。

◇ 　：设置拉伸的高度。

◇ 　：设置拉伸曲面相对线框的缩放比例。

◇ 　：设置拉伸曲面相对线框的旋转角度。

◇ 　：设置拉伸曲面相对线框的补正距离。

◇ 　：设置拉伸曲面的拔模角度。

◇ 　：切换方向。

◇ ☑轴向：设置轴向。

◇ 　z 　▼：以 Z 或者 X、Y 轴作为拉伸方向。

◇ 　：以选取的直线为轴向。

◇ 　：以选取的两点方向为轴向。

7.1.6　牵引曲面

牵引曲面是将选取的某条线沿垂直某平面或一定的角度牵引出一段距离的曲面。在主菜单中选择"绘图"→"曲面"→"牵引曲面"命令，选取要牵引的串连并确定后，系统弹出"牵引曲面"对话框，该对话框用来设置牵引曲面参数，如图 7-25 所示。

图 7-25　牵引曲面

 提示

牵引曲面是对曲线沿构图面方向拉伸出一条曲面，此曲面可以输入任意角度沿任意方向进行拉伸。

7.1.7　围篱曲面

围篱曲面是采用某曲面上的线直接生成垂直于基础曲面或偏移一定角度的曲面。在主菜单中选择"绘图"→"曲面"→"围篱曲面"命令，系统弹出"围篱曲面"工具条，该工具条用来设置围篱曲面参数，如图 7-26 所示。

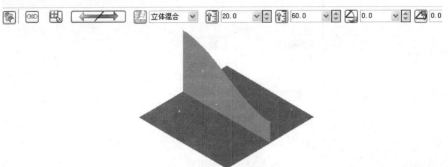

图 7-26　围篱曲面

围篱曲面有 3 种类型：第一种是常数型围篱曲面，即生成起始端和终止端的高度都是常数，如图 7-27 所示；第二种是线性型围篱曲面，即曲面的高度变化采用线性变化来控制，如图 7-28 所示；第三种是立体混合型围篱曲面，即曲面高度变化采用三次方曲线的方式来控制，如图 7-29 所示。

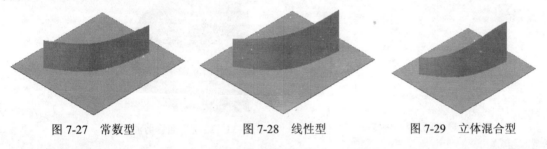

图 7-27　常数型　　　　　图 7-28　线性型　　　　　图 7-29　立体混合型

案例 7-3：围篱曲面

采用围篱曲面命令绘制如图 7-30 所示的风车。

图 7-30　风车

操作步骤：

(1) 在工具栏单击 ▦·(前视图构图面)按钮，将视图设置为前视图。单击 ▣(绘制变形矩形)按钮，系统弹出"矩形选项"对话框，该对话框用来设置矩形参数，在矩形选项对话框中设置矩形长度为 50，宽度为 50，以矩形左中点为锚点，选取系统坐标系原点作为定位点，单击"确定"按钮完成矩形绘制，如图 7-31 所示。

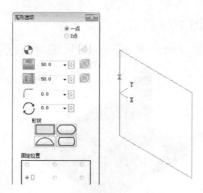

图 7-31　绘制矩形

(2) 绘制倒圆角。在工具栏单击 ⌐·(倒圆角)按钮,倒圆角半径为 R=25mm,结果如图 7-32 所示。

(3) 绘制平面修剪曲面。在工具栏单击 ⊞·(平面修剪)按钮,用刚绘制的图形作为曲面边界,结果如图 7-33 所示。

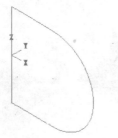

图 7-32　倒圆角

图 7-33　绘制平面修剪曲面

(4) 绘制围篱曲面。在工具栏单击 ·(围篱曲面)按钮,绘制步骤如图 7-34 所示。

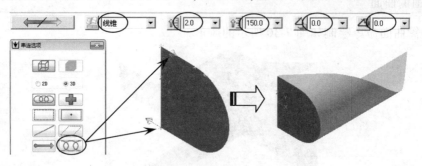

图 7-34　绘制围篱曲面

🔧 **提示**

围篱曲面也称围墙曲面,类似于地面上的围墙,因此,在创建围篱曲面时必须要创建基础曲面,以及用于创建围篱曲面的曲线,此曲线在基础曲面上。满足这些条件才可以创建围篱曲面。

(5) 图素转层。选取除刚才绘制的围篱曲面以外的所有图素，在 层别₁(图层)按钮上单击右键，在弹出的"更改层别"对话框中设置参数，如图 7-35 所示。

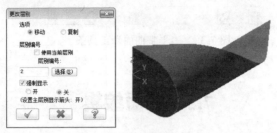

图 7-35　转层

(6) 设置构图面。单击工具栏中的 (俯视构图面)按钮，将视图设置为俯视构图。

(7) 旋转图素。选取绘制的风车叶片，在工具栏单击 (旋转)按钮，在弹出的"旋转"对话框中设置参数，结果如图 7-36 所示。

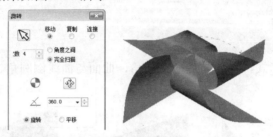

图 7-36　旋转结果

提示

此处旋转采用移动方式，旋转 4 次总体的角度为 360°，不需要计算每两个之间的旋转角度，此外，此处不能够复制 4 次总角度 360°，这样将会导致复制的结果是 5 张曲面，将有 1 张曲面是重复的。

7.1.8　平面修剪曲面

平面修剪曲面命令用于绘制平整的曲面，要求所选取的截面必须是二维的，可以不需要封闭，系统会提示用户，并自动进行封闭处理，如图 7-37 所示。

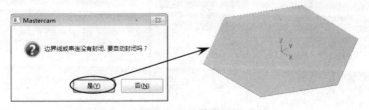

图 7-37　平整曲面

在主菜单选择"绘图"→"曲面"→"平面修剪"命令，系统弹出"平整曲面"工具条，该工具条用来设置平整曲面参数，如图 7-38 所示。

图 7-38   "平整曲面"工具条

7.2   曲面编辑

通过曲线铺设曲面后，往往并不能满足造型的需要，因此，常常需要通过一定的编辑，才能达到目的。曲面的编辑有多种方式，包括曲面倒圆角、修剪、延伸、熔接等操作。本章将详细讲解这些编辑方式。

7.2.1   曲面倒圆角

曲面倒圆角有 3 种形式，曲面与曲面倒圆角、曲面与曲线倒圆角、曲面与平面倒圆角，如图 7-39 所示。

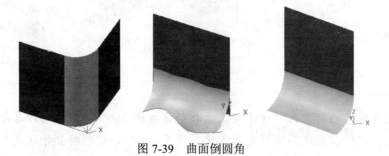

图 7-39   曲面倒圆角

1．曲面与曲面倒圆角

曲面与曲面倒圆角是利用两组曲面之间进行倒圆角，在主菜单选择"绘图"→"曲面"→"曲面倒圆角"→"曲面与曲面倒圆角"命令，选取要倒圆角的曲面后，系统弹出"曲面与曲面倒圆角"对话框，该对话框用来设置倒圆角参数，如图 7-40 所示。

图 7-40   曲面与曲面倒圆角

在进行倒圆角时需要先调整好曲面的法向方向,法向方向可以通过单击◀━田━▶(曲面法向切换)按钮来进行切换。

提示

在进行曲面倒圆角时注意,只有曲面的法向相交才可以产生圆角,因此,可以在设置好曲面法向方向后再进行倒圆角。可以选择主菜单"编辑"→"法向设定"命令进行设置,或者单击主菜单"编辑"→"更改法向"命令进行更改法向。

2．曲面与曲线倒圆角

曲面与曲线倒圆角是在曲面和曲线之间进行倒圆角。在主菜单选择"绘图"→"曲面"→"曲面倒圆角"→"曲面与曲线倒圆角"命令,选取要倒圆角的曲面和曲线后,系统弹出"曲线与曲面倒圆角"对话框,该对话框用来设置倒圆角参数,如图 7-41 所示。

图 7-41　曲线与曲面倒圆角

3．曲面与平面倒圆角

曲面与平面倒圆角是在曲面和系统坐标系组成的平面之间进行倒圆角。在主菜单选择"绘图"→"曲面"→"曲面倒圆角"→"曲面与平面倒圆角"命令,选取要倒圆角的曲面和系统平面后,系统弹出"曲面与平面倒圆角"对话框,该对话框用来设置倒圆角参数,如图 7-42 所示。

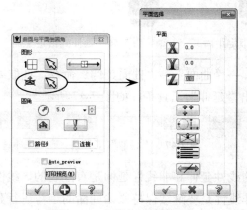

图 7-42　曲面与平面倒圆角

7.2.2 曲面补正

曲面补正是将选取的曲面沿曲面法向方向偏移一定的距离产生新的曲面，当偏移方向指向曲面凹侧时，偏移距离要小于曲面的最小曲率半径，偏移曲面如图 7-43 所示。

图 7-43 偏曲面移

在主菜单选择"绘图"→"曲面"→"曲面补正"命令，选取要补正的曲面后，系统弹出"补正"工具条，如图 7-44 所示。

图 7-44 "补正"工具条

7.2.3 曲面延伸

曲面延伸是将选取的曲面沿曲面边界延伸指定的距离，如图 7-45 所示；或者延伸到指定的平面，如图 7-46 所示。

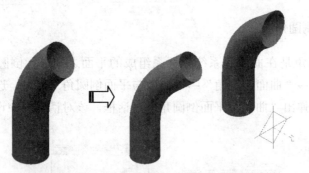

图 7-45 延伸指定距离   图 7-46 延伸到指定平面

在主菜单选择"绘图"→"曲面"→"曲面延伸"命令，选取要延伸的曲面并移动箭头到要延伸的边界，系统弹出"延伸"工具条，如图 7-47 所示。

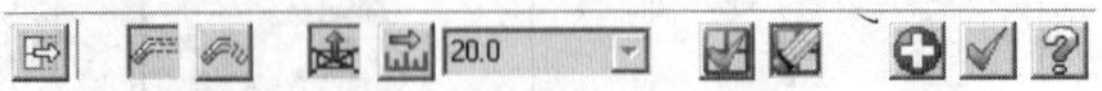

图 7-47 "延伸"工具条

在"延伸"工具条中的线性延伸和非线性延伸是有区别的，线性延伸是沿原始曲面的切向方向直接延伸距离，而非线性是要继续保持原始曲面的趋势进行延伸。线性延伸如图 7-48 所示，非线性延伸如图 7-49 所示。

图 7-48　线性延伸

图 7-49　非线性延伸

7.2.4　曲面修剪

曲面修剪是利用曲面、曲线或平面来修剪另一个曲面。曲面修剪有 3 种方式：曲面和曲面修剪、曲面和曲线修剪、曲面和平面修剪。下面将详细讲解。

1．曲面和曲面修剪

在主菜单选择"绘图"→"曲面"→"曲面修剪"→"修剪到曲面"命令，即可调取曲面修剪命令，曲面修剪工具条参数如图 7-50 所示。

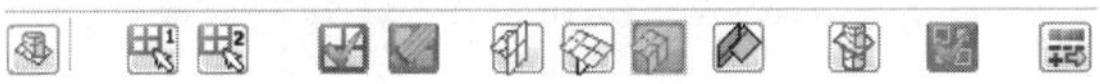

图 7-50　曲面与曲面修剪参数

2．曲面和曲线修剪

在主菜单选择"绘图"→"曲面"→"曲面修剪"→"修剪到曲线"命令，即可调取曲线修剪命令，曲线修剪工具条参数如图 7-51 所示。

图 7-51　曲面与曲线修剪参数

> **提示**
>
> 曲面和曲线修剪原理是采用曲线沿构图面方向投影在曲面上，投影后的曲线再去修剪曲面，因此，曲面和曲线修剪时构图面的设置是关键。

3．曲面和平面修剪

曲面修剪至平面是采用平面去修剪或分割选取的曲面。在主菜单选择"绘图"→"曲面"→"曲面修剪"→"修剪至平面"命令，即可调取平面修剪曲面命令，曲面修剪工具条参数如图 7-52 所示。

图 7-52　曲面和平面修剪参数

7.2.5　分割曲面

分割曲面命令是专门对曲面进行分割操作。在主菜单选择"绘图"→"曲面"→"分割曲面"命令，即可调取分割曲面命令，系统提示选取曲面，并移动箭头到要分割的位置，单击左键，即可分割，如图 7-53 所示。

图 7-53　分割曲面

 提示

分割曲面是系统对曲面沿指定点处的曲面流线进行分割，相当于在指定点处创建曲面流线后使用曲面流线分割曲面。可以通过单击箭头来切换分割 U 方向和 V 方向。

7.2.6　曲面恢复

曲面恢复是将修剪后的曲面恢复到修剪前状态或对修剪的局部区域进行恢复填补操作。下面将进行详细讲解。

1. 恢复修整曲面

恢复修剪曲面是还原被修剪的曲面到未修剪前的状态。在主菜单选择"绘图"→"曲面"→"恢复修整曲面"命令，即可调取恢复修剪曲面命令，恢复修剪曲面如图 7-54 所示。

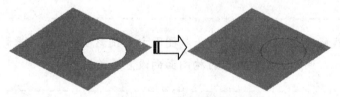

图 7-54　恢复修剪

 提示

恢复修剪曲面命令是一次性将选中的曲面完全恢复到初始没有修剪的状态，也就是此曲面中不管有多少次修剪操作，通过此命令完全恢复到原始状态下的完整曲面，因此，用户如果只想恢复其中一部分曲面，就不能采用此命令。

2. 恢复曲面边界

恢复曲面边界是将修剪曲面的某一修剪边界进行恢复还原操作，可以是内边界，也可以是外边界。在主菜单选择"绘图"→"曲面"→"恢复曲面边界"命令，即可调取恢复曲面边界命令，系统提示选取曲面，选取要恢复的曲面后，系统提示选取要恢复的边界，选取内边界，系统即可将内部恢复还原，如图 7-55 所示。

图 7-55　恢复边界

 提示

恢复曲面边界命令是对修剪曲面中的部分边界进行恢复，此命令提供了可供选择的机会，用户可以拖动箭头到需要恢复的修剪边界，即可对该修剪边界进行定向精准恢复。

3. 填补内孔

填补内孔是对曲面内部的破孔进行填补，与恢复曲面内边界操作很类似，不过填补内孔之后的曲面跟原始曲面是两个曲面，而恢复操作是一个曲面。在主菜单选择"绘图"→"曲面"→"填补内孔"命令，即可调取填补内孔命令，系统提示选取曲面，选取要填补内孔的曲面后，系统提示选取边界，移动箭头到要选取的内边界，系统即可将内部破孔填补，如图 7-56 所示。

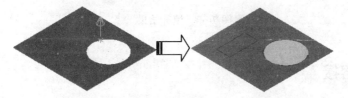

图 7-56　填补内孔

 提示

填补内孔是将曲面内部的破孔进行修补填充，操作方式和恢复边界曲面操作相同，唯一不同的是恢复边界得到的是和原来一样的单张曲面，而填补内孔是在原曲面的基础上创建了一个填补孔曲面。

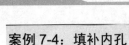
案例 7-4：填补内孔

对如图 7-57 所示的源文件模型进行填补内孔，结果如图 7-58 所示。

图 7-57　源文件模型

图 7-58　填补结果

操作步骤：

(1) 打开源文件。在"文件"工具栏单击 (打开文件)按钮，打开"源文件/第 7 章/例 7-4.mcx-7"。

(2) 在"曲面"工具栏单击 (填补内孔)按钮，选择破孔曲面，拉动箭头靠近破孔，单击左出"警告"对话框，单击 是(Y) 按钮，填补所有内孔，如图 7-59 所示。

图 7-59　填补内孔

(3) 在"填补内孔"工具条中单击 (确定)按钮，完成填补，结果如图 7-60 所示。

图 7-60　填补结果

7.2.7　曲面熔接

曲面熔接是将两个曲面交接处采用光顺的曲面连接两曲面，使两曲面在交接处自然过渡。熔接方式有多种，下面将详细讲解各种熔接曲面的操作方法和技巧。

1．两曲面熔接

两曲面熔接命令可以将两个曲面光顺地熔接在一起，形成光顺的过渡。在主菜单选择"绘图"→"曲面"→"两曲面熔接"命令，选取两个曲面，单击左键，系统弹出"两曲面熔接"

对话框，该对话框用来设置熔接参数，如图 7-61 所示。

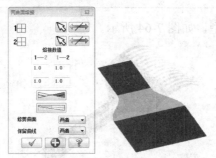

图 7-61　两曲面熔接

2. 三曲面熔接

三曲面熔接命令可以将三个曲面光顺地熔接在一起，形成光顺的过渡。在主菜单选择"绘图"→"曲面"→"三曲面熔接"命令，选取 3 个曲面并单击左键，系统弹出"三曲面熔接"对话框，该对话框用来设置熔接参数，如图 7-62 所示。

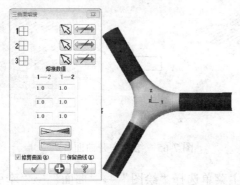

图 7-62　三曲面熔接

3. 三圆角曲面熔接

三圆角曲面熔接命令可以将三个倒圆角曲面光顺地熔接在一起，形成光顺的过渡圆角。在主菜单选择"绘图"→"曲面"→"三圆角曲面熔接"命令，选取三圆角曲面，单击"确定"按钮，系统弹出"三圆角面熔接"对话框，该对话框用来设置熔接参数，如图 7-63 所示。

图 7-63　三圆角曲面熔接

案例 7-5：曲面熔接

用曲面熔接命令绘制模型，如图 7-64 所示。

图 7-64　曲面熔接

操作步骤：

(1) 打开源文件。在"文件"工具栏单击 （打开文件)按钮，打开"源文件/第 7 章/7-5.mcx-7"。

(2) 绘制举升曲面。在工具栏单击 （举升曲面)按钮，选取两圆弧，绘制举升曲面，如图 7-65 所示。

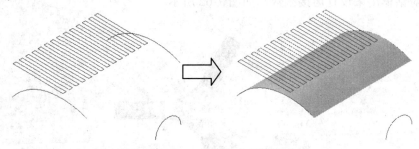

图 7-65　绘制举升曲面

(3) 绘制牵引曲面。在主菜单选择"绘图"→"曲面"→"牵引曲面"命令，选取要牵引的圆，输入牵引距离为 200，并单击 （右视图构图面)按钮，单击"确定"按钮，完成牵引曲面绘制，如图 7-66 所示。

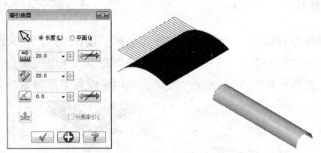

图 7-66　牵引曲面

(4) 在工具栏单击 （俯视图)按钮，并单击 （曲面修剪至曲线)按钮，选取牵引曲面，单击"确定"按钮，再选取修剪曲线，单击"确定"按钮，然后选取要保留的区域，单击"确定"按钮，即完成修剪，结果如图 7-67 所示。

图 7-67　修剪曲面

（5）在主菜单选择"绘图"→"曲面"→"两曲面熔接"命令，系统弹出"两曲面熔接"对话框，该对话框用来设置熔接参数，选取两曲面并将箭头拖到边界，单击左键即可，如果熔接方向不对，进行方向切换即可，如图 7-68 所示。

图 7-68　两曲面熔接

（6）在绘图区选取需要显示的曲面，按 ALT+E 组合键，系统即将没有选中的图素全部隐藏，如图 7-69 所示。

图 7-69　最后的结果

 提示

　　两个曲面熔接时，起点选取时要对应，方向要一致，以免出现扭曲后无法熔接出用户想要的结果。如果选取正确，出现了扭曲，只需要更改熔接方向即可恢复。

7.3　本章小结

　　本章主要讲解三维曲面基础和常用的曲面创建方法以及曲面编辑。用户要掌握基础的曲面建构模型，如网格曲面、旋转曲面、扫描曲面和举升曲面。在遇到一些曲面的问题时，迅速地能从大脑中调出基本的模型，也就是能从复杂的曲面中抽取部分的曲面，能用网格曲面、旋转曲面、扫描曲面和举升曲面等基础曲面来绘制，然后用其他的编辑命令将曲面进行编辑即可绘制完毕。

7.4　本章习题

一、填空题

1．曲面造型主要是通过_____来创建曲面。
2．曲面熔接是将两曲面交接处采用_____连接两曲面，使两曲面在交接处自然过渡。

二、上机题

采用曲面命令绘制模型，结果如图 7-70 所示。

图 7-70　模型图

第8章

外形铣削加工

外形铣削加工是对外形轮廓进行加工，通常是用于二维工件或三维工件的外形轮廓加工。二维外形铣削加工刀具路径的切削深度不变，深度值为用户指定的值，而三维外形铣削加工刀具路径的切削深度是随外形的位置变化而变化的。三维外形铣削加工在实际中应用比较少。

 学习目标

❖ 理解外形铣削加工原理。
❖ 理解外形铣削补偿原理。
❖ 掌握 2D 外形铣削加工操作步骤。
❖ 会采用外形铣削加工进行倒角、斜插、残料、摆线式加工。
❖ 了解 3D 外形铣削加工操作步骤。

8.1 外形铣削加工类型

在主菜单选择"刀具路径"→"外形铣削"命令，选取串连后单击"确定"按钮，系统弹出"2D 刀具路径-外形"对话框，在该对话框中选择"切削参数"选项，系统弹出"切削参数"设置项，在"外形铣削方式"栏可以设置外形加工类型，如图 8-1 所示。

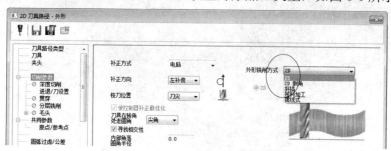

图 8-1 "2D 刀具路径-外形"对话框

外形加工类型包括 2D、2D 倒角、斜插、残料加工、摆线式等 5 种加工方式。其中 2D 外形加工主要是沿外形轮廓进行加工，可以加工凹槽也可以加工外形凸缘，比较常用，后 4 种方式用来辅助，进行倒角或残料等加工。

如果选取的外形串连是三维的线架，则该对话框如图 8-2 所示。外形铣削方式有 2D、3D 和 3D 倒角加工。

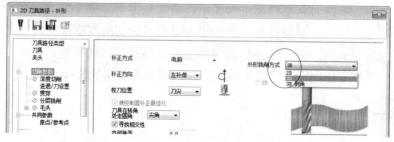

图 8-2 "2D 刀具路径-外形"对话框

8.1.1 2D 外形铣削加工

在主菜单选择"刀具路径"→"外形铣削"命令，选取串连后，系统弹出"2D 刀具路径-外形"对话框，该对话框用来设置所有的外形加工参数，如图 8-3 所示。

各参数含义如下：

◇ 串连图形：选取要加工的串连几何。

◇ 刀具路径类型：用来选取二维加工类型。

◇ 刀具：用来设置刀具及其相关参数。

- ◇　夹头：用来设置夹头。
- ◇　切削参数：用来设置深度分层及外形分层和进退刀等参数。
- ◇　共同参数：用来设置二维公共参数，包括安全高度、参考高度、进给平面、工件表面、深度等参数。
- ◇　快速查看设置：显示加工的一些常用参数设置项。

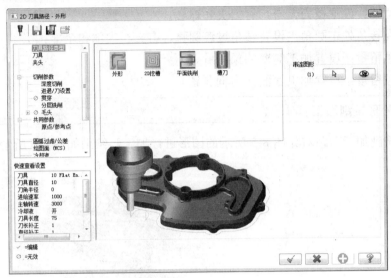

图 8-3　外形参数

在"2D 刀具路径-外形"对话框中选取刀具路径类型为"外形"后，再单击"切削参数"选项，系统弹出"切削参数"设置项，用来设置外形加工类型、补正类型及方向、转角设置等，如图 8-4 所示。

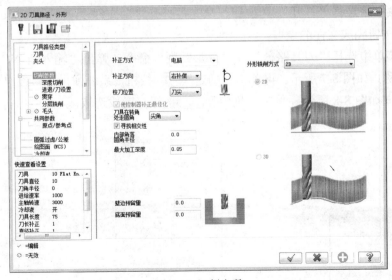

图 8-4　切削参数

各参数含义如下：

◆ 补正方式：设置补偿类型，有电脑、控制器、磨损、反向磨损和关 5 种。

◆ 补正方向：设置补偿的方向，有左和右两种。2D 外形铣削加工刀具路径铣削凹槽形工件或铣削凸缘形工件主要是通过控制补偿方向向左或向右，来控制刀具是铣削凹槽形还是铣削凸缘形。

◆ 校刀位置：设置校刀参考，有刀尖和球心。

◆ 刀具在转角处走圆角：设置转角过渡圆弧，有无、尖部和全部。

◆ 壁边预留量：设置加工侧壁的预留量。

◆ 底面预留量：设置加工底面 Z 方向预留量。

案例 8-1：2D 外形铣削加工

采用外形铣削加工刀路对如图 8-5 所示的图形进行加工，结果如图 8-6 所示。

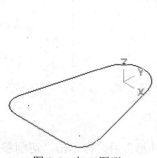

图 8-5　加工图形

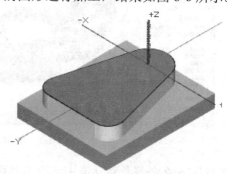

图 8-6　加工结果

操作步骤：

(1) 在主菜单中选择"打开"💿按钮，从光盘打开"源文件\第 8 章\8-1.mcx-7"，单击"确定"✅按钮完成文件的调取。

(2) 在主菜单中选择"刀具路径"→"外形铣削"命令，弹出"输入新 NC 名称"对话框，按默认名称，如图 8-7 所示。再单击"确定"✅按钮，系统弹出"串连选项"对话框，选取串连，方向如图 8-8 所示。单击"确定"✅按钮，完成选取。

图 8-7　输入新 NC 名称

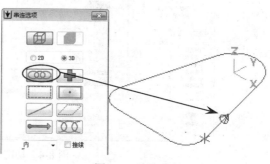

图 8-8　选取串连

(3) 系统弹出"2D 刀具路径"参数对话框，该对话框用来选取 2D 加工类型，选取类型为外形，如图 8-9 所示。

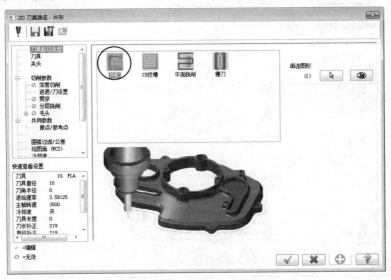

图 8-9 2D 刀具路径-外形参数

(4) 在外形参数对话框中单击"刀具"选项，系统弹出"刀具"设置项，用来设置刀具及相关参数，如图 8-10 所示。

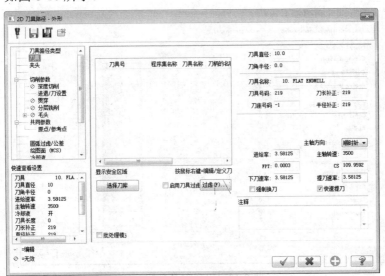

图 8-10 刀具参数

(5) 在"刀具"参数设置项的空白处单击右键，从右键菜单中选择"新建刀具"选项，弹出"Create New Tool"对话框，如图 8-11 所示。选取刀具类型为"End Mill"，系统弹出新建刀具对话框，将参数设置为直径 D20 平底刀，如图 8-12 所示。单击"确定" ✓ 按钮，完成设置。

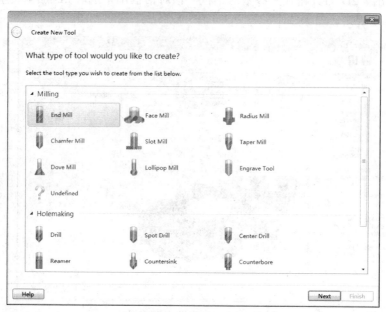

图 8-11　新建刀具

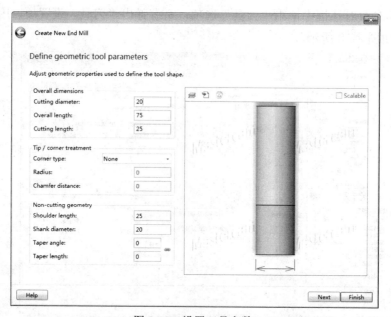

图 8-12　设置刀具参数

(6) 在"刀具"参数选项卡中设置相关参数，如图 8-13 所示。单击"确定" ✔️ 按钮完成刀具参数设置。

(7) 在外形参数对话框中单击"切削参数"选项，系统弹出"切削参数"设置项，用来设置切削参数，如图 8-14 所示。

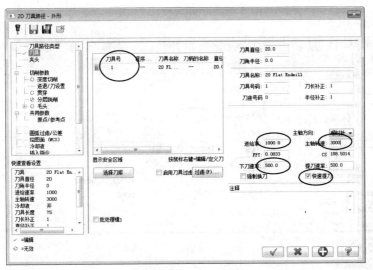

图 8-13　刀具相关参数

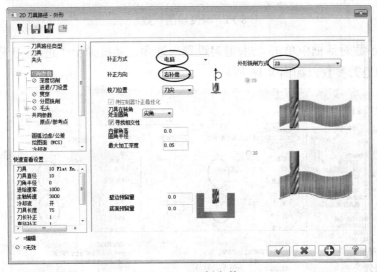

图 8-14　切削参数

提示

此处的补正方向设置要参考刚才选取的外形串连的方向和要铣削的区域，本例要铣削轮廓外的区域，电脑补偿要向外，而串连是逆时针，所以补正方向向右即朝外。补正方向的判断法则是：假若人面向串连方向，并沿串连方向行走，要铣削的区域在人的左手侧即向左补正，在右手侧即向右补正。

(8) 在外形参数对话框中单击"深度切削"选项，系统弹出"深度切削"设置项，用来设置深度分层等参数，如图 8-15 所示。

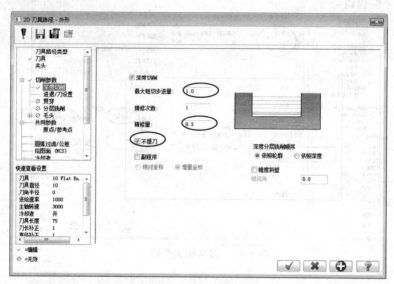

图 8-15　深度切削参数

(9) 在外形参数对话框中单击"进/退刀设置"选项，系统弹出"进/退刀设置"参数项，用来设置进刀和退刀参数，如图 8-16 所示。

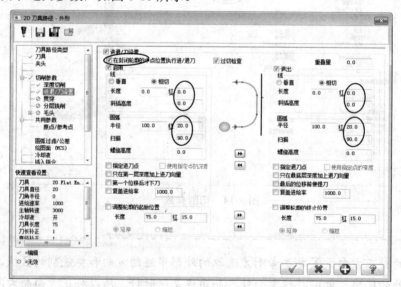

图 8-16　进退刀参数

(10) 在外形参数对话框中单击"分层铣削"选项，系统弹出"分层铣削"设置项，用来设置刀具在外形上的等分参数，如图 8-17 所示。

(11) 在外形参数对话框中单击"共同参数"选项，系统弹出"共同参数"设置项，用来设置二维刀具路径共同的参数，如图 8-18 所示。

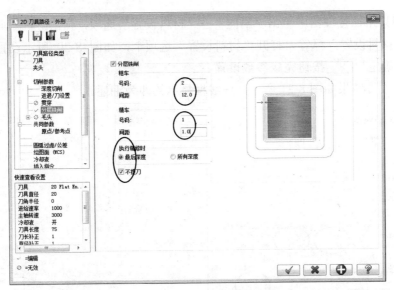

图 8-17　分层参数

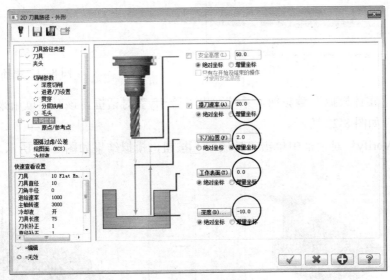

图 8-18　共同参数

(12) 系统根据所设参数，生成刀具路径，如图 8-19 所示。

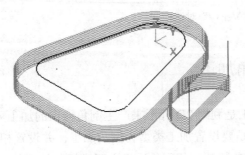

图 8-19　生成刀路

(13) 在刀具路径管理器中单击"属性"→"材料设置"选项，弹出"机器群组属性"对话框，单击"材料设置"标签，打开"材料设置"选项卡，如图 8-20 所示设置加工坯料的尺寸，单击"确定" ✓ 按钮完成参数设置。

(14) 坯料设置结果如图 8-21 所示，虚线框显示的即为毛坯。

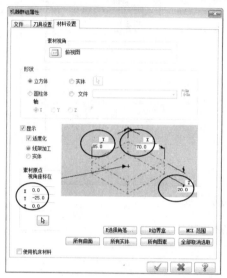

图 8-20　设置毛坯

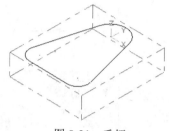

图 8-21　毛坯

(15) 单击"实体模拟" 按钮，系统弹出"Verify"对话框，该对话框用来进行实体模拟的参数设置，如图 8-22 所示。

(16) 在"Verify"对话框中单击"播放" ▶ 按钮，模拟结果如图 8-23 所示。

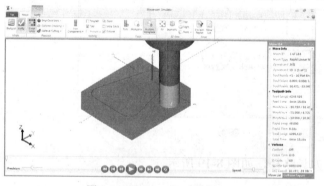

图 8-22　"Verify"对话框

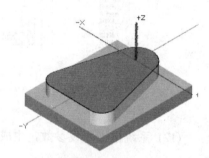

图 8-23　模拟结果

8.1.2　2D 外形倒角加工

2D 外形倒角铣削加工是利用 2D 外形来产生倒角特征的加工刀具路径。加工路径的步骤与 2D 外形加工类似。只是要设置加工类型为倒角加工，并设置相关的倒角参数。

倒角加工参数与外形参数基本相同，这里主要讲解与外形加工不同的参数。在"切削参数"对话框中选取外形铣削类型为"2D 倒角"后，系统弹出"2D 倒角"参数设置项，用来设置倒角参数，如图 8-24 所示。

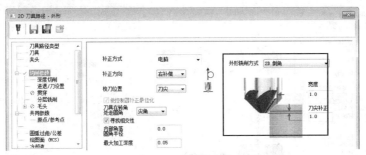

图 8-24　倒角参数

各参数含义如下：

◇　宽度：设置倒角加工第一侧的宽度。倒角加工的第二侧的宽度主要是通过倒角刀具的角度来控制。

◇　尖角补偿：设置倒角刀具的尖部往倒角最下端补偿一段距离，消除毛边。

案例 8-2：2D 外形倒角加工

对如图 8-25 所示的图形进行 2D 外形倒角加工，加工结果如图 8-26 所示。

图 8-25　加工图形

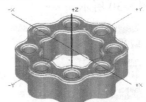

图 8-26　加工结果

操作步骤：

(1) 在主菜单中选择"打开" 按钮，从光盘打开"源文件\第 8 章\8-2.mcx-7"，单击"确定" 按钮完成文件的调取。

(2) 在主菜单中选择"刀具路径"→"外形铣削"命令，系统弹出"输入新 NC 名称"对话框，按默认名称，如图 8-27 所示。再单击"确定"按钮，系统弹出"串连选项"对话框，选取串连，方向如图 8-28 所示。单击"确定" 按钮，完成选取。

图 8-27　输入新 NC 名称

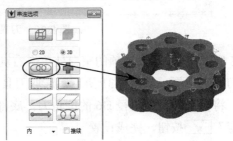

图 8-28　选取串连

(3) 系统弹出"2D 刀具路径"参数对话框，该对话框用来选取 2D 加工类型，选取类型为外形，如图 8-29 所示。

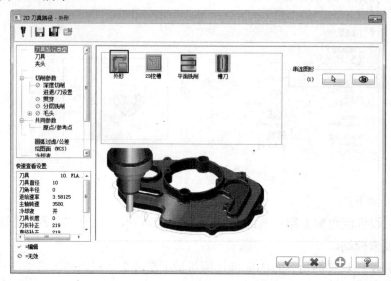

图 8-29　2D 刀具路径-外形参数

(4) 在外形参数对话框中单击"刀具"选项，系统弹出"刀具"设置项，用来设置刀具及相关参数，如图 8-30 所示。

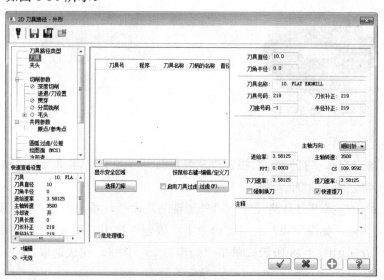

图 8-30　刀具参数

(5) 在"刀具"参数设置项的空白处单击右键，从右键菜单中选择"创建新刀具"选项，弹出定义刀具对话框，如图 8-31 所示。选取刀具类型为"Chamfer Mill"，系统弹出新建刀具对话框，将参数设置为直径 D6 的倒角刀，底部宽度为 1，锥度角为 45º，如图 8-32 所示。单击"确定" 按钮，完成设置。

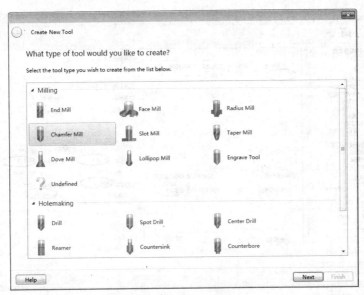

图 8-31　定义刀具

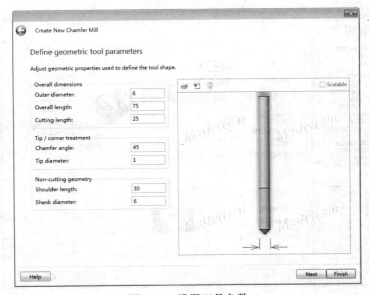

图 8-32　设置刀具参数

(6) 在"刀具"参数设置项中设置相关参数,如图 8-33 所示。单击"确定" ☑ 按钮完成刀具参数设置。

(7) 在外形参数对话框中单击"切削参数"选项,系统弹出"切削参数"设置项,用来设置切削参数,如图 8-34 所示。

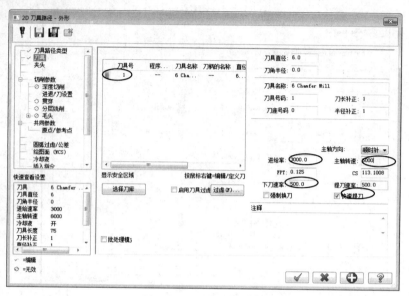

图 8-33　刀具相关参数

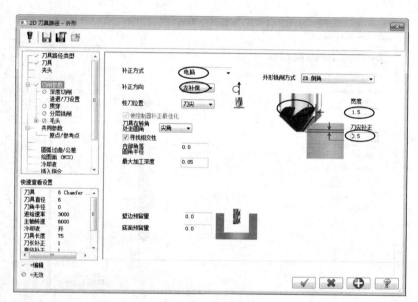

图 8-34　切削参数

(8) 在外形参对话框中单击"进/退刀设置"选项，系统弹出"进/退刀设置"参数项，用来设置进刀和退刀参数，如图 8-35 所示。

(9) 在外形参数对话框中单击"共同参数"选项，系统弹出"共同参数"设置项，用来设置二维刀具路径共同的参数，如图 8-36 所示。

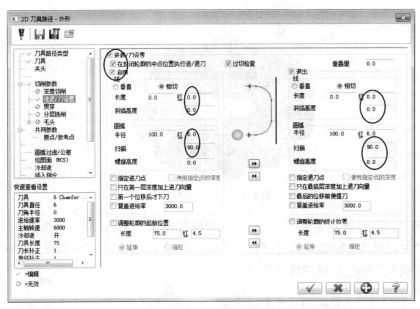

图 8-35 进/退刀参数

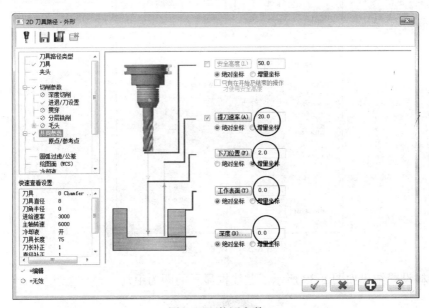

图 8-36 共同参数

提示

此处是倒角加工的重点，在 2D 倒角加工中的共同参数对话框设置的工件表面和深度值都为 0，此处深度值不给值，而倒角深度的控制由倒角参数来控制，倒角参数有尖部补偿功能可以控制倒角深度。所以，用户需要注意，此处倒角加工深度值若是给-1mm，结果将导致倒角深度加深 1mm，即是在深度-1 的基础上向下再补偿 1mm 深度。

(10) 系统根据所设参数，生成刀具路径，如图 8-37 所示。

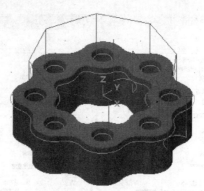

图 8-37　生成刀路

(11) 在刀具路径管理器中单击"属性"→"材料设置"选项,弹出"机器群组属性"对话框,单击"材料设置"标签,打开"材料设置"选项卡,如图 8-38 所示设置加工坯料的尺寸,单击"确定" ✔ 按钮完成参数设置。

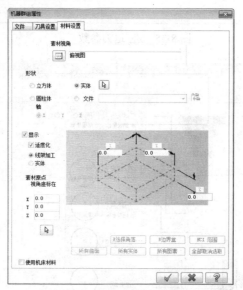

图 8-38　设置毛坯

(12) 坯料设置结果如图 8-39 所示,虚线框显示的即为毛坯。

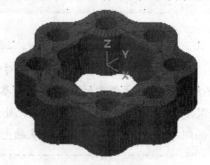

图 8-39　毛坯

(13) 单击"实体模拟" 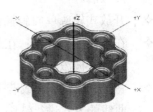按钮，弹出"Verify(实体切削验证)"对话框，如图 8-40 所示。

(14) 单击"播放" ▶按钮，模拟结果如图 8-41 所示。

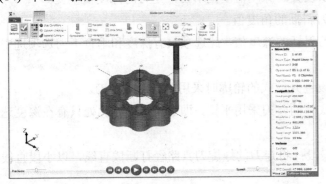

图 8-40　实体切削验证对话框

图 8-41　模拟结果

8.1.3　外形铣削斜插加工

斜插下刀加工一般是用来加工铣削深度较大的的二维外形，主要是控制下刀类型，采用多种控制方式优化下刀刀路，使起始切削负荷均匀，切痕平滑，减少刀具损伤。

斜插加工参数与外形参数基本相同，这里主要讲解斜插参数。在"切削参数"对话框中选取外形铣削类型为"斜插"后，系统弹出"斜插"参数设置项，用来设置斜插下刀参数，如图 8-42 所示。

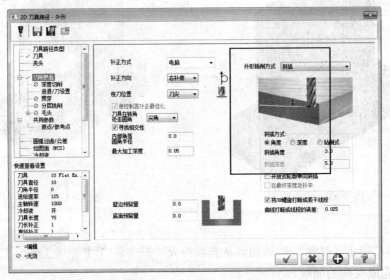

图 8-42　斜插下刀加工参数

各参数含义如下：

❖　斜插方式：用来设置斜插下刀走刀方式。有角度、深度和钻削式。

　●　角度：下刀和走刀都以设置的角度值铣削。

- 深度：下刀和走刀在每层上都以设置的深度值倾斜铣削。
- 钻削式：在下刀处以设置的深度值垂直下刀，走刀时深度值不变。

❖ 斜插角度：设置下刀走刀斜插的角度值。

❖ 斜插深度：设置下刀走刀斜插的深度值，此选项只有深度和垂直下刀选项选中时才被激活。

❖ 开放式轮廓单向斜插：设置开放式的轮廓时采用单向斜插走刀。

❖ 在最终深处补平：在最底部的一刀采用平铣，即深度不变，此处只有在深度选项选中时才被激活。

❖ 将 3D 螺旋打断成若干线段：将走刀的螺旋刀具路径打断成直线，以小段直线逼近曲线的方式进行铣削。

❖ 曲线打断成线段的误差：设置将 3D 螺旋打断成若干线段的误差值，此值越小，打断成直线的段数就越多，直线长度也越小，铣削的效果越接近理想值，但计算时间就越长。反之亦然。

案例 8-3：外形铣削斜插加工

对如图 8-43 所示的图形进行加工，加工结果如图 8-44 所示。

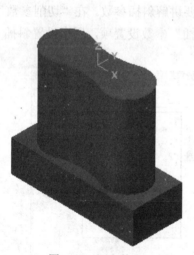

图 8-43　源文件

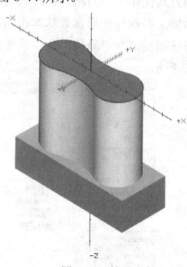

图 8-44　结果文件

操作步骤：

(1) 在工具栏单击"打开" 按钮，从光盘打开"源文件\第 8 章\8-3.mcx-7"，单击"确定" 按钮完成文件的调取。

(2) 在主菜单选择"刀具路径"→"外形铣削"命令，系统弹出"输入新 NC 名称"对话框，按默认名称，再单击"确定"按钮，系统弹出"串连选项"对话框，选取串连，方向如图 8-45 所示。单击"确定" 按钮，完成选取。

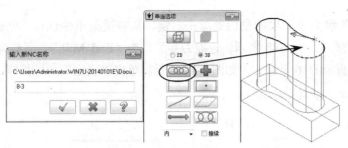

图 8-45　选取串连

(3) 系统弹出"2D 刀具路径"参数对话框，该对话框用来选取 2D 加工类型，选取类型为"外形"，如图 8-46 所示。

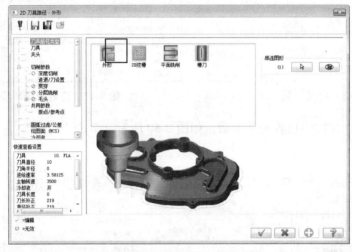

图 8-46　2D 刀具路径-外形参数

(4) 在"2D 刀具路径-外形"对话框中单击"刀具"选项，系统弹出"刀具"设置项，用来设置刀具及相关参数，如图 8-47 所示。

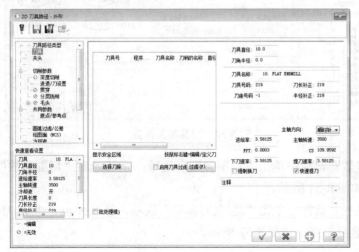

图 8-47　刀具参数

(5) 在"刀具"参数设置项的空白处单击右键，从右键菜单中选择"创建新刀具"选项，弹出定义刀具对话框，如图 8-48 所示。选取刀具类型为"End Mill"，系统弹出新建刀具对话框，将参数设置为直径 D16 平底刀，如图 8-49 所示。单击"确定" ☑ 按钮，完成设置。

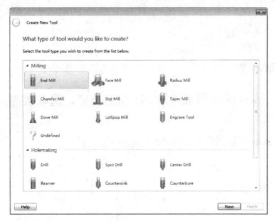

图 8-48　定义刀具

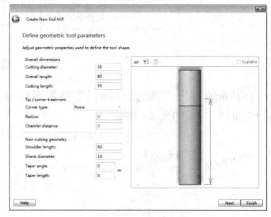

图 8-49　设置刀具参数

(6) 在"刀具"参数中设置相关参数，如图 8-50 所示。单击"确定" ☑ 按钮完成刀具参数设置。

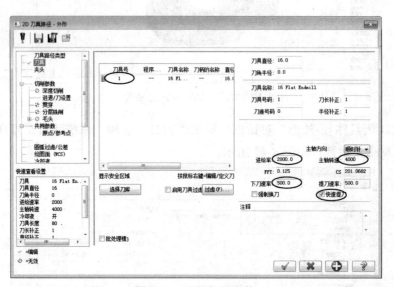

图 8-50　刀具相关参数

(7) 在外形参数对话框中单击"切削参数"选项，系统弹出"切削参数"设置项，用来设置切削参数，如图 8-51 所示。

(8) 在外形参数对话框中单击"进/退刀参数"选项，系统弹出"进/退刀参数"设置项，用来设置进刀和退刀参数，如图 8-52 所示。

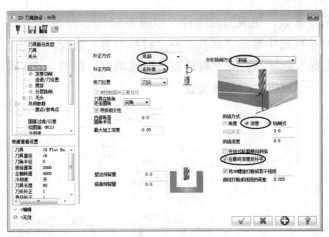

图 8-51　切削参数

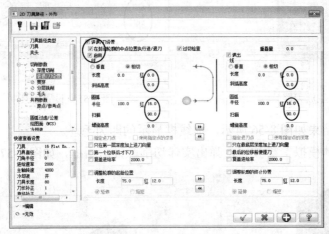

图 8-52　进/退刀参数

(9) 在外形参数对话框中单击"共同参数"选项，系统弹出"共同参数"设置项，用来设置二维刀具路径共同的参数，如图 8-53 所示。

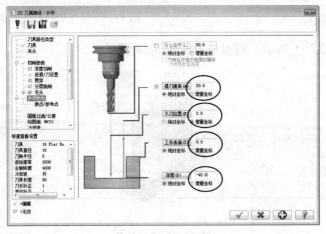

图 8-53　共同参数

(10) 系统根据所设参数，生成刀具路径，如图 8-54 所示。

(11) 在刀具路径管理器中单击"属性"→"材料设置"选项，弹出"机器群组属性"对话框，单击"材料设置"标签，打开"材料设置"选项卡，按图 8-55 所示设置加工坯料的尺寸，单击"确定" 按钮完成参数设置。

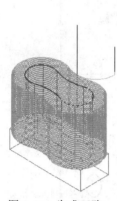
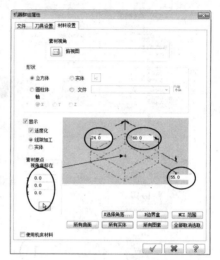

图 8-54 生成刀路　　　　　　　　图 8-55 设置毛坯

(12) 坯料设置结果如图 8-56 所示，虚线框显示的即为毛坯。

(13) 单击"实体模拟" 按钮，弹出实体切削验证对话框，如图 8-57 所示。

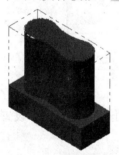
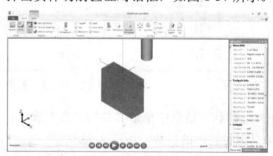

图 8-56 毛坯　　　　　　　　图 8-57 实体切削验证对话框

(14) 单击"播放" 按钮，模拟结果如图 8-58 所示。

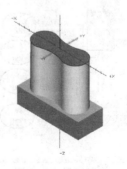

图 8-58 模拟结果

8.1.4　外形铣削残料加工

残料加工一般用于上一次外形铣削加工后留下的残余材料。为了提高加工速度，当铣削加工的铣削量较大时，开始采用大直径刀具和大的进给量，再采用残料外形加工来加工到最后的效果。

残料加工参数与外形参数基本相同，这里主要讲解残料参数。在"切削参数"选项中选取外形铣削类型为"残料加工"后，系统弹出"残料加工"参数设置项，用来设置残料加工参数，如图 8-59 所示。

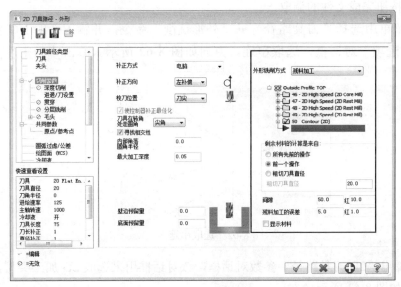

图 8-59　残料加工

各选项含义如下：

◇　剩余材料的计算是来自：设置残料计算依据类型。

● 所有先前的操作：依据所有先前操作计算残料。

● 前一个操作：只依据前一个操作计算残料。

● 粗切刀具直径：依据所设的粗切刀具直径来计算残料。

◇　粗切刀具直径：设置粗切刀具直径，此选项只有"粗切刀具直径"选项被选中时才被激活。

案例 8-4：外形铣削残料加工

对如图 8-60 所示的图形采用外形铣削残料加工，加工结果如图 8-61 所示。

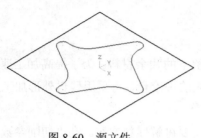

图 8-60　源文件

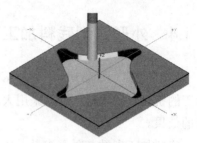

图 8-61　加工结果

操作步骤：

(1) 在工具栏中单击"打开" 📂 按钮，从光盘打开"源文件\第 8 章\8-4.mcx-7"，单击"确定" ✔ 按钮完成文件的调取。

(2) 在主菜单中选择"刀具路径"→"外形铣削"命令，并输入新的 NC 名称后，系统弹出"串连选项"对话框，选取串连，方向如图 8-62 所示。单击"确定" ✔ 按钮，完成选取。

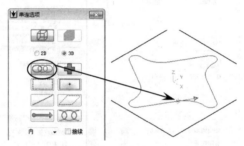

图 8-62　选取串连

(3) 系统弹出"2D 刀具路径"参数对话框，该对话框用来选取 2D 加工类型，选取类型为"外形"，如图 8-63 所示。

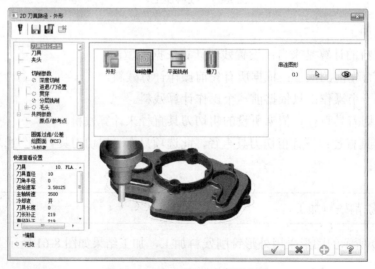

图 8-63　2D 刀具路径-外形参数

(4) 在"2D刀具路径-外形"对话框中单击"刀具"选项，系统弹出"刀具"设置项，用来设置刀具及相关参数，如图 8-64 所示。

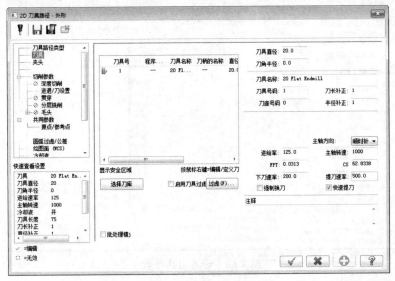

图 8-64 刀具参数

(5) 在"刀具"参数项的空白处单击右键，从右键菜单中选择"创建新刀具"选项，弹出定义刀具对话框，如图 8-65 所示。选取刀具类型为"End Mill"，系统弹出新建刀具对话框，将参数设置为直径 D8 的平底刀，如图 8-66 所示。单击"确定" ✓ 按钮，完成设置。

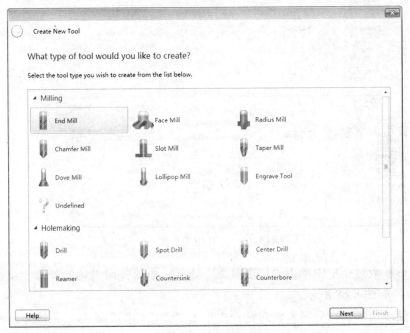

图 8-65 定义刀具

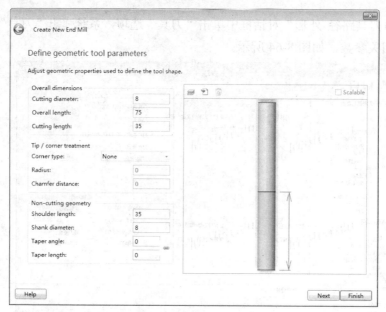

图 8-66　设置刀具参数

(6) 在"刀具"参数中设置相关参数，如图 8-67 所示。单击"确定" ✓ 按钮完成刀具参数设置。

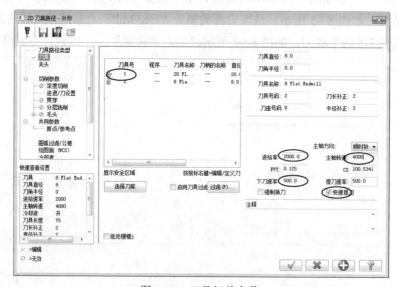

图 8-67　刀具相关参数

(7) 在外形参数对话框中单击"切削参数"选项，系统弹出"切削参数"设置项，用来设置切削参数，如图 8-68 所示。

(8) 设置深度切削。在外形参数对话框中单击"深度切削"选项，系统弹出深度切削设置项，设置深度切削参数，如图 8-69 所示。

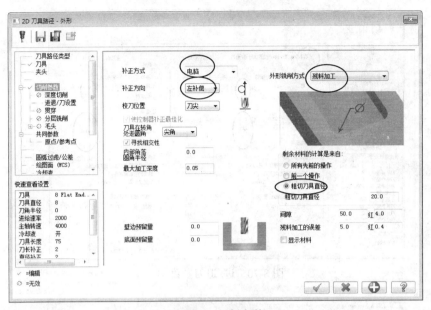

图 8-68　切削参数

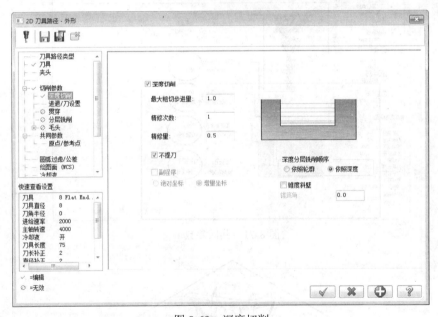

图 8-69　深度切削

(9) 在外形参数对话框中单击"进/退刀参数"选项，系统弹出"进/退刀参数"设置项，用来设置进刀和退刀，如图 8-70 所示。

(10) 在外形参数对话框中单击"共同参数"选项，系统弹出"共同参数"设置项，用来设置二维刀具路径共同的参数，如图 8-71 所示。

(11) 系统根据所设参数，生成刀具路径，如图 8-72 所示。

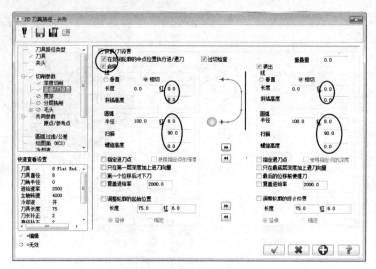

图 8-70　进/退刀参数

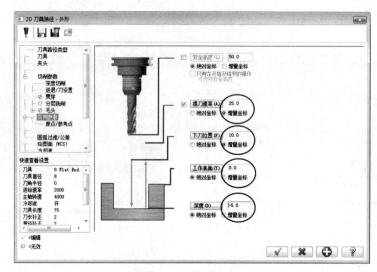

图 8-71　共同参数

图 8-72　生成刀路

(12) 在刀具路径管理器中单击"属性"→"材料设置"选项，弹出"机器群组属性"对话框，单击"材料设置"标签，打开"材料设置"选项卡，如图 8-73 所示设置加工坯料的尺寸，单击"确定" ✓ 按钮完成参数设置。

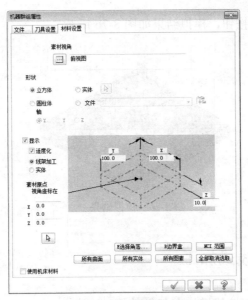

图 8-73　设置毛坯

(13) 坯料设置结果如图 8-74 所示，虚线框显示的即为毛坯。

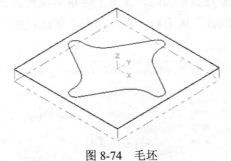

图 8-74　毛坯

(14) 单击"实体模拟" 按钮，弹出实体切削验证对话框，如图 8-75 所示。

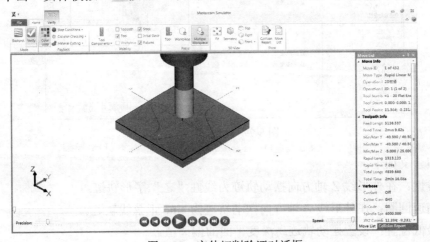

图 8-75　实体切削验证对话框

(15) 单击"播放" ▶ 按钮，模拟结果如图 8-76 所示。

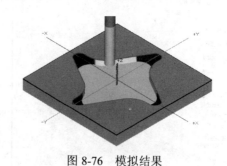

图 8-76　模拟结果

8.1.5　外形铣削摆线式加工

摆线式加工是沿外形轨迹线增加在 Z 轴的摆动，这样可以减少刀具磨损，在切削更加稀薄的材料或被碾压的材料时，这种方法是特别有效的。

摆线式加工参数与外形参数基本相同，这里主要讲解摆线式参数。在"切削参数"选项中选取外形铣削类型为"摆线式"加工后，系统弹出"摆线式加工"参数设置项，用来设置摆线式加工参数，如图 8-77 所示。

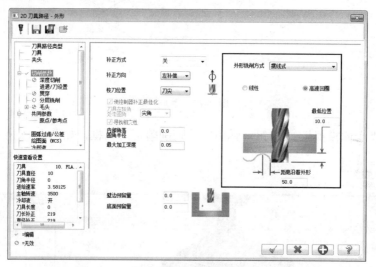

图 8-77　摆线式加工

各选项含义如下：

✧　线性：在外形线 Z 轴方向摆动轨迹为线性"之"字形轨迹。

✧　高速回圈：在外形线 Z 轴方向摆动轨迹为 sine 正弦线轨迹。

✧　最低位置：设置摆动轨迹离深度平面的偏离值。

✧　距离沿着外形：沿着外形方向摆动的距离值。

案例 8-5：外形铣削摆线式加工

对如图 8-78 所示的图形进行外形铣削摆线式加工，加工结果如图 8-79 所示。

图 8-78 源文件

图 8-79 加工结果

操作步骤：

(1) 在工具栏单击"打开" 按钮，从光盘打开"源文件\第 8 章\8-5.mcx-7"，单击"确定" 按钮完成文件的调取。

(2) 在主菜单选择"刀具路径"→"外形铣削"命令，弹出"输入新 NC 名称"对话框，按默认名称，如图 8-80 所示。再单击"确定" 按钮，系统弹出"串连选项"对话框，框选矩形内的线条，方向如图 8-81 所示。单击"确定" 按钮，完成选取。

图 8-80 输入新 NC 名称

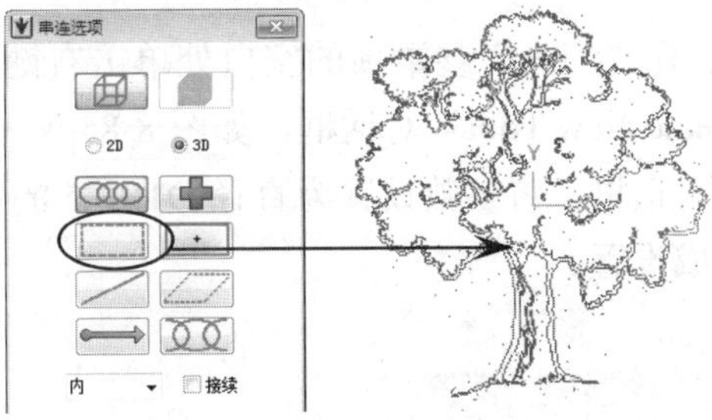

图 8-81 选取串连

(3) 系统弹出"2D 刀具路径"参数对话框，该对话框用来选取 2D 加工类型，选取类型为"外形"，如图 8-82 所示。

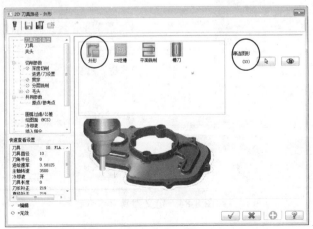

图 8-82 2D 刀具路径-外形参数

(4) 在外形参数对话框中单击"刀具"选项，系统弹出"刀具"参数设置项，用来设置刀具及相关参数，如图 8-83 所示。

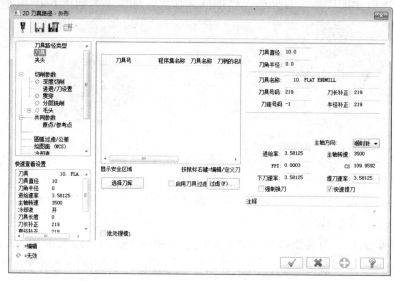

图 8-83　刀具参数

(5) 在"刀具"参数项的空白处单击右键，从右键菜单中选择"创建新刀具"选项，弹出"Create New Tool"对话框，如图 8-84 所示。选取刀具类型为"End Mill"，系统弹出新建刀具对话框，将参数设置为直径 D1R0.5 的锥度球刀，如图 8-85 所示。单击"确定" ✓ 按钮完成设置。

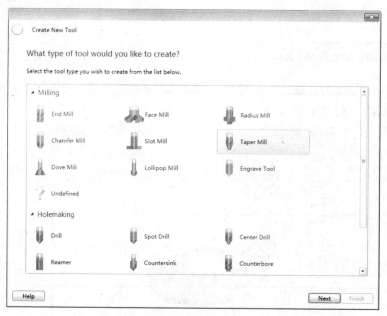

图 8-84　定义刀具

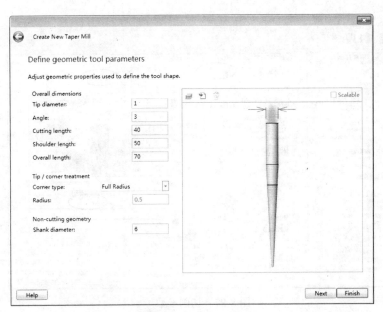

图 8-85　设置刀具参数

（6）在"刀具"参数项中设置相关参数，如图 8-86 所示。单击"确定" ✔ 按钮完成刀具参数设置。

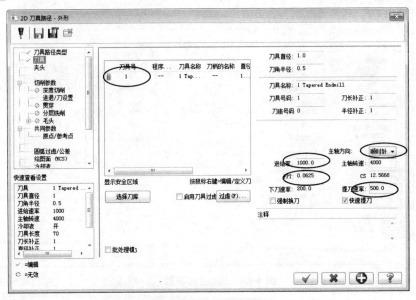

图 8-86　刀具相关参数

（7）在外形参数对话框中单击"切削参数"选项，系统弹出"切削参数"设置项，用来设置切削参数，如图 8-87 所示。

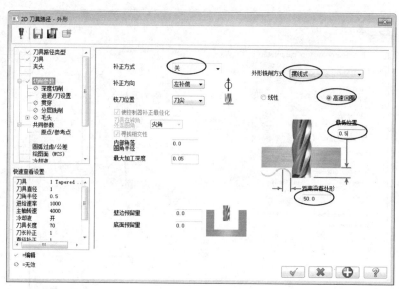

图 8-87　切削参数

(8) 在外形参数对话框中单击"进/退刀参数"选项，系统弹出"进/退刀参数"设置项，用来设置进刀和退刀参数，如图 8-88 所示。

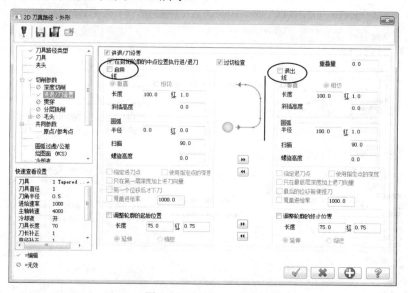

图 8-88　进/退刀参数

(9) 在外形参数对话框中单击"共同参数"选项，系统弹出"共同参数"设置项，用来设置二维刀具路径共同的参数，如图 8-89 所示。

(10) 系统根据所设参数，生成刀具路径，如图 8-90 所示。

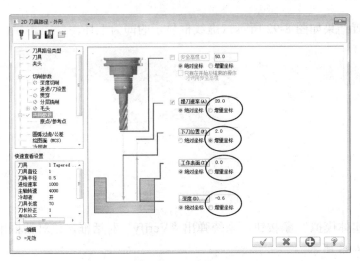

图 8-89　共同参数

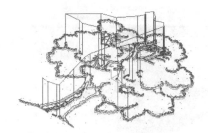

图 8-90　生成刀路

(11) 在刀具路径管理器中单击"属性"→"材料设置"选项，弹出"机器群组属性"对话框，单击"材料设置"标签，打开"材料设置"选项卡，按如图 8-91 所示设置加工坯料的尺寸，单击"确定" ✓ 按钮完成参数设置。

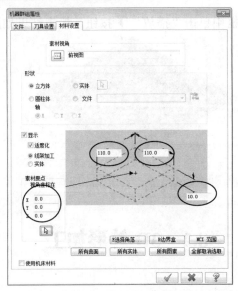

图 8-91　设置毛坯

(12) 坯料设置结果如图 8-92 所示，虚线框显示的即为毛坯。

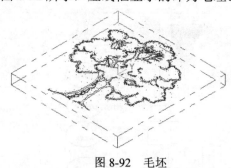

图 8-92　毛坯

(13) 单击"实体模拟" 按钮，系统弹出"Verify"对话框，该对话框用来设置实体模拟的参数，如图 8-93 所示。

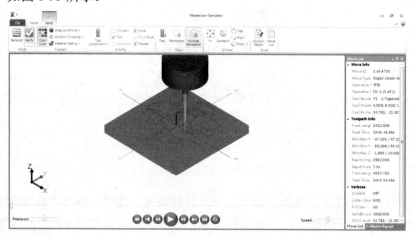

图 8-93　"Verify"对话框

(14) 在"Verify"对话框中单击"播放" 按钮，模拟结果如图 8-94 所示。

图 8-94　模拟结果

8.2　3D 外形加工

当选择的加工串连为二维时，外形铣削只能是 2D 铣削加工；当选择的加工串连是三维线架时，则外形铣削可以是 2D 外形铣削加工，也可以是 3D 铣削加工。2D 铣削即是将 3D 线架投影到平面后进行加工，3D 铣削即是按照选取的线架进行走刀。下面主要讲解 3D 铣削部分。

在主菜单中选择"刀具路径"→"外形铣削"命令，选取串连后单击"确定"按钮，系统弹出"2D 刀具路径-外形"对话框，在该对话框中单击"切削参数"选项，系统弹出切削参数设置项，在"外形铣削方式"栏设置外形加工类型为 3D，如图 8-95 所示。

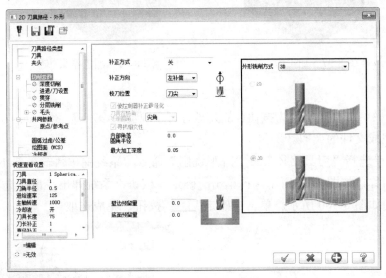

图 8-95　3D 外形铣削

3D 外形铣削加工的参数设置和 2D 外形铣削加工参数设置相同，主要的区别是在加工深度的控制方面，3D 外形倒角加工参数设置和 2D 外形倒角参数设置相同，如图 8-96 所示。具体参数在此处不再讲述。下面将进行案例详解。

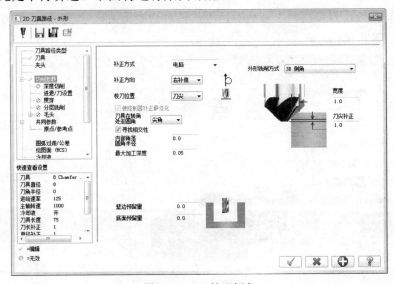

图 8-96　3D 外形倒角

对如图 8-97 所示的图形进行倒角加工，加工结果如图 8-98 所示。

图 8-97　加工图形

图 8-98　加工结果

操作步骤：

(1) 在工具栏单击"打开" 按钮，从光盘打开"源文件\第 8 章\8-6.mcx-7"，单击"确定" 按钮完成文件的调取。

(2) 在主菜单选择"刀具路径"→"外形铣削"命令，系统弹出"输入新 NC 名称"对话框，按默认名称，如图 8-99 所示。再单击"确定"按钮，系统弹出"串连选项"对话框，选取串连，方向如图 8-100 所示。单击"确定" 按钮，完成选取。

图 8-99　"输入新 NC 名称"对话框

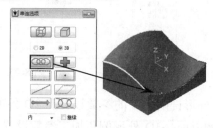

图 8-100　选取串连

(3) 系统弹出"2D 刀具路径"参数对话框，该对话框用来选取 2D 加工类型，选取类型为"外形"，如图 8-101 所示。

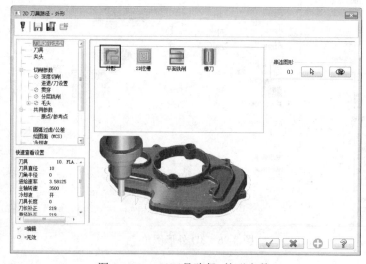

图 8-101　2D 刀具路径-外形参数

（4）在外形参数对话框中单击"刀具"选项，系统弹出"刀具"设置项，用来设置刀具及相关参数，如图 8-102 所示。

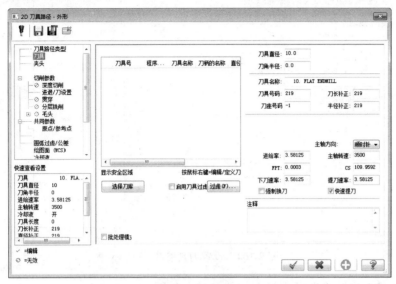

图 8-102　刀具参数

（5）在"刀具"参数设置项的空白处单击右键，从右键菜单中选择"创建新刀具"选项，弹出定义刀具对话框，如图 8-103 所示。选取刀具类型为"Chamfer Mill"，系统弹出新建刀具对话框，将参数设置为直径 D8 的倒角刀，底部宽度为 0，锥度角为 45°，如图 8-104所示。单击"确定" ✓ 按钮，完成设置。

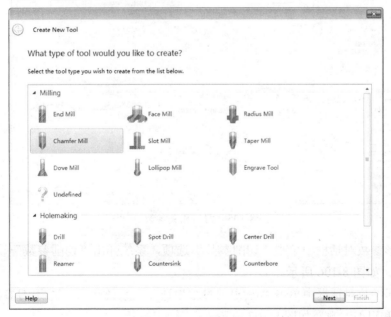

图 8-103　定义刀具

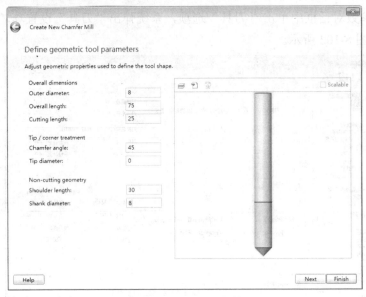

图 8-104　设置刀具参数

(6) 在"刀具"参数设置项中设置相关参数，如图 8-105 所示。单击"确定" ✓ 按钮完成刀具参数设置。

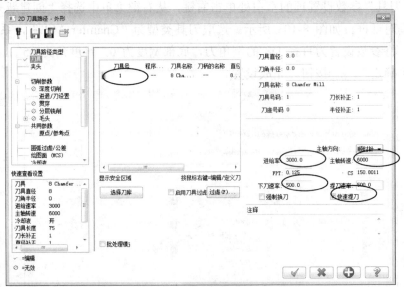

图 8-105　刀具相关参数

(7) 在外形参数对话框中单击"切削参数"选项，系统弹出"切削参数"设置项，用来设置切削参数，如图 8-106 所示。

(8) 在外形参数对话框中单击"进/退刀参数"选项，系统弹出"进/退刀参数"设置项，用来设置进刀和退刀参数，如图 8-107 所示。

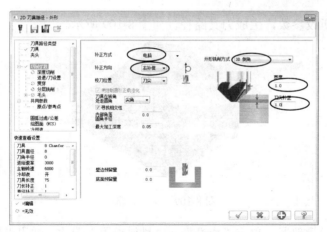

图 8-106　切削参数

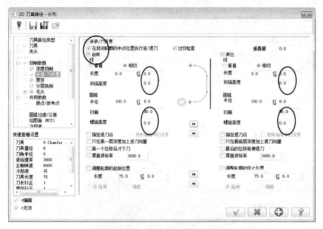

图 8-107　进/退刀参数

(9) 在外形参数对话框中单击"共同参数"选项，系统弹出"共同参数"设置项，用来设置二维刀具路径共同的参数，图 8-108 所示。

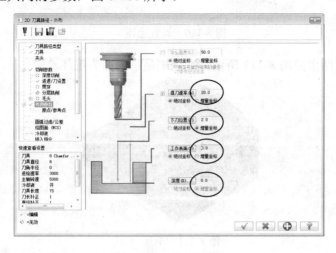

图 8-108　共同参数

(10) 系统根据所设参数，生成刀具路径，如图 8-109 所示。

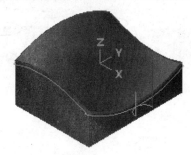

图 8-109　生成刀路

(11) 在刀具路径管理器中单击"属性"→"材料设置"选项，弹出"机器群组属性"对话框，单击"材料设置"标签，打开"材料设置"选项卡，按图 8-110 所示设置加工坯料的尺寸，单击"确定" ✅ 按钮完成参数设置。

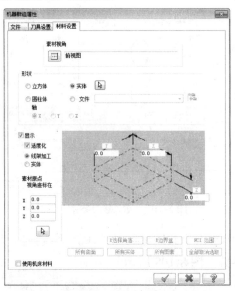

图 8-110　设置毛坯

(12) 坯料设置结果如图 8-111 所示，虚线框显示的即为毛坯。

图 8-111　毛坯

(13) 单击"实体模拟" <img_1 /> 按钮，弹出实体切削验证对话框，如图 8-112 所示。

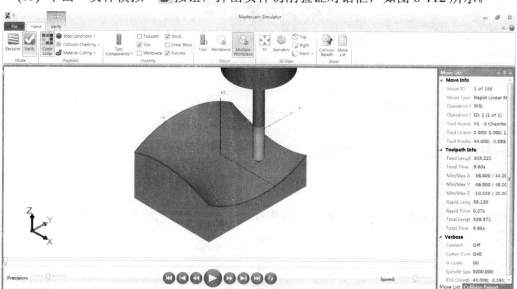

图 8-112　"实体切削验证"对话框

(14) 单击"播放" ▶ 按钮，模拟结果如图 8-113 所示。

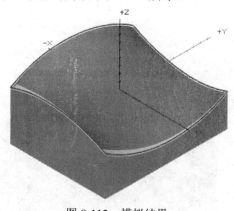

图 8-113　模拟结果

8.3　本章小结

　　本章主要讲解外形铣削加工，包括 2D 外形铣削加工、2D 外形倒角加工、外形铣削斜插加工、外形铣削残料加工以及外形铣削摆线式加工。其中 2D 外形铣削加工是最基本的加工方式，用户需要重点掌握。倒角加工和残料加工在实际工作中会经常用到，对专门的倒角和角落残料加工比较方便。对于 3D 外形加工及其倒角加工，在特殊的 3D 模型上可以进行应用，用户掌握其操作步骤即可。

8.4 本章习题

一、填空题

1. 外形加工类型包括_____、_____、_____、_____、_____等5 种加工方式。

2. 3D 外形铣削即是按照选取的_____进行走刀。

二、上机题

采用外形铣削对如图 8-114 所示的图形进行加工,加工结果如图 8-115 所示。

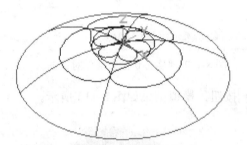

图 8-114 加工的图形

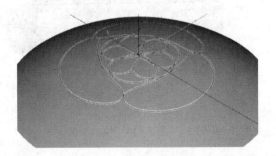

图 8-115 结果

第 9 章

二维挖槽加工

二维挖槽加工刀具路径主要用来切除封闭的或开放的外形所包围的材料(槽形)。系统会自动侦测槽内的残料并进行清除,所以 Mastercam 挖槽加工去残料的效率是非常高的,而且不需要设置外形分层的层数,系统根据选取的槽形轮廓线自动计算需要走刀的次数。

 学习目标

❖ 理解挖槽加工的原理。
❖ 理解槽内岛屿概念。
❖ 掌握挖槽加工的操作技巧。
❖ 掌握开放式挖槽加工的操作技巧。

9.1 挖槽加工

在主菜单选择"刀具路径"→"2D 挖槽"命令，选取串连后单击"确定"按钮，系统弹出"2D 刀具路径-2D 挖槽"对话框，在该对话框中单击"切削参数"选项，系统弹出切削参数设置项，在"挖槽加工方式"栏可以设置 2D 挖槽加工类型，如图 9-1 所示。2D 挖槽加工刀具路径有标准(2D 挖槽)、平面铣削、使用岛屿深度、残料加工和打开(开放式挖槽)5 种挖槽加工类型。

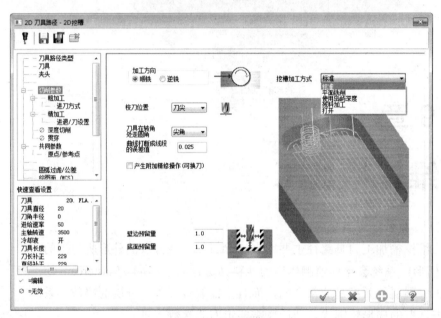

图 9-1　挖槽类型

9.1.1 2D 挖槽

2D 挖槽加工专门对平面槽形工件加工，且二维加工轮廓必须是封闭的，不能是开放的。用 2D 挖槽加工槽形的轮廓时，参数设置非常方便，系统根据轮廓自动计算走刀次数，无需用户计算。此外，2D 挖槽加工采用逐层加工的方式，在每一层内，刀具会以最少的刀具路径、最快的速度去除残料，因此 2D 挖槽加工效率非常高。

在主菜单选择"刀具路径"→"2D 挖槽"命令，选取挖槽串连并确定后，系统弹出"2D 刀具路径"对话框，选取刀具路径类型为"2D 挖槽"选项，系统弹出"2D 刀具路径-2D 挖槽"对话框，如图 9-2 所示。

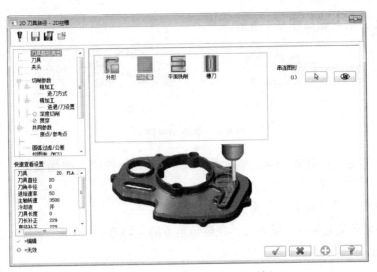

图 9-2 "2D 刀具路径"对话框

1. 切削参数

在"2D 刀具路径-2D 挖槽"对话框中可以设置生成挖槽刀具路径的基本挖槽参数,包括切削参数和共同参数等,下面主要讲解切削参数。

在"2D 刀具路径-2D 挖槽"对话框中单击"切削参数"选项,系统弹出"切削参数"设置项,用来设置切削有关的参数,如图 9-3 所示。

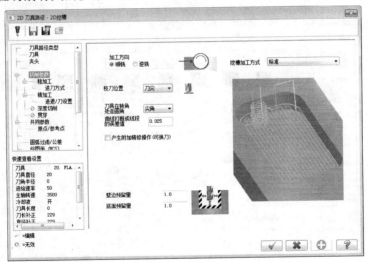

图 9-3 切削参数

各选项含义如下:

◆ 加工方向:用来设置刀具相对工件的加工方向,有顺铣和逆铣两种。

● 顺铣:根据顺铣的方向生成挖槽的加工刀具路径。

● 逆铣:根据逆铣的方向生成挖槽的加工刀具路径。

顺铣与逆铣的示意图如图 9-4 所示。

顺铣   逆铣

图 9-4　顺铣和逆铣

◇　挖槽加工方式：用来设置挖槽的类型，有标准(2D 挖槽)、平面铣削、使用岛屿深度、残料加工和打开(开放式轮廓)挖槽。

◇　校刀位置：设置校刀参考为刀尖或球心。

◇　刀具在转角处走圆角：设置刀具在转角地方的走刀方式，有无、全部和尖角 3 个选项。

- 无：不走圆弧。
- 全部：全部走圆弧。
- 尖角：小于 135° 的尖角走圆弧。

◇　壁边预留量：XY 方向上预留残料量。

◇　底面预留量：槽底部 Z 方向上预留残料量。

2. 粗加工参数

在"2D 刀具路径-2D 挖槽"对话框中单击"粗加工"选项，系统弹出"粗加工"设置项，用来设置粗加工参数，如图 9-5 所示。

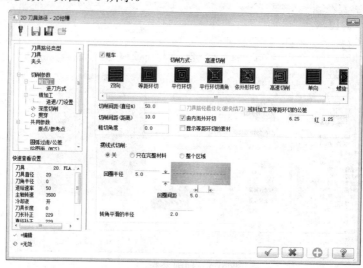

图 9-5　粗加工参数

各选项含义如下：

◇　切削方式：设置切削加工的走刀方式，共有 8 种。

- 双向切削：产生一组来回的直线刀具路径来切削槽。刀具路径的方向由粗切角度决定，如图 9-6 所示。

- 单向切削：产生的刀具路径与双向类似，所不同的是单向切削的刀具路径按同一个方向切削，如图 9-7 所示。

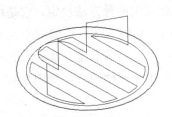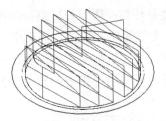

图 9-6　双向　　　　　　　　　　　　　　　图 9-7　单向

- 等距环切：以等距切削的螺旋方式产生挖槽刀具路径，如图 9-8 所示。
- 平行环切：以平行螺旋方式产生挖槽刀具路径，如图 9-9 所示。

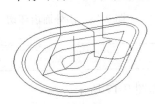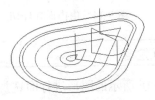

图 9-8　等距环切　　　　　　　　　　　　　图 9-9　平行环切

- 平行环切并清角：以平行螺旋并清角的方式产生挖槽刀具路径,如图 9-10 所示。
- 依外形环切：依外形螺旋方式产生挖槽刀具路径，如图 9-11 所示。

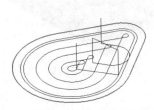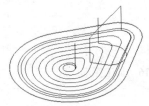

图 9-10　平行环切并清角　　　　　　　　　图 9-11　依外形环切

- 高速切削：以圆弧、螺旋进行摆动式产生挖槽刀具路径，如图 9-12 所示。
- 螺旋切削：以平滑的圆弧方式产生高速切削的挖槽刀具路径，如图 9-13 所示。

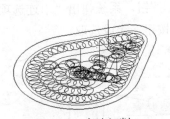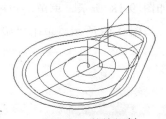

图 9-12　高速切削　　　　　　　　　　　　图 9-13　螺旋切削

- ◇ 切削间距：设置两条刀具路径之间的距离。
  - 直径的百分比：以刀具直径的百分比来定义刀具路径的间距,一般为 60%~75%。
  - 距离：直接以距离来定义刀具路径的间距。它与直径百分比选项是连动的。

◆ 粗切角度：用来控制刀具路径的铣削方向，指的是刀具路径切削方向与 X 轴的夹角。此项只有粗切方式为双向和单向切削时才激活可用。

◆ 由内而外环切：环切刀具路径的挖槽进刀起点由两种方法决定，它是由"由内而外环切"复选框来决定的。当选中该复选框时，切削方法以挖槽中心或用户指定的起点开始，螺旋切削至挖槽边界，如图 9-14 所示。当未选中该复选框时，切削方法以挖槽边界或用户指定的起点开始，螺旋切削至挖槽中心，如图 9-15 所示。

图 9-14　由内而外环切

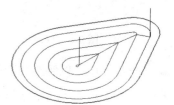
图 9-15　由外而内环切

案例 9-1：2D 挖槽

对如图 9-16 所示的图形进行面铣加工，加工结果如图 9-17 所示。

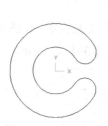
图 9-16　加工图形

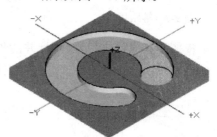
图 9-17　加工结果

操作步骤：

(1) 在工具栏单击"打开" 按钮，从光盘打开"源文件/第 9 章/9-1.mcx-7"，单击"确定" 按钮完成文件的调取。

(2) 在主菜单选择"刀具路径"→"2D 挖槽"命令，弹出"输入新 NC 名称"对话框，按默认名称，如图 9-18 所示。再单击"确定" 按钮，系统弹出"串连选项"对话框，选取串连，方向如图 9-19 所示。单击"确定" 按钮，完成选取。

图 9-18　输入新 NC 名称

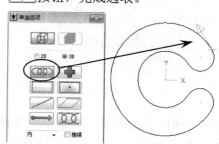
图 9-19　选取串连

(3) 系统弹出"2D 刀具路径"参数对话框，该对话框用来选取 2D 加工类型，选取类型为 2D 挖槽，如图 9-20 所示。

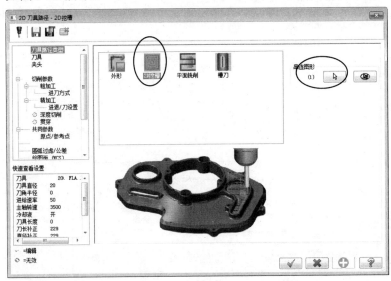

图 9-20　"2D 刀具路径-2D 挖槽"对话框

(4) 在"2D 挖槽"对话框中单击"刀具"选项，系统弹出"刀具"设置项，用来设置刀具及相关参数，如图 9-21 所示。

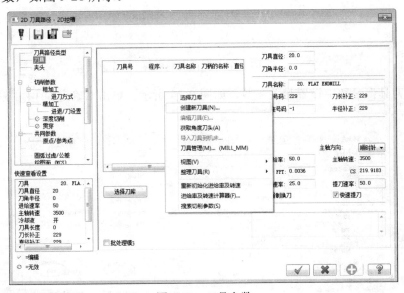

图 9-21　刀具参数

(5) 在"刀具"参数项的空白处单击右键，从右键菜单中选择"创建新刀具"选项，弹出定义刀具对话框，如图 9-22 所示。选取刀具类型为"End Mill"，系统弹出新建刀具对话框，将参数设置为直径 D10 的平底刀，如图 9-23 所示。单击"确定" 按钮，完成设置。

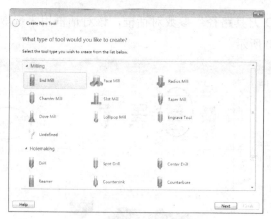

图 9-22　定义刀具

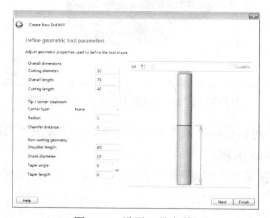

图 9-23　设置刀具参数

(6) 在"刀具"参数中设置相关参数，如图 9-24 所示。单击"确定" ☑ 按钮完成刀具参数设置。

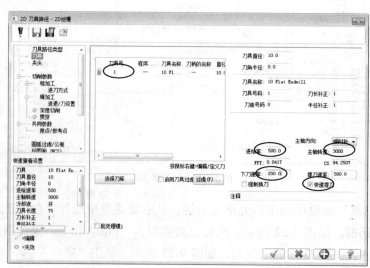

图 9-24　刀具相关参数

（7）在"2D 挖槽"对话框中单击"切削参数"选项，系统弹出"切削参数"设置项，用来设置切削相关参数，如图 9-25 所示。

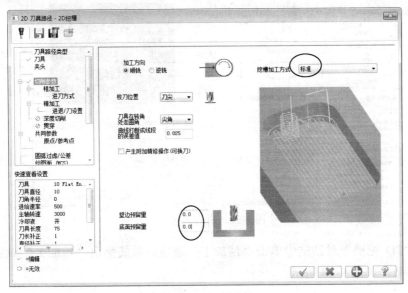

图 9-25　切削参数

（8）在"2D 挖槽"对话框中单击"粗加工"选项，系统弹出"粗加工"设置项，用来设置粗切削走刀以及刀间距等参数，如图 9-26 所示。

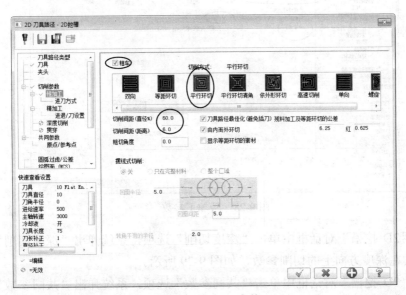

图 9-26　粗加工参数

（9）在"2D 挖槽"对话框中单击"进刀模式"选项，系统弹出"进刀方式"设置项，用来设置进刀方式。选取进刀方式为斜降下刀，如图 9-27 所示。

图 9-27　进刀方式

(10) 在"2D 挖槽"对话框中单击"精加工"选项，系统弹出"精加工"设置项，用来设置精加工参数，如图 9-28 所示。

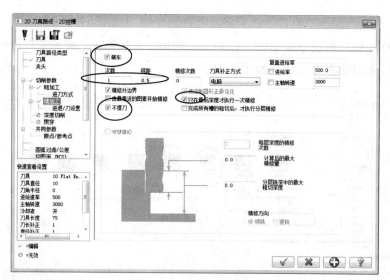

图 9-28　精加工参数

(11) 在"2D 挖槽"对话框中单击"深度切削"选项，系统弹出"深度切削"设置项，用来设置刀具在深度方向上的切削参数，如图 9-29 所示。

(12) 在"2D 挖槽"对话框中单击"共同参数"选项，系统弹出"共同参数"设置项，用来设置二维刀具路径共同的参数，如图 9-30 所示。

(13) 系统根据所设参数，生成刀具路径，如图 9-31 所示。

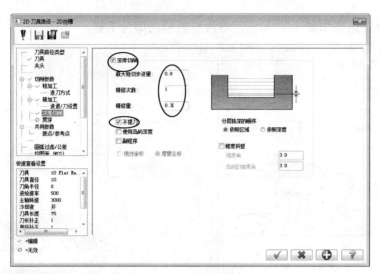

图 9-29　深度切削参数

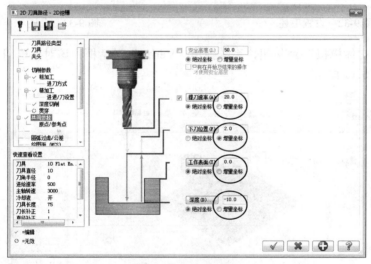

图 9-30　共同参数

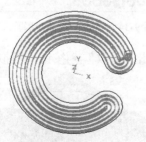

图 9-31　生成刀路

(14) 在刀具路径管理器中单击"属性"→"材料设置"选项,弹出"机器群组属性"对话框,单击"材料设置"标签,打开"材料设置"选项卡,如图 9-32 所示设置加工坯料的尺寸,单击"确定" ✓ 按钮完成参数设置。

(15) 坯料设置结果如图 9-33 所示，虚线框显示的即为毛坯。

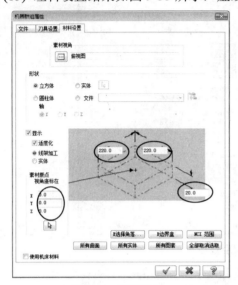

图 9-32　设置毛坯

图 9-33　毛坯

(16) 单击"实体模拟" 按钮，系统弹出"Verify"对话框，该对话框用来设置实体模拟的参数，如图 9-34 所示。

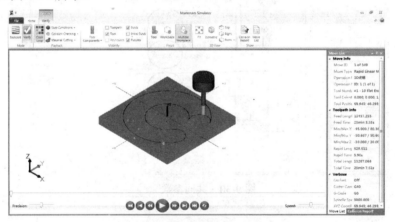

图 9-34　"Verify"对话框

(17) 在"Verify"对话框中单击"播放" 按钮，模拟结果如图 9-35 所示。

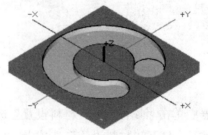

图 9-35　模拟结果

9.1.2　平面铣削

在"2D 挖槽"对话框中，单击"切削参数"选项，系统弹出"切削参数"设置项，设置"挖槽加工方式"为"平面铣削"选项，该项专门用来在原有的刀路边界上额外地扩充部分刀路，如图 9-36 所示。

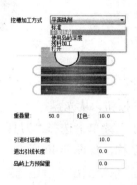

图 9-36　挖槽平面加工

其部分参数含义如下。

◇　重叠量：设置刀具路径向外扩展宽度，与前面的刀具重叠百分比是连动的。

◇　引进时延伸长度：输入进刀时引线的长度。

◇　退出引线长度：输入退刀时引线的长度。

9.1.3　使用岛屿深度

在"2D 挖槽"对话框中，单击"切削参数"选项，系统弹出"切削参数"设置项，设置"挖槽加工方式"为"使用岛屿深度"选项，该项专门用来控制岛屿的加工深度，如图 9-37所示。岛屿深度的控制参数主要是"岛屿上方预留量"，此值应是负值，含义与槽深度类似，是岛屿的上方距离工件表面的深度值。

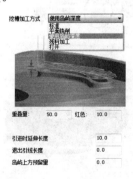

图 9-37　使用岛屿深度

案例 9-2：使用岛屿深度加工

对如图 9-38 所示的图形进行加工，加工结果如图 9-39 所示。

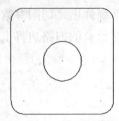

图 9-38　源文件

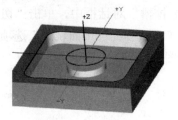

图 9-39　加工结果

操作步骤：

(1) 在工具栏单击"打开" 按钮，从光盘打开"源文件/第 9 章/9-2.mcx-7"，单击"确定" 按钮完成文件的调取。在主菜单上选择"刀具路径"→"2D 挖槽"命令，弹出"输入新 NC 名称"对话框，按默认名称，如图 9-40 所示。

(2) 再单击"确定" 按钮，系统弹出"串连选项"对话框，选取串连，方向如图 9-41 所示。单击"确定" 按钮，完成选取。

图 9-40　"输入新 NC 名称"对话框

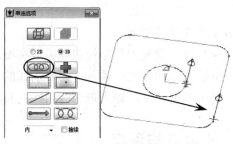

图 9-41　选取串连

(3) 系统弹出"2D 刀具路径"参数对话框，该对话框用来选取 2D 加工类型，选取类型为 2D 挖槽，如图 9-42 所示。

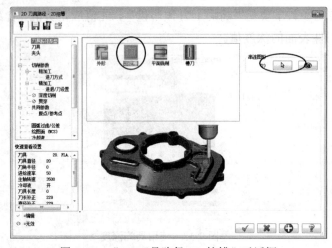

图 9-42　"2D 刀具路径-2D 挖槽"对话框

（4）在"2D 挖槽"对话框中单击"刀具"选项，系统弹出"刀具"参数设置项，用来设置刀具及相关参数，如图 9-43 所示。

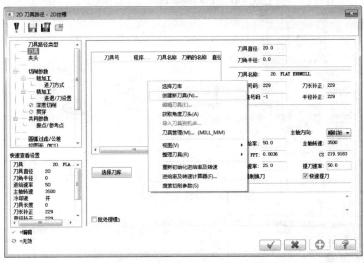

图 9-43　刀具参数

（5）在"刀具"参数设置项的空白处单击右键，从右键菜单中选择"创建新刀具"选项，弹出定义刀具对话框，如图 9-44 所示。选取刀具类型为"End Mill"，系统弹出新建刀具对话框，将参数设置为直径 D10 的平底刀，如图 9-45 所示。单击"确定" ✓ 按钮，完成设置。

图 9-44　定义刀具

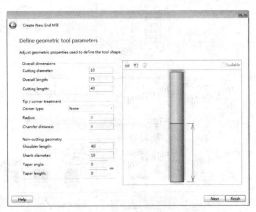

图 9-45　设置刀具参数

（6）在"刀具"参数选项中设置相关参数，如图 9-46 所示。单击"确定" ✓ 按钮完成刀具参数设置。

（7）在"2D 挖槽"对话框中单击"切削参数"选项，系统弹出"切削参数"设置项，用来设置切削相关参数，如图 9-47 所示。

（8）在"2D 挖槽"对话框中单击"粗加工"选项，系统弹出"粗加工"设置项，用来设置粗切削走刀以及刀间距等参数，如图 9-48 所示。

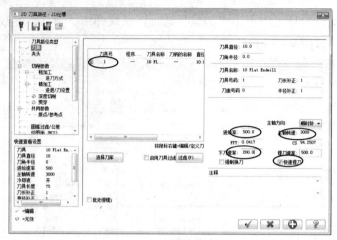

图 9-46　刀具相关参数

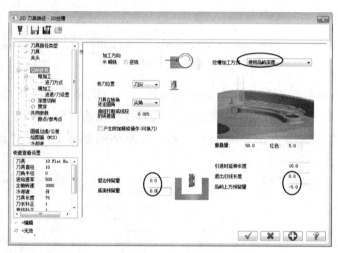

图 9-47　切削参数

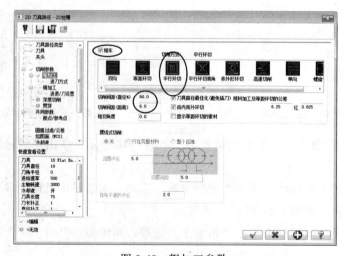

图 9-48　粗加工参数

(9) 在"2D 挖槽"对话框中单击"精加工"选项，系统弹出"精加工"设置项，用来设置精加工参数，如图 9-49 所示。

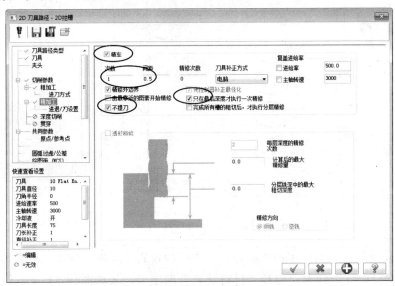

图 9-49　精加工参数

(10) 在"2D 挖槽"对话框中单击"深度切削"选项，系统弹出"深度切削"设置项，用来设置刀具在深度方向上切削参数，如图 9-50 所示。

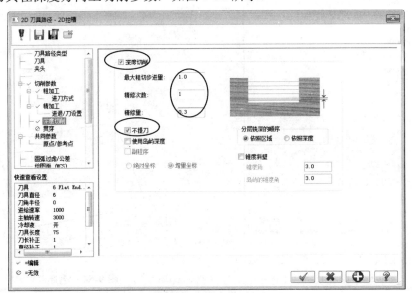

图 9-50　深度切削参数

(11) 在"2D 挖槽"对话框中单击"共同参数"选项，系统弹出"共同参数"设置项，用来设置二维刀具路径共同的参数，如图 9-51 所示。

(12) 系统根据所设参数，生成刀具路径，如图 9-52 所示。

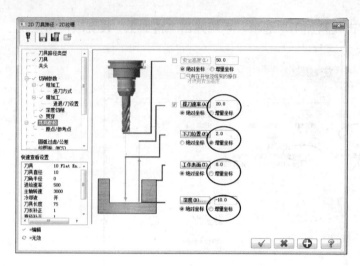

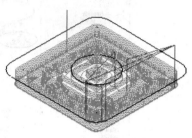

图 9-51　共同参数　　　　　　　　　　　图 9-52　生成刀路

(13) 在刀具路径管理器中单击"属性"→"材料设置"选项，弹出"机器群组属性"对话框，单击"材料设置"标签，打开"材料设置"选项卡，按如图 9-53 所示设置加工坯料的尺寸，单击"确定"　按钮完成参数设置。

(14) 坯料设置结果如图 9-54 所示，虚线框显示的即为毛坯。

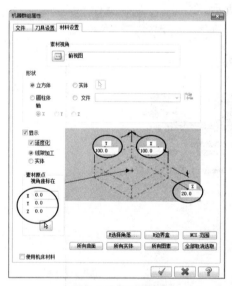

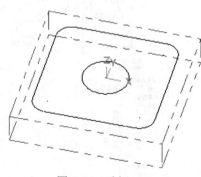

图 9-53　设置毛坯　　　　　　　　　　　图 9-54　毛坯

(15) 单击"实体模拟"　按钮，系统弹出"Verify"对话框，该对话框用来设置实体模拟的参数，如图 9-55 所示。

(16) 在"Verify"对话框中单击"播放"　按钮，模拟结果如图 9-56 所示。

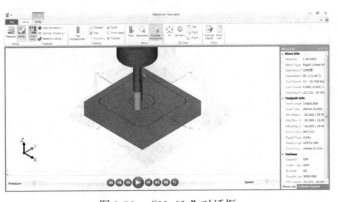

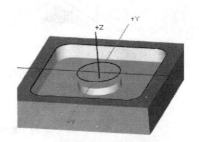

图 9-55　"Verify"对话框　　　　　　　图 9-56　模拟结果

9.1.4　残料加工

残料加工一般用于铣削上一次挖槽加工后留下的残余材料。残料加工可以用来加工以前加工预留的部分，也可以用来加工由于采用大直径刀具在转角处不能被铣削的部分。在"2D挖槽"对话框中，单击"切削参数"选项，系统弹出"切削参数"设置项，设置"挖槽加工方式"为"残料加工"选项，该项专门用来清除残料，如图 9-57 所示。通常采用大直径刀具进行快速地清除残料，提高效率，因此就需要采用小直径刀具清除残料，如图 9-58 所示为残料加工结果。

图 9-57　残料加工参数　　　　　　　图 9-58　残料加工结果

其部分参数含义如下。

❖　剩余材料的计算是来自：设置剩余材料的计算依据，包括如下 3 项。

● 所有先前的操作：系统对前面所有的操作所留下来的残料进行计算。

● 前一个操作：依据前一操作留下来的残料进行计算。

● 粗切刀具直径：输入先前刀具路径所使用的刀具直径，依据此刀具直径在曲面上加工所留下来的残料进行计算。

如图 9-59 所示为刀具路径设置百分比为 100%的效果，如图 9-60 所示为刀具路径设置百分比为 200%的效果，很明显刀具路径变长了。

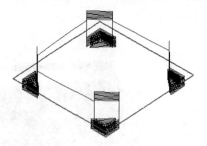 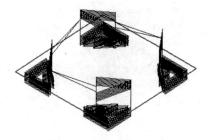

图 9-59　百分比为 100%　　　　　　图 9-60　百分比为 200%

❖　在粗切路径加上进/退刀引线：在粗切刀具路径上增加进刀或退刀引线。

❖　精修所有的外形：在所有外形上进行精修操作。

❖　显示材料：选中该复选框时，在参数设置完毕后，会将粗加工能加工到的区域，精加工能加工到的区域，以及最后剩余的材料区域分别显示在屏幕上，供用户参考。

案例 9-3：残料加工

对如图 9-61 所示的图形进行加工，结果如图 9-62 所示。

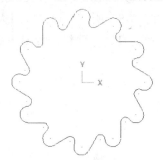 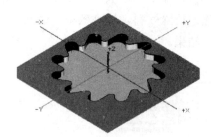

图 9-61　待加工图形　　　　　　　　图 9-62　加工结果

操作步骤：

(1) 在工具栏单击"打开" 按钮，从光盘打开"源文件/第 9 章/9-3.mcx-7"，单击"确定" 按钮完成文件的调取。

(2) 在主菜单选择"刀具路径"→"2D 挖槽"命令，系统弹出"串连选项"对话框，选取串连，方向如图 9-63 所示。单击"确定" 按钮，完成选取。

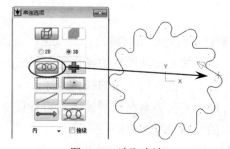

图 9-63　选取串连

(3) 系统弹出"2D 刀具路径"参数对话框，该对话框用来选取 2D 加工类型，选取类型为 2D 挖槽，如图 9-64 所示。

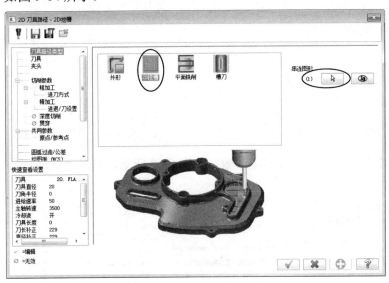

图 9-64　2D 刀具路径-2D 挖槽

(4) 在"2D 挖槽"对话框中单击"刀具"选项，系统弹出"刀具"设置项，用来设置刀具及相关参数，如图 9-65 所示。

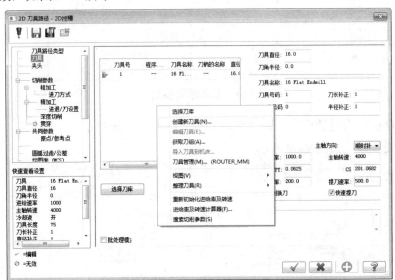

图 9-65　刀具参数

(5) 在"刀具"参数项的空白处单击右键，从右键菜单中选择"创建新刀具"选项，弹出定义刀具对话框，如图 9-66 所示。选取刀具类型为"End Mill"，系统弹出新建刀具对话框，将参数设置为直径 D8 的平底刀，如图 9-67 所示。单击"确定" 按钮，完成设置。

图 9-66　定义刀具

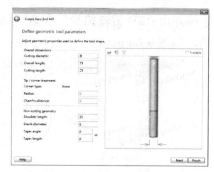
图 9-67　设置刀具参数

(6) 在"刀具"参数项中设置相关参数，如图 9-68 所示。单击"确定" ✓ 按钮完成刀具参数设置。

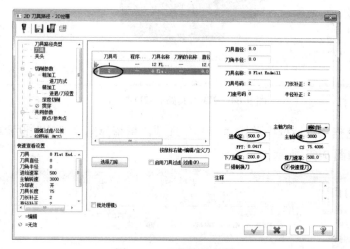
图 9-68　刀具相关参数

(7) 在"2D 挖槽"对话框中单击"切削参数"选项，系统弹出"切削参数"设置项，用来设置切削相关参数，如图 9-69 所示。

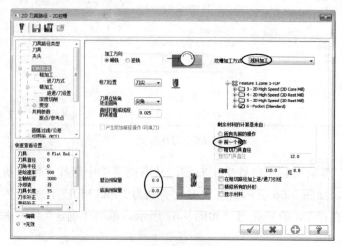
图 9-69　切削参数

(8) 在"2D 挖槽"对话框中单击"粗加工"选项，系统弹出"粗加工"设置项，用来设置粗切削走刀以及刀间距等参数，如图 9-70 所示。

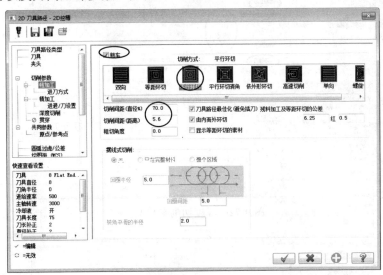

图 9-70　粗加工参数

(9) 在"2D 挖槽"对话框中单击"精加工"选项，系统弹出"精加工"设置项，用来设置精加工参数。将精加工关闭，如图 9-71 所示。

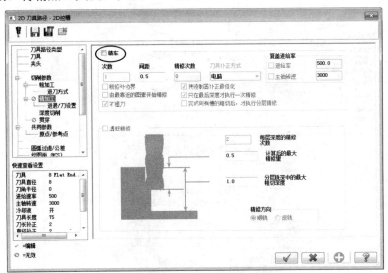

图 9-71　精加工参数

(10) 在"2D 挖槽"对话框中单击"深度切削"选项，系统弹出"深度切削"设置项，用来设置刀具在深度方向上的切削参数，如图 9-72 所示。

(11) 在"2D 挖槽"对话框中单击"共同参数"选项，系统弹出"共同参数"设置项，用来设置二维刀具路径共同的参数，如图 9-73 所示。

(12) 系统根据所设参数，生成刀具路径，如图 9-74 所示。

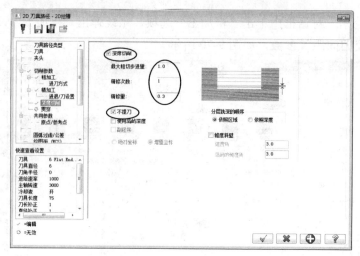

图 9-72　深度切削参数

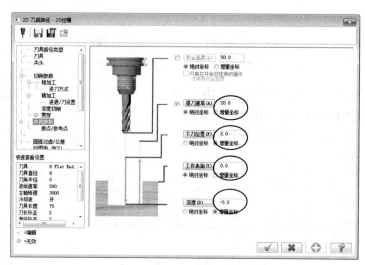

图 9-73　共同参数

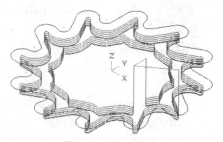

图 9-74　生成刀路

(13) 在刀具路径管理器中单击"属性"→"材料设置"选项,弹出"机器群组属性"对话框,单击"材料设置"标签,打开"材料设置"选项卡,如图 9-75 所示为设置加工坯料的尺寸,单击"确定" 按钮完成参数设置。

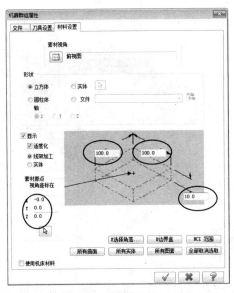

图 9-75　设置毛坯

(14) 坯料设置结果如图 9-76 所示，虚线框显示的即为毛坯。

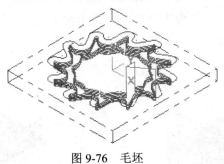

图 9-76　毛坯

(15) 单击"实体模拟" 按钮，系统弹出"Verify"对话框，该对话框用来设置实体模拟的参数，如图 9-77 所示。

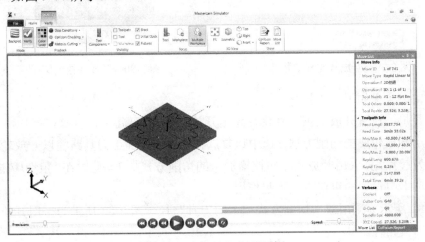

图 9-77　"Verify"对话框

(16) 在"Verify"对话框中单击"播放" ▶ 按钮，模拟结果如图 9-78 所示。

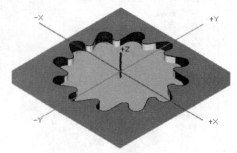

图 9-78　模拟结果

9.1.5　开放式挖槽

由于 2D 挖槽要求串连必须封闭，因而对于一些开放的串连，就无法进行 2D 挖槽。开放式挖槽就是专门针对串连不封闭的零件进行加工。在"2D 挖槽"对话框中，单击"切削参数"选项，系统弹出"切削参数"设置项，设置"挖槽加工方式"为"打开"选项，该选项专门用来加工开放式轮廓，如图 9-79 所示。由于轮廓是开放的，因而可以采用从切削范围外进刀。因此，开放式轮廓挖槽进刀非常安全，而且可以使用专门的开放轮廓切削方法来加工。如图 9-80 所示即为采用开放式挖槽的结果。

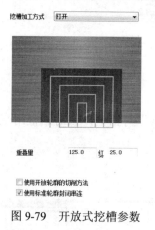

图 9-79　开放式挖槽参数

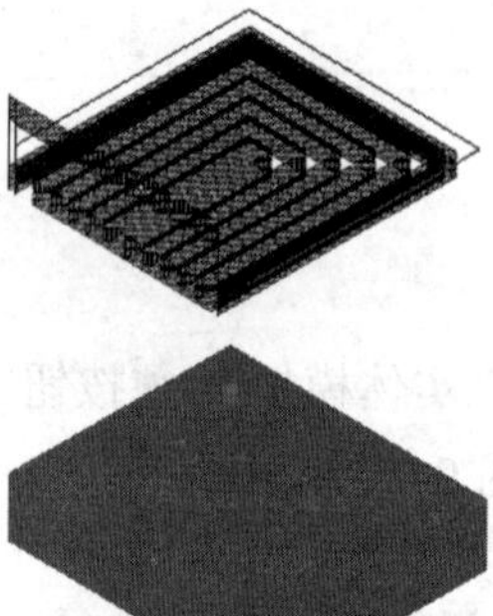

图 9-80　开放式挖槽结果

其部分参数含义如下。

◇　重叠量：设置开放加工刀具路径超出开放边界的距离。

◇　使用开放轮廓的切削方法：选中该复选框，开放式加工刀具路径以开放轮廓的端点作为起点，并采用开放式轮廓挖槽加工的切削方式加工，此时在"粗切/精修的参数"选项卡中设置的粗切方式不起作用。

如图 9-81 所示为采用双向切削方式加工的刀具路径，图 9-82 所示为采用开放挖槽切削方式加工的刀具路径。

图 9-81　双向切削方式

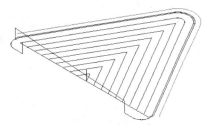

图 9-82　开放挖槽切削方式

案例 9-4：开放式挖槽

对如图 9-83 所示的图形进行加工，加工结果如图 9-84 所示。

图 9-83　待加工图形

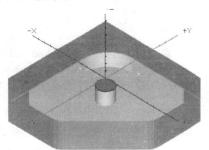

图 9-84　加工结果

操作步骤：

(1) 在工具栏单击"打开" 按钮，从光盘打开"源文件/第 9 章/9-4.mcx-7"，单击"确定" 按钮完成文件的调取。

(2) 在主菜单上选择"刀具路径"→"2D 挖槽"命令，系统弹出"输入新 NC 名称"对话框，按默认名称，单击"确定"按钮后系统弹出"串连选项"对话框，选取串连，方向如图 9-85 所示。单击"确定" 按钮，完成选取。

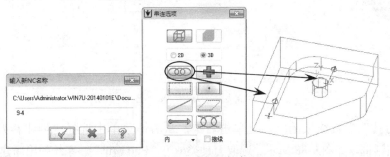

图 9-85　选取串连

(3) 系统弹出"2D 刀具路径"参数对话框，该对话框用来选取 2D 加工类型，选取类型为 2D 挖槽，如图 9-86 所示。

223

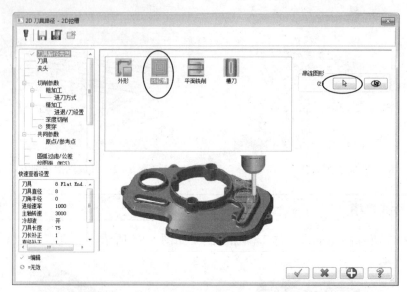

图 9-86　"2D 刀具路径-2D 挖槽"对话框

(4) 在"2D 挖槽"对话框中单击"刀具"选项，系统弹出"刀具"设置项，用来设置刀具及相关参数，如图 9-87 所示。

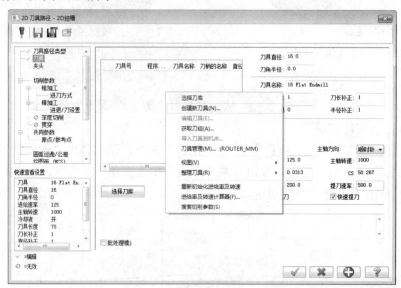

图 9-87　刀具参数

(5) 在"刀具"参数选项的空白处单击右键，从右键菜单中选择"创建新刀具"选项，弹出定义刀具对话框，如图 9-88 所示。选取刀具类型为"End Mill"，系统弹出新建刀具对话框，将参数设置为直径 D8 的平底刀，如图 9-89 所示。单击"确定" □ 按钮，完成设置。

(6) 在"刀具"参数选项中设置相关参数，如图 9-90 所示。单击"确定" □ 按钮完成刀具参数设置。

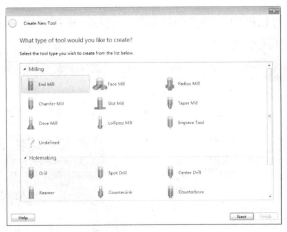

图 9-88　定义刀具

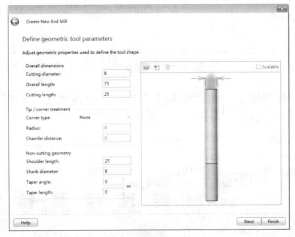

图 9-89　设置刀具参数

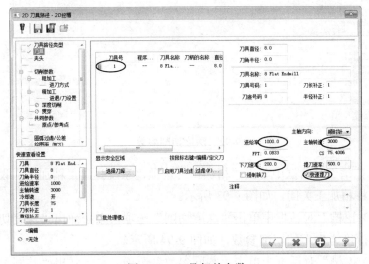

图 9-90　刀具相关参数

(7) 在"2D 挖槽"对话框中单击"切削参数"选项，系统弹出"切削参数"设置项，用来设置切削相关参数，如图 9-91 所示。

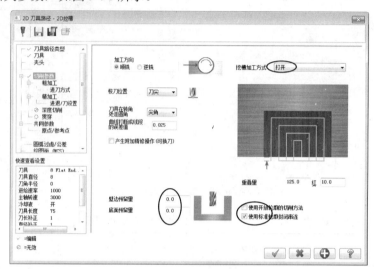

图 9-91　切削参数

(8) 在"2D 挖槽"对话框中单击"粗加工"选项，系统弹出"粗加工"设置项，用来设置粗切削走刀以及刀间距等参数，如图 9-92 所示。

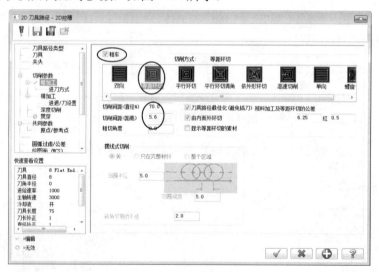

图 9-92　深度切削参数

(9) 在"2D 挖槽"对话框中单击"精加工"选项，系统弹出"精加工"设置项，用来设置精加工参数。将精加工关闭，如图 9-93 所示。

(10) 在"2D 挖槽"对话框中单击"深度切削"选项，系统弹出"深度切削"设置项，用来设置刀具在深度方向上的切削参数，如图 9-94 所示。

(11) 在"2D 挖槽"对话框中单击"共同参数"选项，系统弹出"共同参数"设置项，用来设置二维刀具路径共同的参数，如图 9-95 所示。

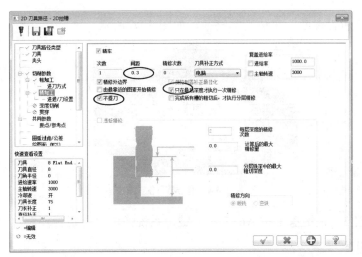

图 9-93　精加工参数

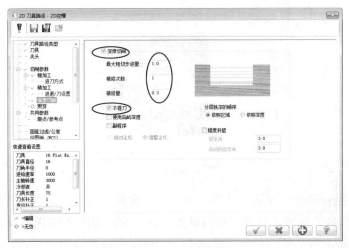

图 9-94　深度切削参数

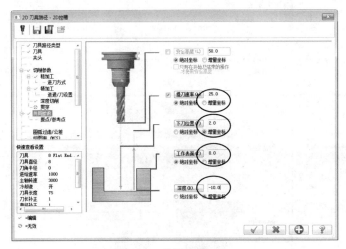

图 9-95　共同参数

(12) 系统根据所设参数，生成刀具路径，如图 9-96 所示。

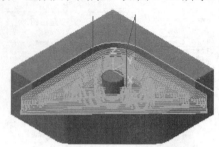

图 9-96 生成刀路

(13) 打开图层 3。在键盘上按 Alt+Z 组合键，系统弹出"层别管理"对话框，将第 3 层突显栏打开，如图 9-97 所示。

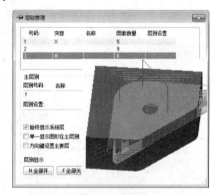

图 9-97 打开图层

(14) 在刀具路径管理器中单击"属性"→"材料设置"选项，弹出"机器群组属性"对话框，单击"材料设置"标签，打开"材料设置"选项卡，如图 9-98 所示设置加工坯料为实体，并选取图层 3 显示的实体，单击"确定" ☑ 按钮完成参数设置。

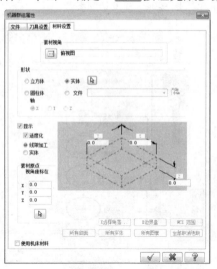

图 9-98 设置毛坯

(15) 坯料设置结果如图 9-99 所示，虚线框显示的即为毛坯。

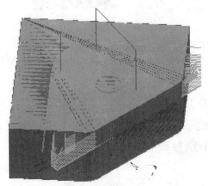

图 9-99　毛坯

(16) 单击"实体模拟" 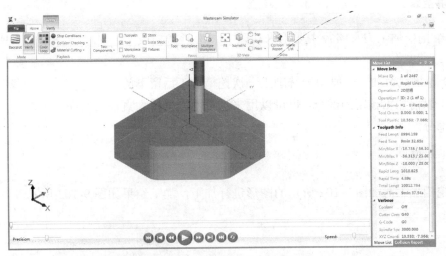 按钮，系统弹出"Verify"对话框，该对话框用来设置实体模拟的参数，如图 9-100 所示。

图 9-100　"Verify"对话框

(17) 在"Verify"对话框中单击"播放" 按钮，模拟结果如图 9-101 所示。

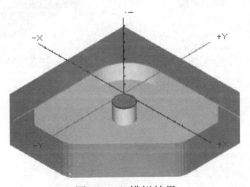

图 9-101　模拟结果

9.2　本章小结

　　本章主要讲解二维挖槽刀具路径。二维挖槽刀具路径是 Mastercam 系统中非常好的刀路，计算时间短，加工效率高。

　　本章重点掌握 2D 挖槽加工刀具路径，掌握其他衍生的挖槽加工方式，如平面挖槽加工、岛屿深度挖槽加工、残料挖槽加工、开放式挖槽加工等。不过这些挖槽加工参数和基本的标准 2D 挖槽加工相同，只有个别参数有一点变化。

9.3　本章习题

一、填空题

　　1. 二维挖槽加工刀具路径主要用来切除＿＿＿＿＿＿＿或＿＿＿＿＿＿＿的外形所包围的材料(槽形)。

　　2. 2D 挖槽残料加工一般用于铣削上一次挖槽加工后留下的＿＿＿＿＿＿＿。残料加工可以用来加工以前加工预留的部分，也可以用来加工由于采用大直径刀具在＿＿＿＿＿＿处不能被铣削的部分。

二、上机题

　　采用挖槽加工对如图 9-102 所示的图形进行加工，加工结果如图 9-103 所示。

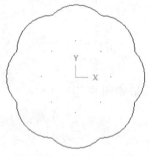

图 9-102　待加工模型

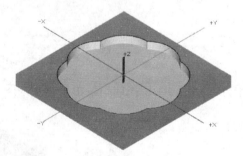

图 9-103　加工结果

第 10 章

钻　　削

钻削加工主要针对的是圆孔。采用麻花钻进行钻削加工，当孔径较大时，采用铣刀进行铣削加工。主要有钻孔、全圆铣削和螺旋铣孔加工。

 学习目标

◆　了解钻孔排序方式。

◆　掌握钻孔基本操作技巧。

◆　了解全圆铣削的原理及其应用。

◆　掌握螺旋铣孔加工操作步骤。

10.1 钻削加工

钻孔刀具路径主要用于钻孔、镗孔和攻牙等加工的刀具路径。钻孔加工除了要设置通用参数外还要设置专用钻孔参数。

在主菜单选择"刀具路径"→"钻孔"命令，选取钻孔点后单击"确定"按钮，系统弹出"2D 具路径-钻孔/全圆铣削深孔钻-无啄孔"对话框，选取类型为"钻孔"，如图 10-1 所示。

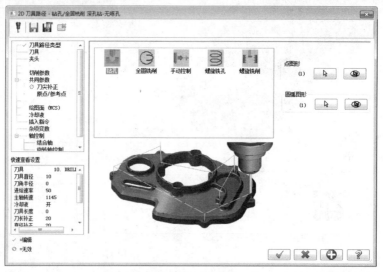

图 10-1　钻孔加工

Mastercam 系统提供了多种类型的钻孔循环，在"2D 刀具路径-钻孔/全圆铣削深孔钻-无啄孔"对话框中单击"切削参数"选项，打开"切削参数"设置项，单击"循环方式"下拉列表，弹出 6 种钻孔循环和自设循环类型，如图 10-2 所示。

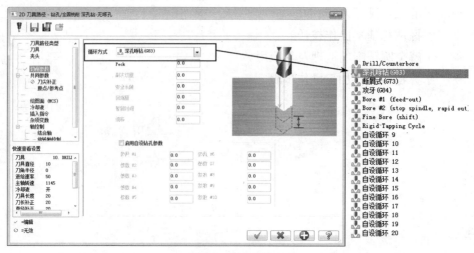

图 10-2　钻孔循环

各钻孔循环含义如下：

❖ 标准钻孔 Drill/counterbore(G81/G82)循环：标准钻孔(G81/G82)循环是一般简单钻孔，一次钻孔直接到底。执行此指令时，钻头先快速定位至所指定的坐标位置，再快速定位(G00)至参考点，接着以所指定的进给速率 F 向下钻削至所指定的孔底位置，可以在孔底设置停留时间 P，最后快速退刀至起始点(G98 模式)或参考点(G99 模式)完成循环。

❖ 深孔啄钻(G83)循环：深孔啄钻循环是钻头先快速定位至所指定的坐标位置，再快速定位到参考高度，接着向 Z 轴下钻所指定的距离 Q(Q 必为正值)，再快速退回到参考高度，这样便可把切屑带出孔外，以免切屑将钻槽塞满而增加钻削阻力或使切削剂无法到达切边，故 G83 适于深孔钻削，依此方式一直钻孔到所指定的孔底位置，最后快速抬刀到起始高度。

❖ 断屑式(G73)循环：断屑式循环是钻头先快速定位至所指定的坐标位置，再快速定位参考高度，接着向 Z 轴下钻所指定的距离 Q(Q 必为正值)，再快速退回距离 d，依此方式一直钻孔到所指定的孔底位置。此种间歇进给的加工方式可使切屑裂断且切削剂易到达切边，进而使排屑容易且冷却、润滑效果佳。

❖ 攻牙(G84)循环：攻牙(G84)循环用于右手攻牙，使主轴正转，刀具先快速定位至所指定的坐标位置，再快速定位到参考高度，接着攻牙至所指定的孔座位置，主轴改为反转且同时向 Z 轴正方向退回至参考高度，退至参考高度后主轴会恢复原来的正转。

❖ Bore #1(镗孔 G85)循环：镗孔(G85)循环是镗刀或铰刀先快速定位至所指定的坐标位置，再快速定位至参考高度，接着以所指定的进给速率向下铰削至所指定的孔座位置，仍以所指定的进给速率向上退刀。对孔进行两次镗削，能产生光滑的镗孔效果。

❖ Bore #2(镗孔 G86)循环：镗孔(G86)循环是镗刀先快速定位至所指定的坐标位置，再快速定位至参考高度，接着以所指定的进给速率向下铰削至所指定的孔座位置，停止主轴旋转，以 G00 速度回抽至原起始高度，而后主轴再恢复顺时针旋转。

案例 10-1：钻孔加工

对如图 10-3 所示的连接板螺丝过孔进行钻孔加工，加工结果如图 10-4 所示。

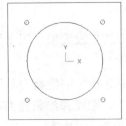

图 10-3　待加工图形

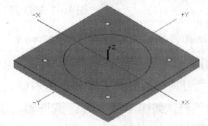

图 10-4　加工结果

操作步骤：

(1) 在工具栏中单击"打开" 🖻 按钮，从光盘打开"源文件\第 10 章\10-1.mcx-7"，单击"确定" ☑ 按钮完成文件的调取。

(2) 在主菜单中选择"刀具路径"→"钻孔"命令，弹出"输入新 NC 名称"对话框，按默认名称，如图 10-5 所示。再单击"确定" ☑ 按钮，系统弹出"选取钻孔的点"对话框，选取 4 个小圆圆心点，如图 10-6 所示。单击"确定" ☑ 按钮，完成选取。

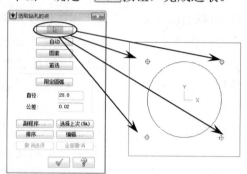

图 10-5　输入新 NC 名称

图 10-6　选取钻孔的点

(3) 系统弹出"2D 刀具路径-钻孔/全圆铣削深孔钻-无啄孔"参数对话框，该对话框用来选取 2D 加工类型，选取类型为"钻孔"，如图 10-7 所示。

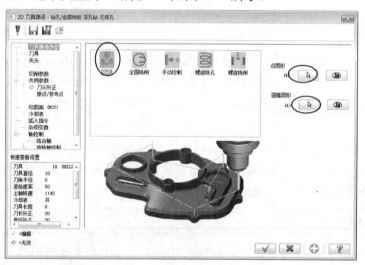

图 10-7　2D 刀具路径-钻孔加工

(4) 在钻孔对话框中单击"刀具"选项，系统弹出"刀具"设置项，用来设置刀具及相关参数，如图 10-8 所示。

(5) 在"刀具"参数的空白处单击右键，从右键菜单中选择"创建新刀具"选项，弹出定义刀具对话框，如图 10-9 所示。选取刀具类型为"Drill"，系统弹出新建刀具对话框，将参数设置为直径 D11 的钻头，如图 10-10 所示。单击"确定" ☑ 按钮，完成设置。

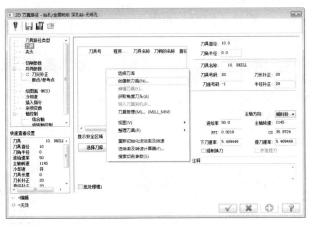

图 10-8　刀具参数

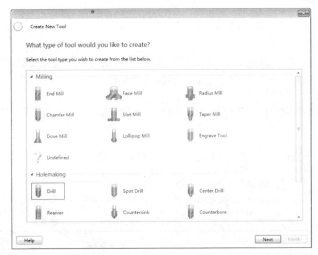

图 10-9　定义刀具

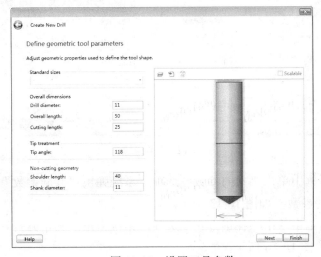

图 10-10　设置刀具参数

(6) 在"刀具"参数中设置相关参数，如图 10-11 所示。单击"确定" ✓ 按钮完成刀具参数设置。

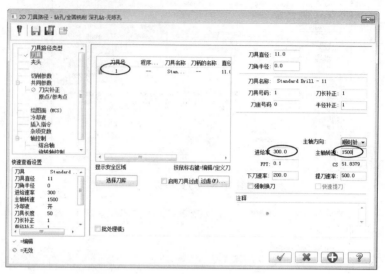

图 10-11　刀具相关参数

(7) 在钻孔对话框中单击"切削参数"选项，系统弹出"切削参数"设置项，该对话框用来设置切削相关参数，如图 10-12 所示。

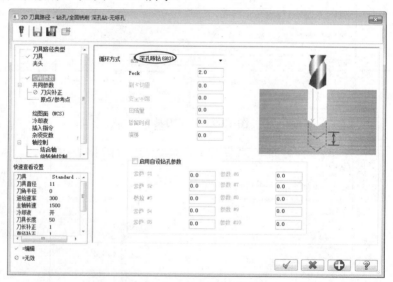

图 10-12　切削参数

(8) 在钻孔对话框中单击"共同参数"选项，系统弹出"共同参数"设置项，用来设置二维刀具路径共同的参数，如图 10-13 所示。

(9) 在钻孔对话框中单击"补正方式"选项，系统弹出"补正方式"设置项，用来设置刀尖补偿的参数，如图 10-14 所示。

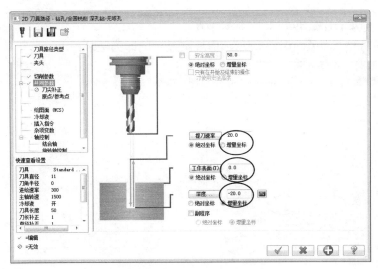

图 10-13　共同参数

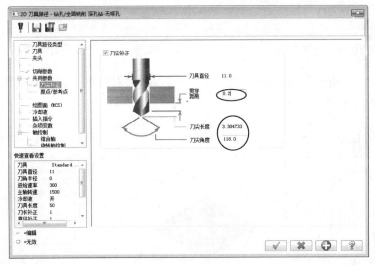

图 10-14　刀尖补偿

(10) 系统根据所设参数，生成钻孔刀具路径，如图 10-15 所示。

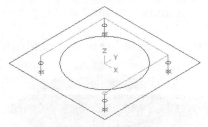

图 10-15　生成刀路

(11) 在刀具路径管理器中单击"属性"→"材料设置"选项，弹出"机器群组属性"对话框，单击"材料设置"标签，打开"材料设置"选项卡，如图 10-16 所示为设置加工坯料的尺寸，单击"确定" ✓ 按钮完成参数设置。

(12) 坯料设置结果如图 10-17 所示，虚线框显示的即为毛坯。

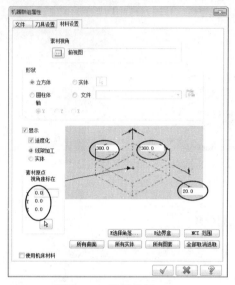

图 10-16　设置毛坯

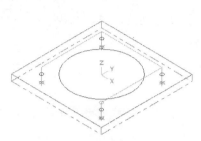

图 10-17　毛坯

(13) 单击"实体模拟" 🔲 按钮，系统弹出"Verify"对话框，该对话框用来设置实体模拟的参数，如图 10-18 所示。

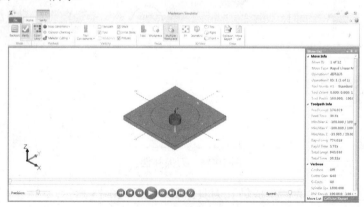

图 10-18　"Verify"对话框

(14) 在"Verify"对话框中单击"播放" ▶ 按钮，模拟结果如图 10-19 所示。

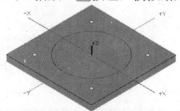

图 10-19　模拟结果

10.2　全圆铣削

全圆铣削主要是用来铣削圆轮廓的,一般沿圆轮廓进行加工。全圆铣削参数和外形铣削参数相似,主要是进刀方式有些区别。

在主菜单选择"刀具路径"→"钻孔"命令,选取钻孔点后单击"确定"按钮,系统弹出"2D 刀具路径-钻孔/全圆铣削深孔钻-无啄孔"对话框,选取刀具路径类型为"全圆铣削",系统弹出"2D 刀具路径-全圆铣削"对话框,如图 10-20 所示。

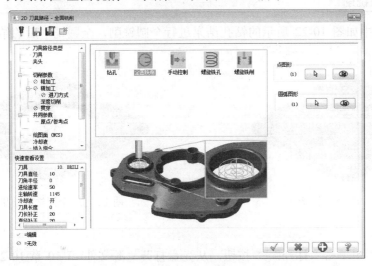

图 10-20　全圆铣削加工

在"2D 刀具路径-全圆铣削"对话框中单击"进刀方式"选项,系统弹出"进刀方式"设置项,如图 10-21 所示。

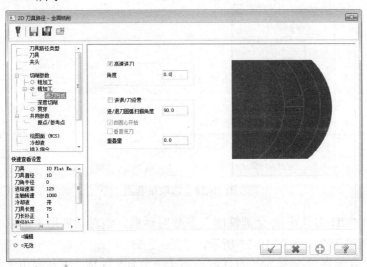

图 10-21　进刀方式

各选项含义如下：

- ◇ 高速进刀：采用高速切削的进刀方式，即刀具在进刀时采用圆滑切弧进入工件，在退刀时采用圆滑切弧退出工件。还可以设置以一定的角度进/退刀。
- ◇ 进/退刀圆弧扫描角度：在以圆弧进退刀时圆弧包含的角度。
- ◇ 由圆心开始：进刀从圆心开始，退刀到圆心结束。
- ◇ 垂直进刀：相对于切削圆弧采用垂直的方式进刀。
- ◇ 重叠量：退刀点相对于进刀点重叠一定的距离后再执行退刀。

案例 10-2：全圆铣削

对上一案例中如图 10-22 所示的钻孔结果进行全圆铣削，全圆铣削后的结果如图 10-23 所示。

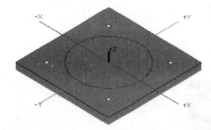

图 10-22　待加工图形

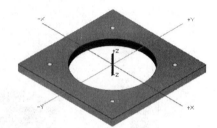

图 10-23　全圆铣削结果

操作步骤：

(1) 在工具栏中单击"打开" 📂 按钮，从光盘打开"源文件\第 10 章\10-2.mcx-7"，单击"确定" ✔ 按钮完成文件的调取。

(2) 在主菜单中选择"刀具路径"→"钻孔"命令，输入新 NC 名称后，系统弹出"选取钻孔的点"对话框，选取大圆的圆心，如图 10-24 所示。单击"确定" ✔ 按钮，完成选取。

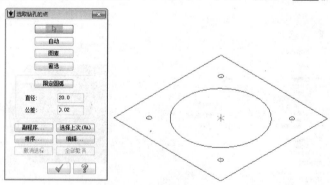

图 10-24　选取钻孔点

(3) 系统弹出"2D 刀具路径-全圆铣削"参数对话框，该对话框用来选取 2D 加工类型，选取类型为"全圆铣削"，如图 10-25 所示。

(4) 在"2D 刀具路径-全圆铣削"对话框中单击"刀具"选项，系统弹出"刀具"设置项，用来设置刀具及相关参数，如图 10-26 所示。

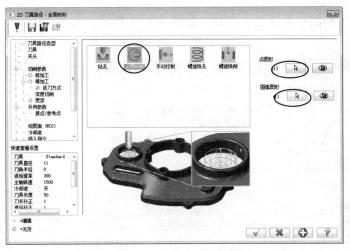

图 10-25 "2D 刀具路径-全圆铣削"对话框

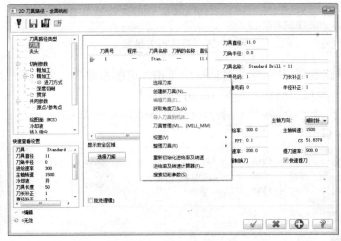

图 10-26 刀具参数

(5) 在"刀具"参数的空白处单击右键，从右键菜单中选择"创建新刀具"选项，弹出定义刀具对话框，如图 10-27 所示。选取刀具类型为"End Mill"，系统弹出新建刀具对话框，将参数设置为直径 D20 的平底刀，如图 10-28 所示。单击"确定" ✓ 按钮，完成设置。

图 10-27 定义刀具

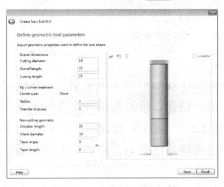

图 10-28 设置刀具参数

(6) 在"刀具"参数中设置相关参数，如图 10-29 所示。单击"确定" 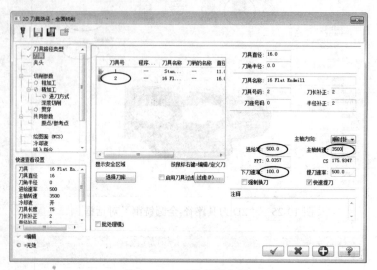 按钮完成刀具参数设置。

图 10-29　刀具相关参数

(7) 在"2D 刀具路径-全圆铣削"对话框中单击"切削参数"选项，系统弹出"切削参数"设置项，用来设置切削相关参数，如图 10-30 所示。

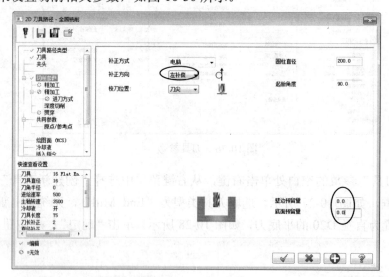

图 10-30　切削参数

(8) 在"2D 刀具路径-全圆铣削"对话框中单击"深度切削"选项，系统弹出"深度切削"设置项，用来设置二维刀具路径深度分层切削参数，如图 10-31 所示。

(9) 在"2D 刀具路径-全圆铣削"对话框中单击"共同参数"选项，系统弹出"共同参数"设置项，用来设置二维刀具路径共同的参数，如图 10-32 所示。

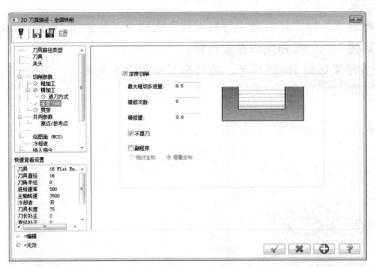

图 10-31　深度切削

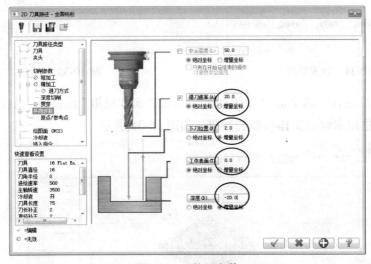

图 10-32　共同参数

(10) 系统根据所设参数，生成钻孔刀具路径，如图 10-33 所示。

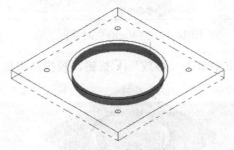

图 10-33　生成刀轨

(11) 在刀具路径管理器中单击"属性"→"材料设置"选项，弹出"机器群组属性"对话框，单击"材料设置"标签，打开"材料设置"选项卡，按如图 10-34 所示设置加工坯料的尺寸，单击"确定" 按钮完成参数设置。

(12) 坯料设置结果如图 10-35 所示，虚线框显示的即为毛坯。

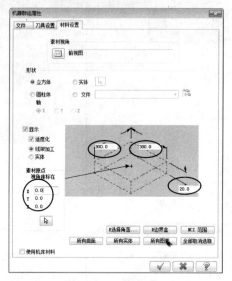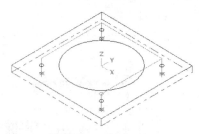

图 10-34　设置毛坯　　　　　　　　图 10-35　毛坯

(13) 在刀具路径管理器中选中所有刀轨，再单击"实体模拟" 按钮，系统弹出"Verify"对话框，该对话框用来设置实体模拟的参数，如图 10-36 所示。

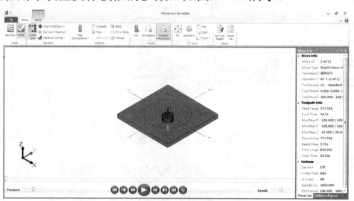

图 10-36　"Verify"对话框

(14) 在"Verify"对话框中单击"播放" ▶ 按钮，模拟结果如图 10-37 所示。

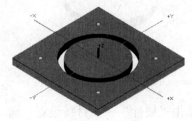

图 10-37　实体模拟

244

(15) 在"Verify"对话框单击"Verify"标签页，系统弹出 Verify 面板，再单击 Remove Chips(移除残料)按钮，然后按住 Ctrl 键并且鼠标左键单击中间的残料进行移除，剩余部分即为产品，结果如图 10-38 所示。

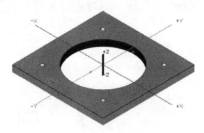

图 10-38　移除残料

10.3　螺旋铣孔

螺旋铣孔和全圆铣削类似，主要是采用铣削的方式来加工孔。与全圆加工不同的是螺旋铣孔是采用螺旋向下的方式进行加工，避免全圆铣削在下刀处切削负荷不均匀的缺点。螺旋铣孔采用螺旋向下的方式加工，切削负荷平稳，也是比较实用的扩孔加工或直接铣孔加工。

在主菜单选择"刀具路径"→"钻孔"命令，选取钻孔点后单击"确定"按钮，系统弹出"2D 刀具路径-钻孔/全圆铣削深孔钻-无啄孔"对话框，再选择刀具路径类型为"螺旋铣孔"，系统弹出"2D 刀具路径-螺旋铣孔"对话框，如图 10-39 所示。

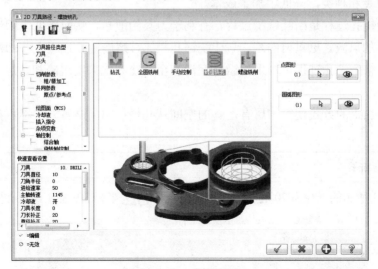

图 10-39　螺旋铣孔

在"2D 刀具路径-螺旋铣孔"对话框中单击"切削参数"，系统弹出"切削参数"设置项，如图 10-40 所示。

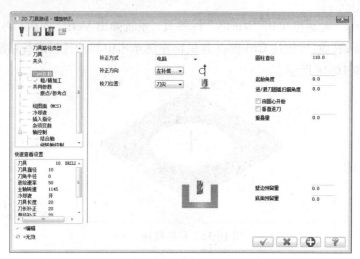

图 10-40　切削参数

该对话框参数与全圆铣削相似，另外还需要用户设置螺旋铣孔的圆柱直径，此直径即是螺旋加工的直径。

与传统的钻削加工相比，螺旋铣孔采用了完全不同的加工方式。螺旋铣孔过程由主轴的"自转"和主轴绕孔中心的"公转"两个运动复合而成，这种特殊的运动方式决定了螺旋铣孔的优势。

首先，刀具中心的轨迹是螺旋线而非直线，即刀具中心不再与所加工孔的中心重合，属偏心加工过程。刀具的直径与孔的直径不一样，这突破了传统钻孔技术中一把刀具加工同一直径孔的限制，实现了单一直径刀具加工一系列直径孔。这不仅提高了加工效率，同时也大大减少了存刀数量和种类，降低了加工成本。

其次，螺旋铣孔过程是断续铣削过程，有利于刀具的散热，从而降低了因温度累积而造成刀具磨损失效的风险。更重要的是，与传统钻孔相比，螺旋铣孔过程在冷却液的使用上有了很大的改进，整个铣孔过程可以采用微量润滑甚至空冷方式来实现冷却，是一个绿色环保的过程。

第三，偏心加工的方式使得切屑有足够的空间从孔槽排出，排屑方式不再是影响孔质量的主要因素。

案例 10-3：螺旋铣孔

对如图 10-41 所示的半径为 20 的孔进行扩孔，扩孔大小为半径 30，加工结果如图 10-42 所示。

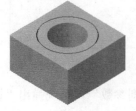

图 10-41　待加工模型

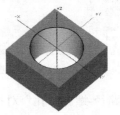

图 10-42　铣孔结果

操作步骤：

(1) 在工具栏中单击"打开" 📄 按钮，从光盘打开"源文件\第10 章\10-3mcx-7"，单击"确定" ✔️ 按钮完成文件的调取。

(2) 在主菜单中选择"刀具路径"→"钻孔"命令，系统弹出"选取钻孔的点"对话框，选取圆的圆心，如图 10-43 所示。单击"确定" ✔️ 按钮，完成选取。

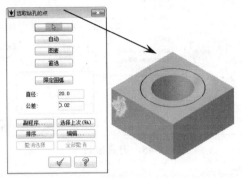

图 10-43　选取钻孔点

(3) 系统弹出"2D 刀具路径-螺旋铣孔"参数对话框，该对话框用来选取 2D 加工类型，选取类型为"螺旋铣孔"，如图 10-44 所示。

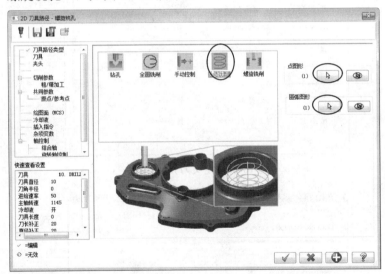

图 10-44　2D 刀具路径-螺旋铣孔

(4) 在"2D 刀具路径-螺旋铣孔"对话框中单击"刀具"选项，系统弹出"刀具"设置项，用来设置刀具及相关参数，如图 10-45 所示。

(5) 在"刀具"参数选项的空白处单击右键，从右键菜单中选择"创建新刀具"选项，弹出定义刀具对话框，如图 10-46 所示。选取刀具类型为"End Mill"，系统弹出新建刀具对话框，将参数设置为直径 D20 的平底刀，如图 10-47 所示。单击"确定" ✔️ 按钮，完成设置。

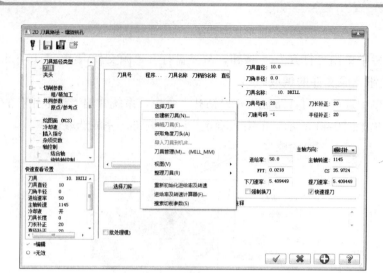

图 10-45　刀具参数

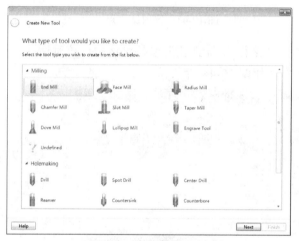

图 10-46　定义刀具

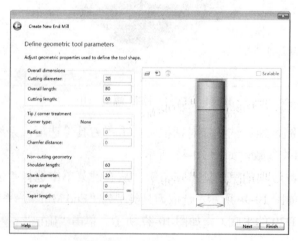

图 10-47　设置刀具参数

（6）在"刀具"参数中设置相关参数，如图 10-48 所示。单击"确定" ✓ 按钮完成刀具参数设置。

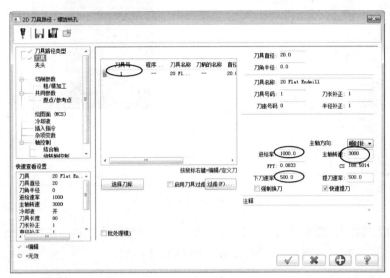

图 10-48　刀具相关参数

（7）在"2D 刀具路径-螺旋铣孔"对话框中单击"切削参数"选项，系统弹出"切削参数"设置项，用来设置切削相关参数，如图 10-49 所示。

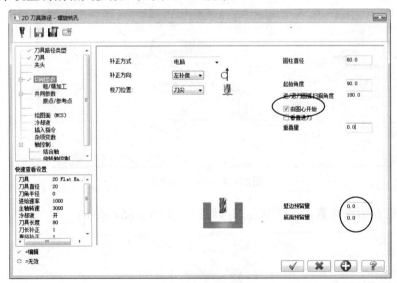

图 10-49　切削参数

（8）在"2D 刀具路径-螺旋铣孔"对话框中单击"深度切削"选项，系统弹出"深度切削"设置项，用来设置二维刀具路径深度分层切削参数，如图 10-50 所示。

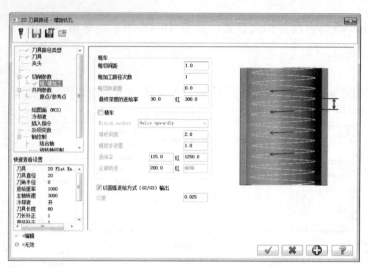

图 10-50　深度切削

(9) 在"2D刀具路径-螺旋铣孔"对话框中单击"共同参数"选项，系统弹出"共同参数"设置项，用来设置二维刀具路径共同的参数，如图 10-51 所示。

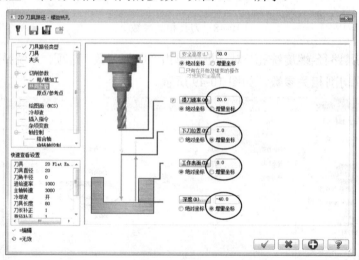

图 10-51　共同参数

(10) 系统根据所设参数，生成钻孔刀具路径，如图 10-52 所示。

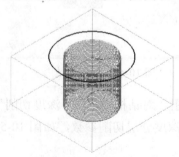

图 10-52　生成刀轨

(11) 设置毛坯。在刀具路径管理器中单击"属性"→"材料设置"选项,弹出"机器群组属性"对话框,单击"材料设置"标签,打开"材料设置"选项卡,如图 10-53 所示。设置加工坯料为实体,单击"确定" ✓ 按钮完成参数设置,结果如图 10-54 所示。

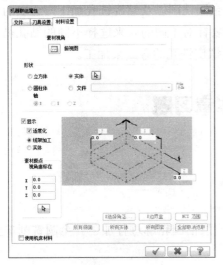

图 10-53 设置毛坯参数

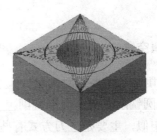

图 10-54 毛坯结果

(12) 在刀具路径管理器中选中所有刀轨,再单击"实体模拟" 按钮,系统弹出"Verify"对话框,该对话框用来设置实体模拟的参数,图 10-55 所示。

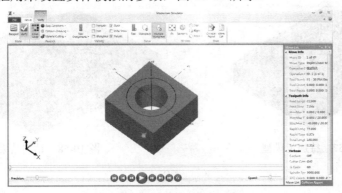

图 10-55 "Verify"对话框

(13) 在"Verify"对话框中单击"播放" ▶ 按钮,模拟结果如图 10-56 所示。

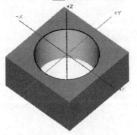

图 10-56 实体模拟

10.4 本章小结

本章主要讲解钻孔加工，包括钻削加工、全圆铣削以及螺旋铣孔加工。选取的钻孔循环类型不同，针对的孔也不一样，因此，用户需要针对不同的孔来选择不同的钻孔循环。对于比较大的孔，可以采用镗孔或者全圆铣削以及螺旋铣孔的方式来加工。

10.5 本章习题

一、填空题

1．钻削加工主要针对的是_____。

2．全圆铣削主要是用来铣削_____。一般沿圆轮廓进行加工。全圆铣削参数和外形铣削参数相似，主要是进刀方式有些区别。

二、上机题

采用钻削加工对如图 10-57 所示的图形进行加工，加工结果如图 10-58 所示。

图 10-57 待加工模型

图 10-58 钻削结果

第 11 章

平 面 铣

　　平面铣削加工主要是对零件表面上的平面进行铣削加工，或对毛坯表面进行加工，加工需要得到的结果即是平整的表面。平面铣削采用的刀具是面铣刀，一般尽量采用大地面铣刀，以保证快速地得到平整表面，而较少考虑加工表面的光洁度。

 学习目标

　　❖　了解平面铣的原理和用途。

　　❖　区别各种平面铣类型的异同点。

　　❖　掌握平面铣的操作技巧。

11.1　平面铣类型

平面铣削专门用来铣坯料的某个面或零件的表面。用来消除坯料或零件表面不平、沙眼等，提高坯料或零件的平整度、表面光滑度。在主菜单上选择"刀具路径"→"平面铣"命令，弹出"2D 刀具路径-平面铣削"对话框，在对话框中单击"刀具路径类型"选项，打开"刀具路径类型"设置项，选取加工类型为平面铣削，如图 11-1 所示。

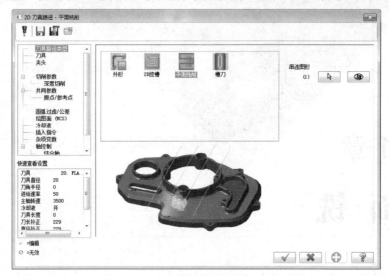

图 11-1　平面铣削

在"切削参数"设置项中有刀具超出量的控制选项，刀具超出量控制包括 4 个方面，如图 11-2 所示。

图 11-2　刀具超出量

其参数含义如下：

◆　截断方向超出量：截断方向切削刀具路径超出面铣轮廓的量。
◆　引导方向超出量：引导方向切削刀具路径超出面铣轮廓的量。
◆　引进时延伸长度：面铣削导引入切削刀具路径超出面铣轮廓的量。
◆　退出引线长度：面铣削导引出切削刀具路径超出面铣轮廓的量。

面铣加工通常采用大直径的面铣刀，对工件表面材料进行快速去除，在"2D 刀具路径-平面铣削"对话框中单击"切削参数"选项，系统弹出"切削参数"设置项，用来设置切削的常用参数。单击"类型"下拉列表，弹出加工类型，面铣加工类型共有 4 种，如图 11-3 所示。分别讲解如下。

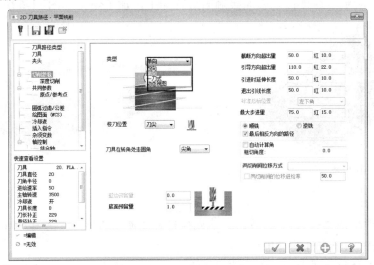

图 11-3　平面铣削类型

11.1.1　双向平面铣

在"切削参数"设置项的"类型"下拉列表中选取类型为"双向"选项，设置面铣切削方式为双向切削，如图 11-4 所示。

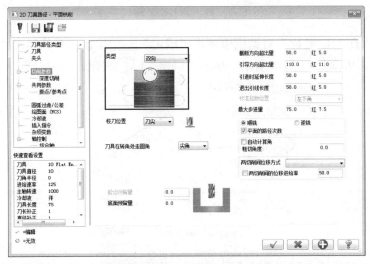

图 11-4　双向平面铣

双向平面铣削加工是采用刀具来回走刀的方式进行加工，铣削后的表面存在纹理，但是这种铣削方式效率比较高，可以快速去除表面的残料。此种铣削方式应用于对表面纹理没有要求的零件。

案例 11-1：双向平面铣

对如图 11-5 所示的焊接件前表面接触面进行加工，加工结果如图 11-6 所示。

图 11-5　源文件

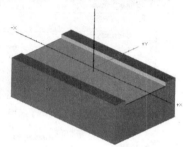

图 11-6　加工结果

操作步骤：

(1) 在工具栏单击"打开" ☞ 按钮，从光盘打开"源文件\第 11 章\11-1.mcx-7"，单击"确定" ✔ 按钮完成文件的调取。

(2) 在主菜单选择"刀具路径"→"平面铣"命令，弹出"输入新 NC 名称"对话框，按默认名称，如图 11-7 所示。

图 11-7　输入新 NC 名称

(3) 在"输入新 NC 名称"对话框中单击"确定" ✔ 按钮，系统弹出"串连选项"对话框，选取串连，方向如图 11-8 所示。单击"确定" ✔ 按钮，完成选取。

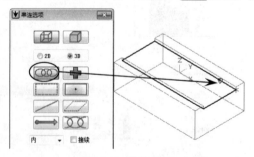

图 11-8　选取串连

(4) 系统弹出"2D 刀具路径"对话框，该对话框用来选取 2D 加工类型，选取类型为"平面铣削"，如图 11-9 所示。

(5) 在"平面铣削"对话框中单击"刀具"选项，系统弹出"刀具"设置项，用来设置刀具及相关参数，如图 11-10 所示。

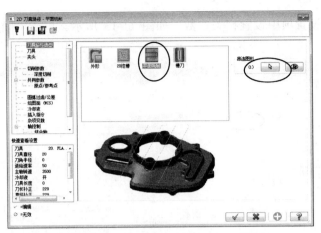

图 11-9　"2D 刀具路径-平面铣削"对话框

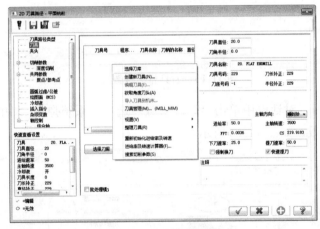

图 11-10　刀具参数

(6) 在"刀具"设置项的空白处单击右键，从右键菜单中选择"创建新刀具"选项，弹出定义刀具对话框，如图 11-11 所示。选取刀具类型为"End Mill"，系统弹出新建刀具对话框，将参数设置为直径 D20 的平底刀，如图 11-12 所示。单击"确定" ✓ 按钮，完成设置。

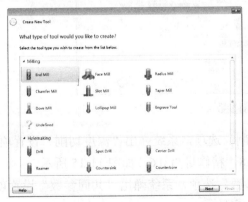

图 11-11　定义刀具

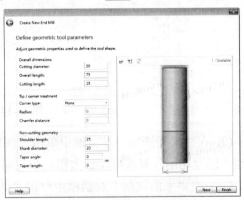

图 11-12　设置刀具参数

(7) 在"刀具"设置项中设置相关参数，如图 11-13 所示。单击"确定"![确定按钮]按钮完成刀具参数设置。

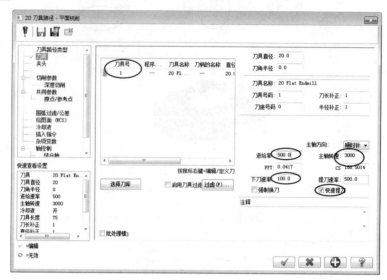

图 11-13　刀具相关参数

(8) 在"平面铣削"对话框中单击"切削参数"选项，系统弹出"切削参数"设置项，用来设置切削相关参数，如图 11-14 所示。

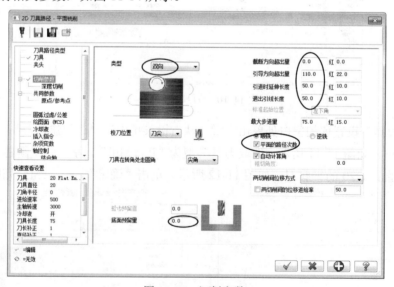

图 11-14　切削参数

(9) 在"平面铣削"对话框中单击"深度切削"选项，系统弹出"深度切削"设置项，勾选"深度切削"复选框，最大粗切步进量为 0.8，精修量为 0.6，如图 11-15 所示。

(10) 在"平面铣削"对话框中单击"共同参数"选项，系统弹出"共同参数"设置项，用来设置二维刀具路径共同的参数，如图 11-16 所示。

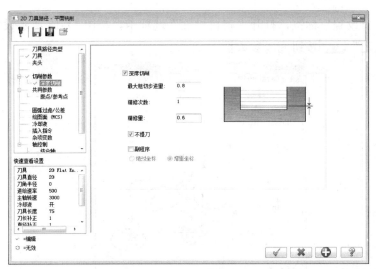

图 11-15　深度切削

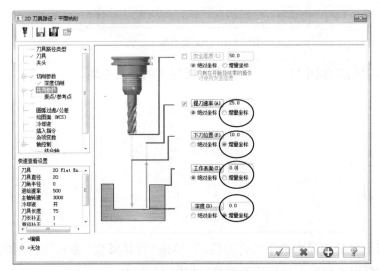

图 11-16　共同参数

(11) 系统根据所设参数，生成刀具路径，如图 11-17 所示。

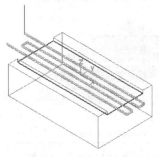

图 11-17　生成刀路

(12) 在刀具路径管理器中单击"属性"→"材料设置"选项，弹出"机器群组属性"对话框，单击"材料设置"标签，打开"材料设置"选项卡，按图 11-18 所示设置加工坯料的尺寸，单击"确定" ✓ 按钮完成参数设置。

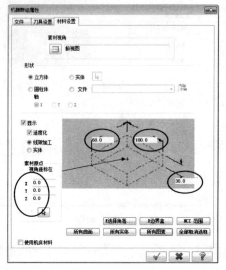

图 11-18　设置毛坯

(13) 坯料设置结果如图 11-19 所示，虚线框显示的即为毛坯。

图 11-19　毛坯

(14) 在刀具路径管理器中选中所有刀轨，再单击"实体模拟" 按钮，系统弹出"Verify"对话框，该对话框用来设置实体模拟的参数，如图 11-20 所示。

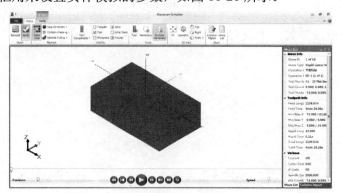

图 11-20　"Verify"对话框

(15) 在"Verify"对话框中单击"播放" ▶ 按钮，模拟结果如图 11-21 所示。

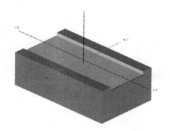

图 11-21　实体模拟

11.1.2　单向平面铣

在"2D 刀具路径-平面铣削"对话框中单击"切削参数"选项，系统弹出"切削参数"设置项，用来设置切削的常用参数。单击"类型"下拉列表，选取类型为"单向"选项，设置面铣切削方式为单向切削，如图 11-22 所示。

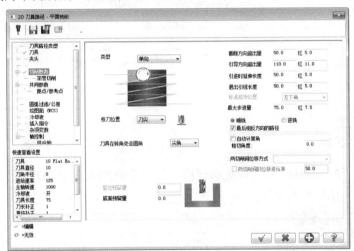

图 11-22　单向平面铣

单向平面铣加工方式是刀具沿切削方向走刀，到达另一侧后抬刀直接回到起始侧下一路径起点下刀进行切削，切削始终沿一个方向进行。

单向平面铣削是刀具沿单一方向进行加工的铣削方式，此种方式与双向平面铣削加工比较，缺点是效率比较低，优点是表面纹理一致，加工效果非常好。一般在客户要求的表面质量比较高时采用。

案例 11-2：单向平面铣

对如图 11-23 所示的汽车检具底板进行加工，要求平面不能有打磨痕迹，加工结果如图 11-24 所示。

图 11-23　检具底板

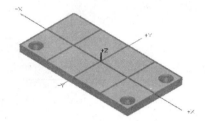

图 11-24　加工结果

操作步骤：

(1) 在工具栏单击"打开" 🖰 按钮，从光盘打开"源文件\第 11 章\11-2.mcx-7"，单击"确定" ✔️ 按钮完成文件的调取。

(2) 在主菜单选择"刀具路径"→"平面铣"命令，弹出"输入新 NC 名称"对话框，按默认名称，如图 11-25 所示。在"输入新 NC 名称"对话框中单击"确定" ✔️ 按钮，系统弹出"串连选项"对话框，选取串连，方向如图 11-26 所示。单击"确定" ✔️ 按钮，完成选取。

图 11-25　输入新 NC 名称

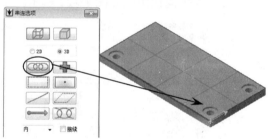

图 11-26　选取串连

(3) 系统弹出"2D 刀具路径"参数对话框，该对话框用来选取 2D 加工类型，选取类型为"平面铣削"，如图 11-27 所示。

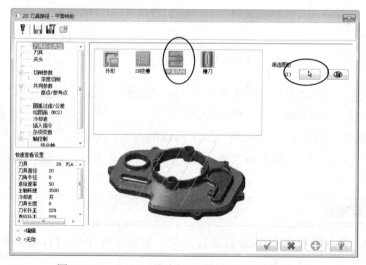

图 11-27　"2D 刀具路径-平面铣削"参数对话框

(4) 在"平面铣削"对话框中单击"刀具"选项，系统弹出"刀具"设置项，该对话框用来设置刀具及相关参数，如图 11-28 所示。

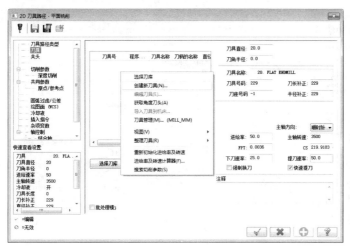

图 11-28　刀具参数

(5) 在"刀具"设置项的空白处单击右键，从右键菜单中选择"创建新刀具"选项，弹出定义刀具对话框，如图 11-29 所示。选取刀具类型为"End Mill"，系统弹出新建刀具对话框，将参数设置直径 D10 的平底刀，如图 11-30 所示。单击"确定" ▢ 按钮，完成设置。

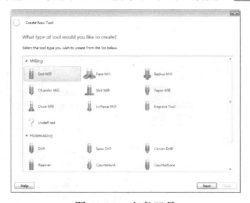

图 11-29　定义刀具

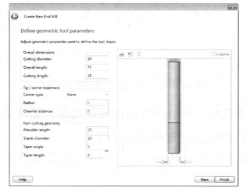

图 11-30　设置刀具参数

(6) 在"刀具"设置项中设置相关参数，如图 11-31 所示。单击"确定" ✓ 按钮完成刀具参数设置。

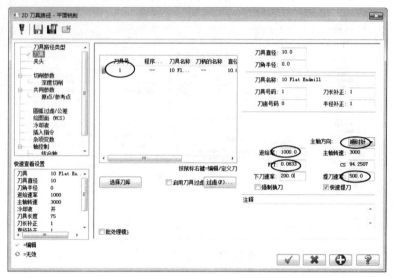

图 11-31　刀具相关参数

(7) 在"平面铣削"对话框中单击"切削参数"选项，系统弹出"切削参数"设置项，用来设置切削相关参数，如图 11-32 所示。

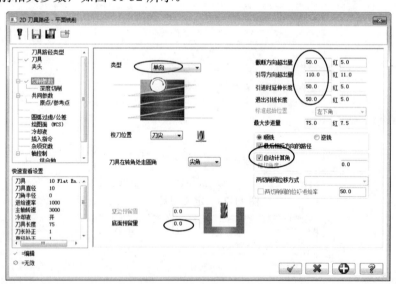

图 11-32　切削参数

(8) 在"平面铣削"对话框中单击"共同参数"选项，系统弹出"共同参数"设置项，用来设置二维刀具路径共同的参数，如图 11-33 所示。

(9) 系统根据所设参数，生成刀具路径，如图 11-34 所示。

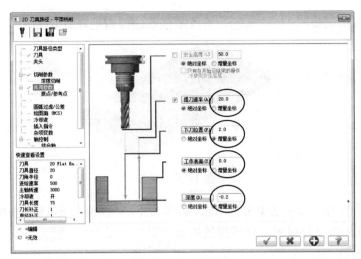

图 11-33　共同参数

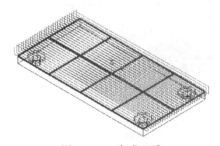

图 11-34　生成刀路

(10) 在刀具路径管理器中单击"属性"→"材料设置"选项，弹出"机器群组属性"对话框，单击"材料设置"标签，打开"材料设置"选项卡，如图 11-35 所示设置加工坯料的尺寸，单击"确定" ✓ 按钮完成参数设置。

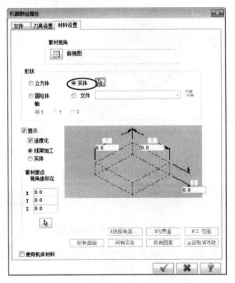

图 11-35　设置毛坯

(11) 坯料设置结果如图 11-36 所示，虚线框显示的即为毛坯。

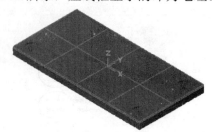

图 11-36　毛坯

(12) 在刀具路径管理器中选中所有刀轨，再单击"实体模拟"![]按钮，系统弹出"Verify"对话框，该对话框用来进行设置实体模拟的参数设置。如图 11-37 所示。

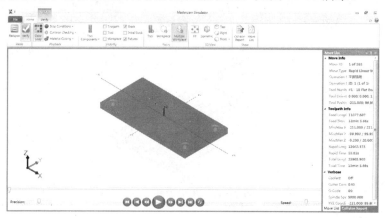

图 11-37　"Verify"对话框

(13) 在"Verify"对话框中单击"播放"![]按钮，模拟结果如图 11-38 所示。

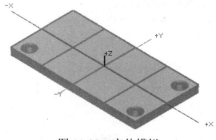

图 11-38　实体模拟

11.1.3　一刀式平面铣

在"2D 刀具路径-平面铣削"对话框中单击"切削参数"选项，系统弹出"切削参数"设置项，用来设置切削的常用参数。单击"类型"下拉列表，选取类型为"一刀式"选项，设置面铣切削方式为一刀式切削，如图 11-39 所示。

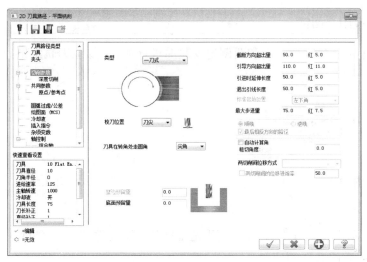

图 11-39　一刀式平面铣

一刀式平面铣削加工主要是刀具只走一次刀轨即可加工完毕，主要用于小零件，并采用大的面铣刀进行加工。一般用于批量小零件的某个面的加工。

11.1.4　动态视图平面铣

在"2D 刀具路径-平面铣削"对话框中单击"切削参数"选项，系统弹出"切削参数"设置项，用来设置切削的常用参数。单击"类型"下拉列表，选取类型为"动态视图"选项，设置面铣切削方式为动态视图平面铣切削，如图 11-40 所示。

图 11-40　动态视图平面铣方式

动态视图平面铣削加工主要用于加工零件上的局部面，采用一般的铣刀进行铣削。对指定的局部区域进行加工。

案例 11-3：动态视图平面铣

对如图 11-41 所示的零件顶面和两侧边安装面进行加工，加工刀轨结果如图 11-42 所示。

图 11-41　源文件

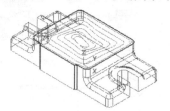

图 11-42　加工结果

操作步骤：

(1) 在工具栏单击"打开" 按钮，从光盘打开"源文件\第 11 章\11-3.mcx-7"，单击"确定" 按钮完成文件的调取。

(2) 在主菜单选择"刀具路径"→"平面铣"命令，弹出"输入新 NC 名称"对话框，按默认名称，如图 11-43 所示。再单击"确定" 按钮，系统弹出"串连选项"对话框，选取串连，方向如图 11-44 所示。单击"确定" 按钮，完成选取。

图 11-43　输入新 NC 名称

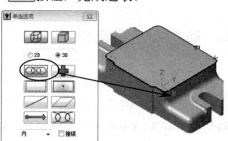

图 11-44　选取串连

(3) 系统弹出"2D 刀具路径"参数对话框，该对话框用来选取 2D 加工类型，选取类型为"平面铣削"，如图 11-45 所示。

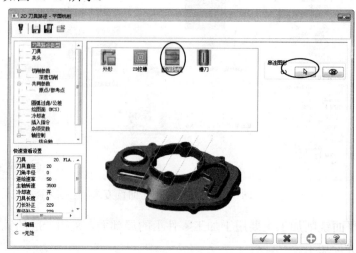

图 11-45　"2D 刀具路径-平面铣削"参数对话框

(4) 在"平面铣削"对话框中单击"刀具"选项，系统弹出"刀具"设置项，用来设置刀具及相关参数，如图 11-46 所示。

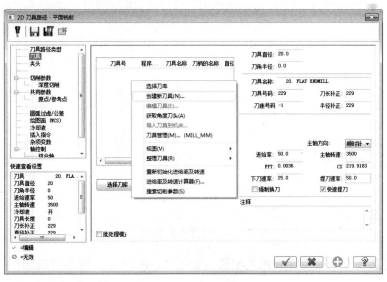

图 11-46　刀具参数

(5) 在"刀具"设置项的空白处单击右键，从右键菜单中选择"创建新刀具"选项，弹出定义刀具对话框，如图 11-47 所示。选取刀具类型为"End Mill"，系统弹出新建刀具对话框，将参数设置为直径 D8 的平底刀，如图 11-48 所示。单击"确定" ☑ 按钮，完成设置。

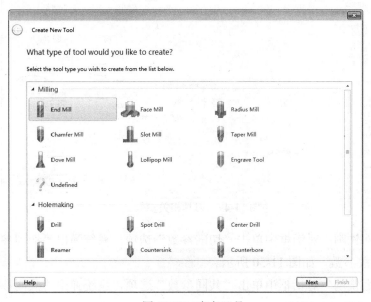

图 11-47　定义刀具

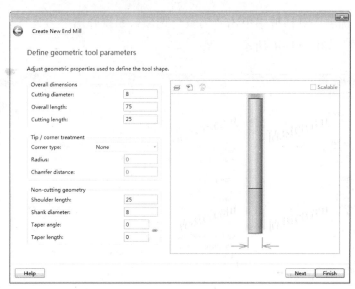

图 11-48　设置刀具参数

(6) 在"刀具"设置项中设置相关参数，如图 11-49 所示。单击"确定" ☑按钮完成刀具参数设置。

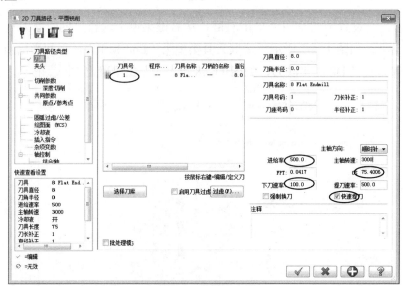

图 11-49　刀具相关参数

(7) 在"平面铣削"对话框中单击"切削参数"选项，系统弹出"切削参数"设置项，用来设置切削相关参数，如图 11-50 所示。

(8) 在"平面铣削"对话框中单击"共同参数"选项，系统弹出"共同参数"设置项，用来设置二维刀具路径共同的参数，如图 11-51 所示。

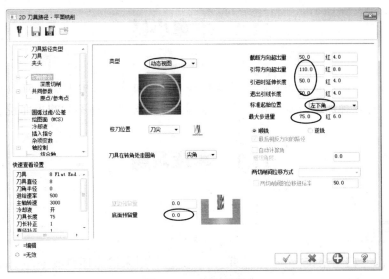

图 11-50　切削参数

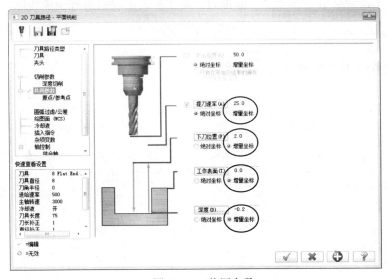

图 11-51　共同参数

(9) 系统根据所设参数，生成刀具路径，如图 11-52 所示。

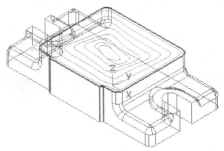

图 11-52　生成刀路

11.2　本章小结

　　本章主要讲解平面铣参数设置以及其操作技巧。平面铣主要用于加工前的毛坯开粗或产品平面的加工，有多种加工方式，用户可以根据实际情况来选择不同的平面铣加工。

11.3　本章习题

一、填空题

　　1．平面铣削专门用来铣_____或_____。用来消除坯料或零件表面不平、沙眼等，提高坯料或零件的平整度、表面粗糙度。

　　2．面铣加工通常采用_____面铣刀，对工件表面材料进行快速去除。

二、简述题

简述平面铣的 4 种铣削类型的异同点。

第 12 章

雕刻加工

雕刻加工主要用雕刻刀具对文字及产品装饰图案进行雕刻加工，以提高产品的美观性。一般加工深度不大，但加工主轴转速比较高。雕刻加工主要用于二维加工，加工的类型有多种，如线条雕刻加工、凸型雕刻加工、凹形雕刻加工等。主要是根据选取的二维线条的不同而有所差别。

 学习目标

  ✧ 了解雕刻参数的相关含义。
  ✧ 了解根据不同的选取图形，雕刻区域也不同。
  ✧ 掌握雕刻加工的操作技巧。

12.1 雕刻加工方式

雕刻加工有 3 组参数需要设置，除了"刀具路径参数"外，还有"雕刻参数"和"粗切/精修参数"，根据加工类型不同，需要设置的参数也不相同。雕刻加工的参数与挖槽非常类似，在这里将不同之处进行介绍。雕刻加工的参数主要是"粗切/精修参数"有些不同，在雕刻对话框中单击"粗切/精修参数"标签，打开"粗切/精修参数"选项卡，如图 12-1 所示。

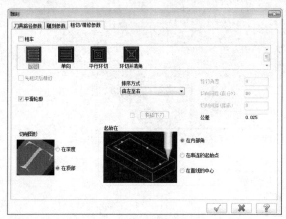

图 12-1　粗切/精修参数

12.1.1　粗加工

雕刻加工的粗切方式与挖槽类似，主要用来设置粗切走刀方式。走刀方式共有 4 种，其中前两种是线性刀路，后两种是环切刀路。其参数含义如下。

- ❖ 双向切削：刀具切削采用来回走刀的方式，中间不做提刀动作。
- ❖ 单向切削：刀具只按某一方向切削到终点后抬刀返回起点，再以同样的方式进行循环。
- ❖ 平行环切：刀具采用环绕的方式进行切削。
- ❖ 环切并清角：刀具采用环绕并清角的方式进行切削。

如图 12-2 所示为采用双向的走刀方式。图 12-3 所示为采用单向走刀方式，抬刀次数非常多。图 12-4 所示为采用平行环绕的走刀方式。图 12-5 所示为采用清角的走刀方式。

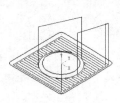 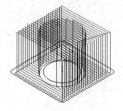 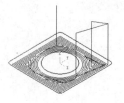 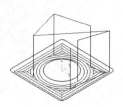

图 12-2　双向切削　　　图 12-3　单向切削　　　图 12-4　平行环切　　　图 12-5　环切并清角

12.1.2　加工顺序

在"粗切/精修参数"选项卡中单击"排序方式"下拉按钮，弹出"排序方式"下拉菜单。排序方式有"按选取的顺序"、"由上至下"和"由左至右"3 种，可以用于设置当雕刻的线架由多个区域组成时粗切/精修的加工顺序。

其参数含义如下：

- ✧　按选取的顺序：按用户选取串连的顺序进行加工。
- ✧　由上至下：按从上往下的顺序进行加工。
- ✧　由左至右：按从左往右的顺序进行加工。

具体选择哪种方式还要视选取的图形而定。

12.1.3　切削参数

雕刻切削参数包括粗切角度、切削间距、切削图形等。下面将分别讲解。

1．粗切角度

粗切角度只有当粗切的方式为双向切削或单向切削时才被激活，在"粗切/精修参数"选项卡的"粗切角度"文本框中输入粗切角度值，即可设置雕刻加工的切削方向与 X 轴的夹角方向。此处默认值为 0。有时为了切削效果，可将粗加工的角度和精加工角度交错开，即将粗加工设置不同的角度来达到目的。

2．切削间距

切削间距用来设置切削路径之间的距离，避免刀具间距过大，导致刀具损伤或加工后出现过多的残料。一般设为 60%~75%，如果是 V 形刀，即为刀具底下有效距离的 60%~75%。

3．切削图形

由于雕刻刀具采用 V 形刀具，加工后的图形呈现上大下小的槽形。切削图形就是用来控制刀具路径是在深度上，还是在坯料顶部采用所选串连外型的形式，也就是选择让加工结果在深度上(即底部)反映设计图形，还是在顶部反映出设计图形。

其参数含义如下：

- ✧　在深度：加工结果在加工的最后深度上与加工图形保持一致，而顶部比加工图形要大。
- ✧　在顶部：加工结果在顶端加工出来的形状与加工图形保持一致，底部比加工图形要小。

4．平滑化轮廓

平滑化轮廓是指若图形中某些局部区域的折角部分不便加工，系统对其进行平滑化处理，使其便于刀具加工。

5．斜插下刀

斜插下刀是指刀具在槽形工件内部采用斜向下刀的方式进刀，避免直接进刀对刀具造成损伤，也可能对工件造成损伤。采用斜插下刀利于刀具平滑、顺利进入工件。

6．起始在

设置雕刻的刀具路径起始位置，有 3 种：在内部角、在串连的起始点和在直线的中心。主要适合雕刻线条。

各参数含义如下：

 ◇ 在内部角：在线架的内部转折的角点作为起始点进刀。
 ◇ 在串连的起始点：在选取的串连的起始点作为进刀点。
 ◇ 在直线的中心：以直线的中点作为进刀点。

案例 12-1：线条雕刻加工

对如图 12-6 所示的图形进行投影加工，结果如图 12-7 所示。

图 12-6　源文件

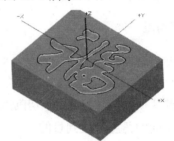

图 12-7　加工结果

操作步骤：

(1) 在工具栏单击"打开" 📂 按钮，从光盘打开"源文件\第 12 章\12-1.mcx-7"，单击"确定" ✅ 按钮完成文件的调取。

(2) 在主菜单上选择"刀具路径"→"雕刻"命令，弹出"输入新 NC 名称"对话框，按默认名称，如图 12-8 所示。单击"确定"按钮，系统弹出"串连选项"对话框，单击"串连"按钮，在绘图区选取所有串连，单击"确定" ✅ 按钮完成选取，如图 12-9 所示。

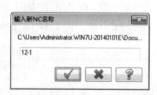

图 12-8　"输入新 NC 名称"对话框

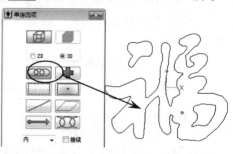

图 12-9　选取串连

(3) 系统弹出"雕刻"对话框，该对话框用来设置雕刻加工所需要的加工参数，如图 12-10 所示。

图 12-10 "雕刻"对话框

(4) 在"刀具路径参数"选项卡的空白处单击右键，从右键菜单中选择"创建新刀具"选项，弹出定义刀具对话框，如图 12-11 所示。选取刀具类型为"Engrave Tool"，系统弹出新建刀具对话框，将参数设置为直径 D6 的雕刻刀，刀具尖角直径为 0.2，如图 12-12 所示。单击"确定" ✔ 按钮，完成设置。

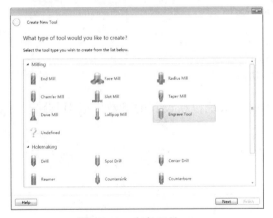

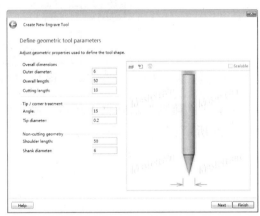

图 12-11 定义刀具   图 12-12 设置刀具参数

(5) 在"刀具路径参数"选项卡中设置相关参数，如图 12-13 所示。单击"确定" ✔ 按钮完成刀具参数设置。

(6) 在"雕刻"对话框中单击"雕刻参数"标签，系统弹出"雕刻参数"选项卡，用来设置二维共同参数，将深度设为-1，单击"确定" ✔ 按钮，完成参数设置，如图 12-14 所示。

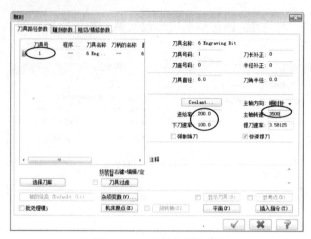

图 12-13　刀具相关参数

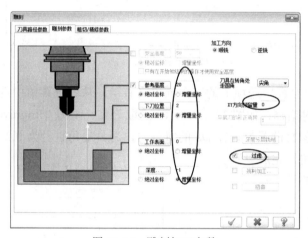

图 12-14　雕刻加工参数

(7) 在"雕刻"对话框中单击"确定"按钮，系统根据设置的参数生成刀具路径，如图 12-15 所示。

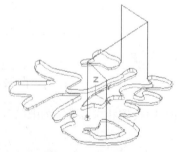

图 12-15　刀具路径

(8) 在刀具路径管理器中单击"属性"→"材料设置"选项，弹出"机器群组属性"对话框，单击"材料设置"标签，打开"材料设置"选项卡，如图 12-16 所示设置加工坯料的尺寸，单击"确定" 按钮完成参数设置。

(9) 坯料设置结果如图 12-17 所示，虚线框显示的即为毛坯。

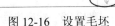
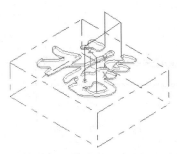

图 12-16　设置毛坯　　　　　　　　　　图 12-17　毛坯

(10) 在刀具路径管理器中选中所有刀轨，再单击"实体模拟" 按钮，系统弹出"Verify"对话框，该对话框用来设置实体模拟的参数，如图 12-18 所示。

(11) 在"Verify"对话框中单击"播放" 按钮，模拟结果如图 12-19 所示。

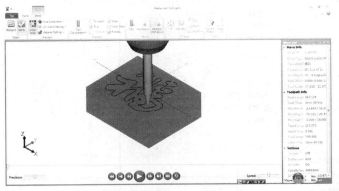
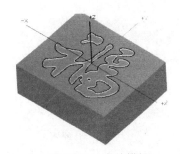

图 12-18　"Verify"对话框　　　　　　　图 12-19　实体模拟

案例 12-2：凸形雕刻加工

对如图 12-20 所示的图形进行面铣加工，加工结果如图 12-21 所示。

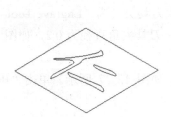
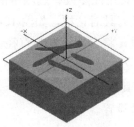

图 12-20　待加工图形　　　　　　　　　图 12-21　加工结果

操作步骤:

(1) 在工具栏单击"打开"  按钮,从光盘打开"源文件\第 12 章\12-2.mcx-7",单击"确定" 按钮完成文件的调取。

(2) 在主菜单选择"刀具路径"→"雕刻"命令,弹出"输入新 NC 名称"对话框,按默认名称,如图 12-22 所示。单击"确定"按钮,系统弹出"串连选项"对话框,单击"串连" 按钮,在绘图区选取所有串连。单击"确定" 按钮完成选取,如图 12-23 所示。

图 12-22 "输入新 NC 名称"对话框

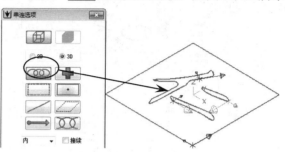

图 12-23 选取串连

(3) 系统弹出"雕刻"对话框,该对话框用来设置雕刻加工所需要的加工参数,如图 12-24 所示。

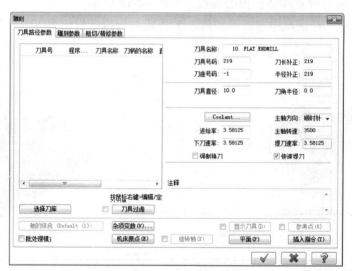

图 12-24 "雕刻"对话框

(4) 在"刀具路径参数"选项卡的空白处单击右键,从右键菜单中选择"创建新刀具"选项,弹出定义刀具对话框,如图 12-25 所示。选取刀具类型为"Engrave Tool",系统弹出新建刀具对话框,将参数设置为直径 D6 的雕刻刀,刀具尖角直径为 0.2,如图 12-26 所示。单击"确定" 按钮,完成设置。

(5) 在"刀具路径参数"选项卡设置相关参数,如图 12-27 所示。单击"确定" 按钮完成刀具参数设置。

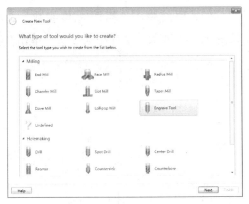

图 12-25　定义刀具

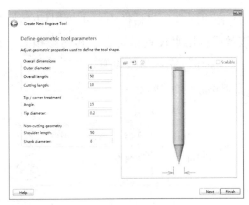

图 12-26　设置刀具参数

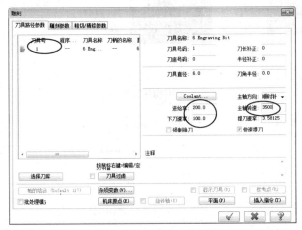

图 12-27　刀具相关参数

（6）在"雕刻"对话框中单击"雕刻参数"标签，系统弹出"雕刻参数"选项卡，用来设置二维共同参数，将深度设置为-0.2，单击"确定" 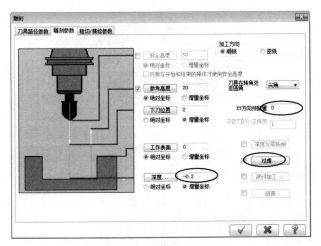 按钮，完成参数设置，如图 12-28 所示。

图 12-28　雕刻加工参数

(7) 在"雕刻"对话框中单击"粗切/精修参数"标签，系统弹出"粗切/精修参数"选项卡，该对话框用来设置粗切方式和精修相关参数，如图 12-29 所示。设置相关参数，单击"确定" ✓ 按钮，完成参数设置。

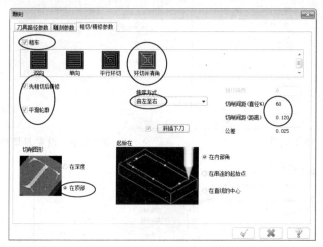

图 12-29　粗切/精修参数

(8) 在"粗切/精修参数"选项卡中选择"斜插下刀"前的复选框，再单击"斜插下刀"按钮，系统弹出"斜插"对话框，该对话框用来设置斜插下刀的角度，如图 12-30 所示。

图 12-30　斜插下刀

(9) 系统根据所设置的参数生成雕刻刀具路径，如图 12-31 所示。

图 12-31　刀具路径

(10) 在刀具路径管理器中单击"属性"→"材料设置"选项，弹出"机器群组属性"对话框，单击"材料设置"标签，打开"材料设置"选项卡，如图 12-32 所示设置加工坯料的尺寸，单击"确定"按钮完成参数设置。

(11) 坯料设置结果如图 12-33 所示，虚线框显示的即为毛坯。

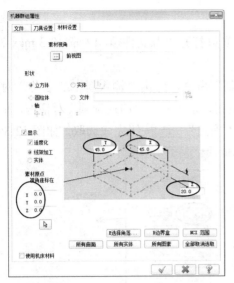

图 12-32　设置毛坯

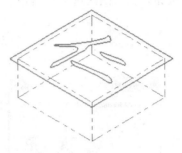

图 12-33　毛坯

(12) 在刀具路径管理器中选中所有刀轨，再单击"实体模拟" 按钮，系统弹出"Verify"对话框，该对话框用来设置实体模拟的参数，如图 12-34 所示。

(13) 在"Verify"对话框中单击"播放" 按钮，模拟结果如图 12-35 所示。

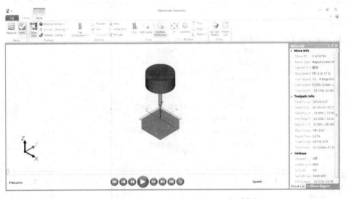

图 12-34　"Verify"对话框

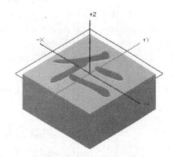

图 12-35　实体模拟

案例 12-3：凹形雕刻加工

对如图 12-36 所示的字进行雕刻加工，加工结果如图 12-37 所示。

图 12-36　源文件

图 12-37　结果文件

操作步骤：

(1) 在工具栏中单击"打开"  按钮，从光盘打开"源文件\第 12 章\12-3.mcx-7"，单击"确定" ✓ 按钮完成文件的调取。

(2) 在主菜单中选择"刀具路径"→"雕刻"命令，弹出"输入新 NC 名称"对话框，按默认名称，如图 12-38 所示。单击"确定"按钮，系统弹出"串连选项"对话框，单击"串连" ◯◯◯ 按钮，在绘图区选取所有串连。单击"确定" ✓ 按钮完成选取，如图 12-39 所示。

图 12-38 "输入新 NC 名称"对话框

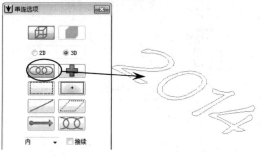

图 12-39 选取串连

(3) 系统弹出"雕刻"对话框，该对话框用来设置雕刻加工所需要的加工参数，如图 12-40 所示。

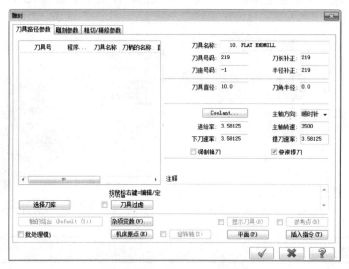

图 12-40 "雕刻"对话框

(4) 在"刀具路径参数"选项卡的空白处单击右键，从右键菜单中选择"创建新刀具"选项，弹出定义刀具对话框，如图 12-41 所示。选取刀具类型为"Engrave Tool"，系统弹出新建刀具对话框，将参数设置为直径 D6 的雕刻刀，刀具尖角直径为 0.2，如图 12-42 所示。单击"确定" ✓ 按钮，完成设置。

(5) 在"刀具路径参数"选项卡中设置相关参数，如图 12-43 所示。单击"确定" ✓ 按钮完成刀具参数设置。

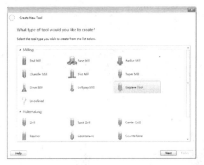

图 12-41　定义刀具

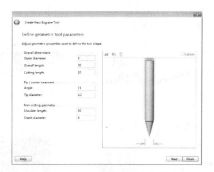

图 12-42　设置刀具参数

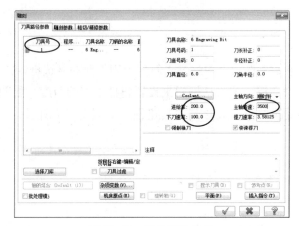

图 12-43　刀具相关参数

(6) 在"雕刻"对话框中单击"雕刻参数"标签，系统弹出"雕刻参数"选项卡，该对话框用来设置二维共同参数，将深度设置为-0.2，单击"确定" ![button] 按钮，完成参数设置，如图 12-44 所示。

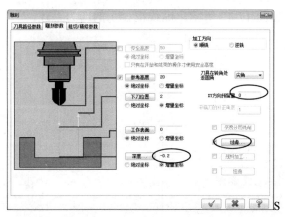

图 12-44　雕刻加工参数

(7) 在"雕刻"对话框中单击"粗切/精修参数"标签，系统弹出"粗切/精修参数"选项卡，用来设置粗切方式和精修相关参数，如图 12-45 所示。设置相关参数，单击"确定" ![button] 按钮，完成参数设置。

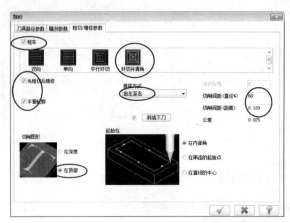

图 12-45 粗切/精修参数

(8) 在"粗切/精修参数"选项卡中选择"斜插下刀"前的复选框，再单击"斜插下刀"按钮，系统弹出"斜插"对话框，该对话框用来设置斜插下刀的角度，如图 12-46 所示。

(9) 系统根据所设置的参数生成雕刻刀具路径，如图 12-47 所示。

图 12-46 斜插下刀

图 12-47 刀具路径

(10) 在刀具路径管理器中单击"属性"→"材料设置"选项，弹出"机器群组属性"对话框，单击"材料设置"标签，打开"材料设置"选项卡，按如图 12-48 所示设置加工坯料的尺寸，单击"确定" ✓ 按钮完成参数设置。

(11) 坯料设置结果如图 12-49 所示，虚线框显示的即为毛坯。

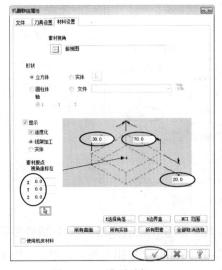

图 12-48 设置毛坯

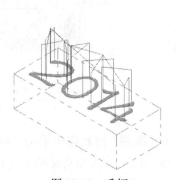

图 12-49 毛坯

（12）在刀具路径管理器中选中所有刀轨，再单击"实体模拟" ✍ 按钮，系统弹出"Verify"对话框，该对话框用来设置实体模拟的参数，如图 12-50 所示。

（13）在"Verify"对话框中单击"播放" ▶ 按钮，模拟结果如图 12-51 所示。

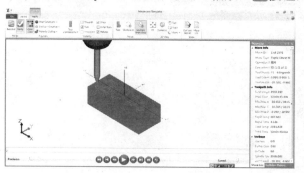

图 12-50　"Verify"对话框

图 12-51　实体模拟

12.2　本章小结

　　本章主要讲解雕刻加工的参数设置，以及根据选取的图形线条或图形和凹形不同的图形进行雕刻加工。雕刻线条或凸或凹主要是通过选取图形来控制其加工区域，其与挖槽加工原理类似。

12.3　本章习题

一、填空题

1. 雕刻加工主要用雕刻刀具对_____及_____进行雕刻加工，以提高产品的美观性。一般加工深度不大，但加工主轴转速比较高。

2. 雕刻线条或凸或凹主要是通过_____来控制其加工区域，其与挖槽加工原理类似。

二、上机题

采用雕刻加工对如图 12-52 所示的图形进行加工，结果如图 12-53 所示。

图 12-52　源文件

图 12-53　结果文件

第 13 章

三维曲面粗加工

三维曲面粗加工主要是用来对工件进行清除残料加工。Mastercam X7 提供了多种曲面粗加工方式来进行开粗加工。分别为平行粗加工、放射粗加工、流线粗加工、挖槽粗加工、钻削粗加工。这些粗加工都有其专用的加工参数,通常作为首次开粗加工。粗加工的目的是尽可能快地去除残料,所以粗加工一般尽可能使用大直径刀具,这样刀具钢性好,可以用大的切削量,快速地清除残料,提高效率。

 学习目标

- ✧ 理解曲面粗加工的目的和原理。
- ✧ 掌握不同的粗加工方式加工的纹理方向和去残料的效率,针对不同的曲面合理选用合适的粗加工方式进行开粗。
- ✧ 重点掌握挖槽粗加工的加工方式,熟练的使用挖槽进行开粗加工。

13.1 平行铣削粗加工

平行铣削粗加工是刀具沿指定的进给方向进行切削，生成的刀具路径相互平行。平行粗加工刀具路径比较适合加工凸台或凹槽不多或相对比较平坦的曲面。

在"曲面粗加工平行铣削"对话框的"粗加工平行铣削参数"选项卡中可以设置平行粗加工专有参数，包括整体误差、切削方式和下刀的控制等参数，如图 13-1 所示。

图 13-1 粗加工平行铣削参数

1．切削方式

在"切削方式"下拉列表中，有"双向"和"单向"两种方式。

◆ "双向"：刀具在完成一行切削后立即转向下一行进行切削。

◆ "单向"：加工时刀具只沿一个方向进行切削，完成一行后，需要提刀返回到起点再进行下一行的切削。

双向切削有利于缩短加工时间，而单向切削可以保证一直采用顺铣或逆铣的方式，以获得良好的加工质量。如图 13-2 所示为单向切削刀具路径。图 13-3 所示为双向切削刀具路径。

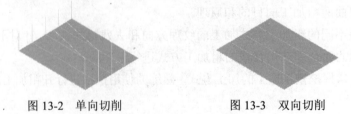

图 13-2 单向切削 　　　　　　　　图 13-3 双向切削

2．下刀的控制

下刀的控制决定了刀具下刀或退刀时在 Z 方向的运动方式。其参数含义如下。

❖　单侧切削：从一侧切削，只能对一个坡进行加工，另一侧则无法加工，如图 13-4 所示。

❖　双侧切削：在加工完一侧后，另一侧再进行加工的，可以加工到两侧，但是每次只能加工一侧，如图 13-5 所示。

❖　切削路径允许连续下刀提刀：刀具将在坡的两侧连续下刀提刀，同时对两侧进行加工，如图 13-6 所示。

图 13-4　单向

图 13-5　双向

图 13-6　连续

3．切削间距

在"粗加工平行铣削参数"选项卡"最大切削间距"后的文本框可以设置切削路径间距大小。为了加工效果，此值必须小于直径，若刀具间距过大，两条路径之间会有部分材料加工不到位，留下残脊。一般设为刀具直径的 60%~75%。在粗加工过程中，为了提高效率，可以把这个值在允许的范围内尽量设置大一些。

单击"最大切削间距"按钮，弹出"最大步进量"对话框，如图 13-7 所示，该对话框用来设置环绕高度等参数。

图 13-7　"最大步进量"对话框

案例 13-1：平行铣削粗加工

采用平行铣削粗加工将如图 13-8 所示的图形进行铣削加工，加工结果如图 13-9 所示。

图 13-8　待加工图形

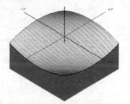
图 13-9　加工结果

操作步骤：

(1) 单击"打开" 📂 按钮，从光盘打开"源文件\第 13 章\13-1.mcx-7"，单击"确定" ✔ 按钮完成文件的调取。

(2) 在主菜单上选择"刀具路径"→"曲面粗加工"→"粗加工平行铣削加工"命令，弹出"选择工件形状"对话框，选取曲面的类型，选中"未定义"单选按钮，再单击"确定"

按钮，如图 13-10 所示。

（3）系统弹出"输入新 NC 名称"对话框，在文本框中按默认名称，单击"确定" 按钮，如图 13-11 所示。

图 13-10　选取曲面类型　　　　　图 13-11　输入新 NC 名称

（4）弹出"刀具路径的曲面选取"对话框，如图 13-12 所示。选取加工曲面和曲面加工范围，单击"确定" 按钮完成选取。

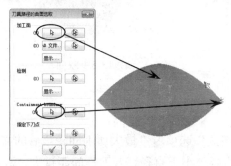

图 13-12　选取曲面和边界

（5）系统弹出"曲面粗加工平行铣削"对话框，如图 13-13 所示。可以设置曲面粗加工的各种参数。在"曲面粗加工平行铣削"对话框中单击"刀具路径参数"标签，打开"刀具路径参数"选项卡，设置刀具及相关参数。

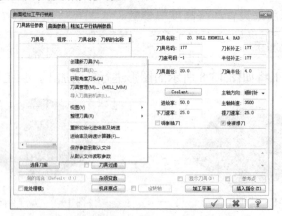

图 13-13　曲面粗加工平行铣削参数

（6）在"刀具路径参数"选项卡的空白处单击右键，从右键菜单中选择"创建新刀具"选项，弹出定义刀具对话框，如图 13-14 所示。选取刀具类型为"End Mill"，系统弹出新建刀具定义对话框，将参数设置为直径 D10R1，如图 13-15 所示。单击"确定" 按钮，完成设置。

图 13-14　定义刀具

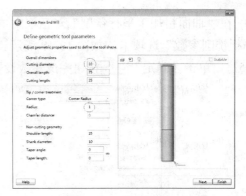

图 13-15　新建刀具

（7）在"刀具路径参数"选项卡中设置相关参数，如图 13-16 所示。单击"确定" 按钮完成刀具参数设置。

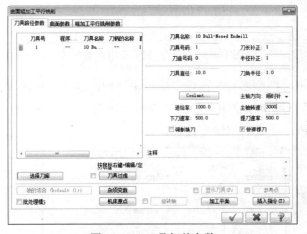

图 13-16　刀具相关参数

（8）在"曲面粗加工平行铣削"对话框中单击"曲面参数"标签，打开"曲面参数"选项卡，如图 13-17 所示。设置曲面相关参数，单击"确定" 按钮完成参数设置。

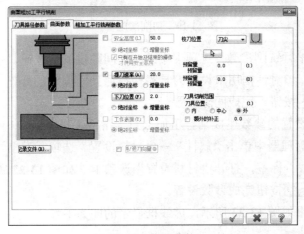

图 13-17　曲面参数

(9) 在"曲面粗加工平行铣削"对话框中单击"粗加工平行铣削参数"标签，打开"粗加工平行铣削参数"选项卡，如图 13-18 所示。可以设置平行粗加工专用参数。设置加工角度为 45°，单击"确定" 按钮完成参数设置。

图 13-18　平行粗加工专用参数

(10) 在"粗加工平行铣削参数"选项卡中单击"切削深度"按钮，系统弹出"切削深度设置"对话框，该对话框用来设定第一层切削深度和最后一层的切削深度，如图 13-19 所示。单击"确定" 按钮，完成切削深度设置。

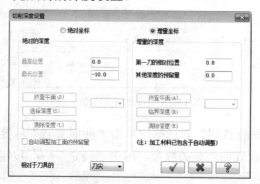

图 13-19　切削深度

(11) 在"粗加工平行铣削参数"选项卡中单击"间隙设置"按钮，系统弹出"刀具路径的间隙设置"对话框，该对话框用来设置刀具路径在遇到间隙时的处理方式，如图 13-20 所示。单击"确定" 按钮，完成间隙设置。

(12) 系统会根据设置的参数生成平行粗加工刀具路径，如图 13-21 所示。

(13) 在刀具路径管理器中单击"属性"→"材料设置"选项，弹出"机器群组属性"对话框，单击"材料设置"标签，打开"材料设置"选项卡，如图 13-22 所示设置加工坯料的尺寸，单击"确定" 按钮完成参数设置。

(14) 坯料设置结果如图 13-23 所示，虚线框显示的即为毛坯。

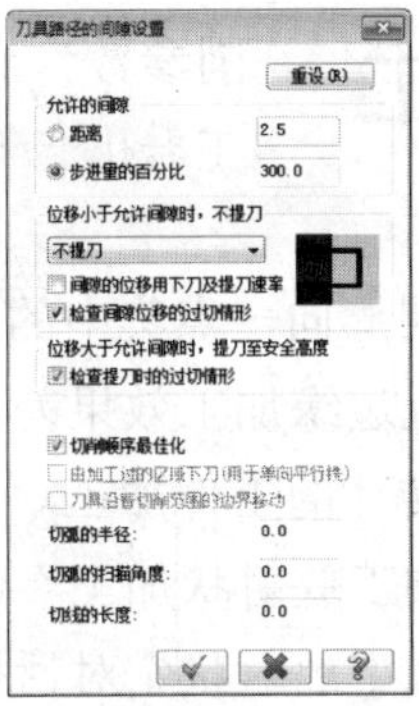

图 13-20　间隙设置

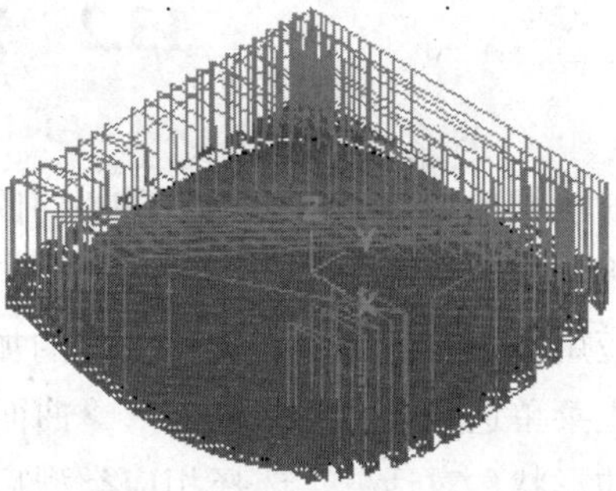

图 13-21　平行粗加工刀具路径

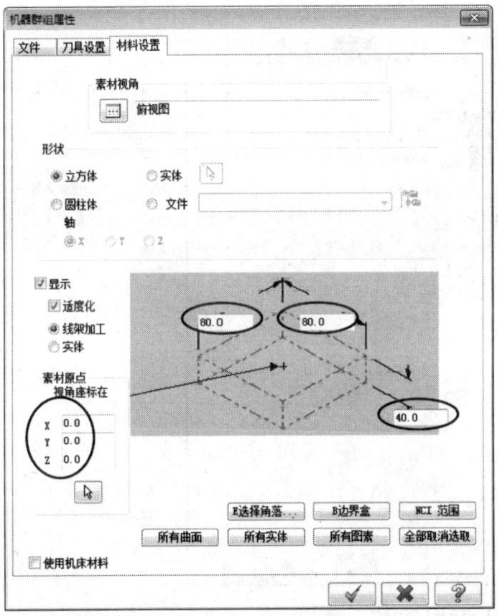

图 13-22　设置毛坯

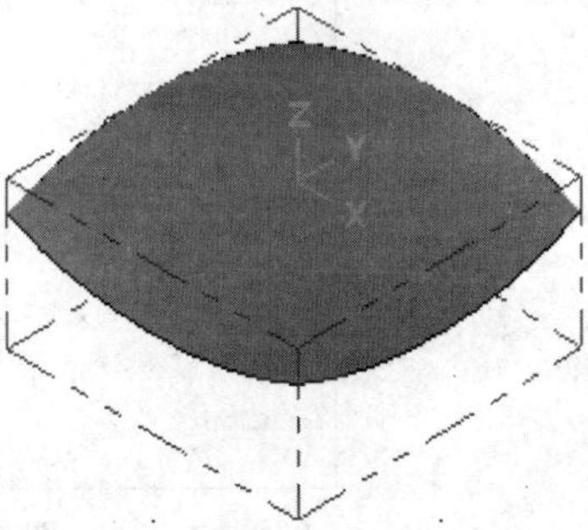

图 13-23　毛坯

(15) 单击“实体模拟”按钮，系统弹出“Verify”对话框，该对话框用来设置实体模拟的参数，如图 13-24 所示。

(16) 在“Verify”对话框中单击“播放”按钮，模拟结果如图 13-25 所示。

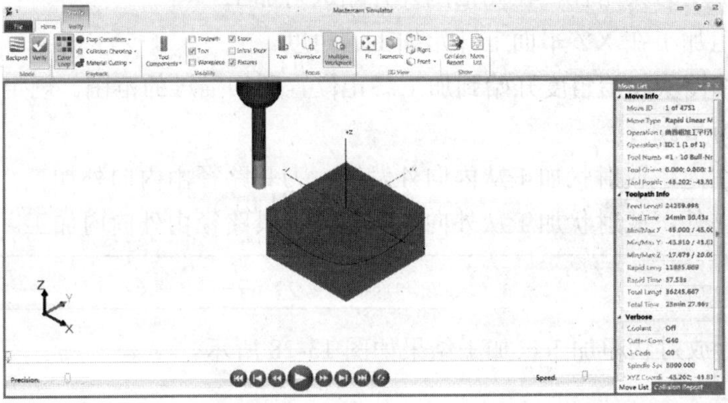

图 13-24　“Verify”对话框

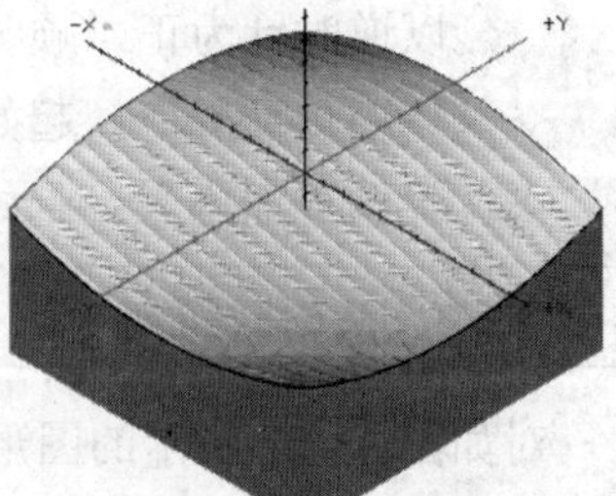

图 13-25　模拟结果

13.2 放射状粗加工

放射状粗加工是以某一点为中心向四周发散，或者由四周向一点集中的一种刀具路径，放射状粗加工刀轨不均匀，在中心处加工效果比较好，靠近边缘加工效果差，效率不高，一般实际应用不多，适用于回转体工件的加工或者类似于回转体的工件加工。

在主菜单选择"刀具路径"→"曲面粗加工"→"粗加工放射状加工"命令，弹出"选取工件的形状"对话框，选择相应类型后，弹出"曲面粗加工放射状"对话框，单击"放射状粗加工参数"标签，打开"放射状粗加工参数"选项卡，如图 13-26 所示，用来设置放射加工的专用参数。

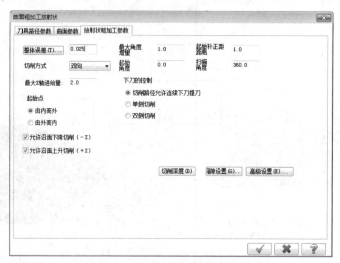

图 13-26 放射状加工专用参数

其参数含义如下。

- "最大角度增量"：设置放射加工两条相邻的刀具路径之间的夹角。
- "起始补正距离"：设置放射状粗加工刀具路径以指定的中心为圆心，以起始补正距离为半径的范围内不产生刀具路径，在此范围外开始放射加工。
- "起始角度"：放射状粗加工在 XY 平面上开始加工的角度。
- "扫描角度"：放射状路径从起始角度开始到加工终止位置所扫描过的范围。规定以逆时针为正，顺时针为负。
- "由内而外"：起始点在内，放射状加工从内向外发散，刀具路径由内向外加工。
- "由外而内"：起始点在外，放射状加工从外向内收敛，刀具路径由外向内加工。

案例 13-2：放射状粗加工

对如图 13-27 所示的图形进行放射状粗加工，加工结果如图 13-28 所示。

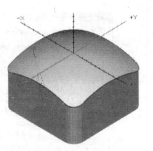

图 13-27 加工图形

图 13-28 加工结果

操作步骤：

(1) 单击"打开" 按钮，从光盘打开"源文件\第 13 章\13-2.mcx-7"，单击"确定" 按钮完成文件的调取。

(2) 系统弹出"选择工件形状"对话框，如图 13-29 所示。在该对话框中选择"凸"后单击"确定"按钮，系统弹出"输入新 NC 名称"对话框，在文本框中按默认名称，单击"确定" 按钮，如图 13-30 所示。

图 13-29 选取曲面类型

图 13-30 输入新 NC 名称

(3) 弹出"刀具路径的曲面选取"对话框，如图 13-31 所示。选取加工曲面和曲面加工范围，单击"确定" 按钮完成选取。

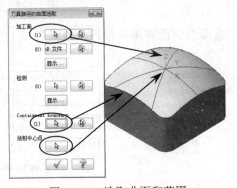

图 13-31 选取曲面和范围

(4) 弹出"曲面粗加工放射状"对话框，在该对话框中单击"刀具路径参数"标签，打开"刀具路径参数"选项卡，如图 13-32 所示。该选项卡可设置刀具及相关参数。

(5) 在"刀具参数"选项卡的空白处单击右键，从右键菜单中选择"创建新刀具"选项，弹出定义刀具对话框，如图 13-33 所示。选取刀具类型为"End Mill"，系统弹出圆鼻刀定义对话框，将参数设置为直径 D10R1，如图 13-34 所示。单击"确定" 按钮，完成设置。

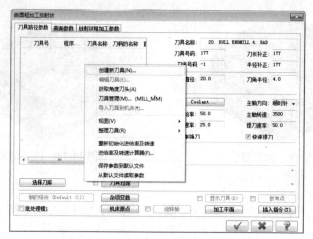

图 13-32　曲面粗加工放射状加工参数

图 13-33　定义刀具

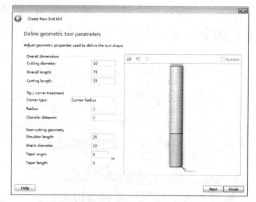

图 13-34　设置圆鼻刀参数

(6) 在"刀具路径参数"选项卡中设置相关参数，如图 13-35 所示。单击"确定" ✔ 按钮完成刀具参数设置。

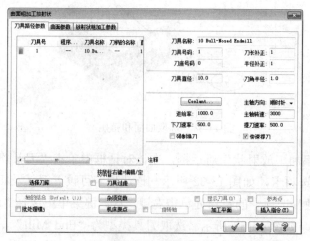

图 13-35　刀具相关参数

(7) 在"曲面粗加工放射状"对话框中单击"曲面参数"标签,打开"曲面参数"选项卡,如图 13-36 所示。设置曲面相关参数,单击"确定" ✓ 按钮完成参数设置。

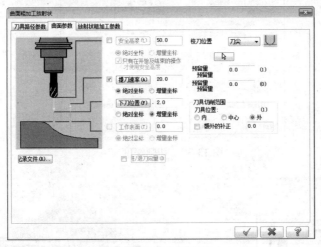

图 13-36　曲面参数

(8) 在"曲面粗加工放射状"对话框中单击"放射状粗加工参数"标签,打开"放射状粗加工参数"选项卡,如图 13-37 所示,可以设置放射状粗加工专用参数。单击"确定" ✓ 按钮完成参数设置。

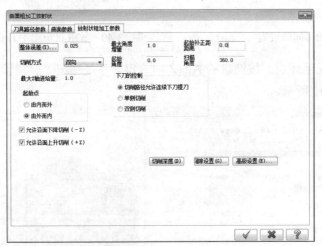

图 13-37　放射状粗加工参数

(9) 在"放射状粗加工参数"对话框中单击"切削深度"按钮,系统弹出"切削深度设置"对话框,该对话框用来设定第一层切削深度和最后一层的切削深度,如图 13-38 所示。单击"确定" ✓ 按钮,完成切削深度设置。

(10) 在"放射状粗加工参数"对话框中单击"间隙设置"按钮,系统弹出"刀具路径的间隙设置"对话框,该对话框用来设置刀具路径在遇到间隙时的处理方式,如图 13-39 所示。单击"确定" ✓ 按钮,完成间隙设置。

(11) 系统会根据设置的参数生成放射状粗加工刀具路径，如图 13-40 所示。

图 13-38　切削深度

图 13-39　间隙设置

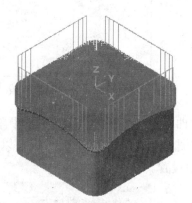

图 13-40　放射状粗加工刀具路径

(12) 打开第 3 层毛坯层。按键盘的 Alt+Z 组合键，系统弹出"层别管理"对话框，将第 3 层显示，如图 13-41 所示。

图 13-41　显示毛坯

(13) 在刀具路径管理器中单击"属性"→"材料设置"选项，弹出"机器群组属性"对话框，单击"材料设置"标签，打开"材料设置"选项卡，如图 13-42 所示设置加工坯料的尺寸，单击"确定"按钮完成参数设置。

(14) 坯料设置结果如图 13-43 所示，虚线框显示的即为毛坯。

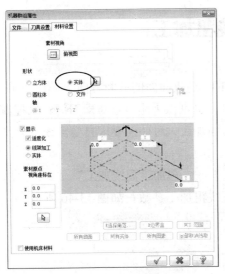

图 13-42 设置毛坯

图 13-43 毛坯

(15) 单击"实体模拟" 按钮，系统弹出"Verify"对话框，该对话框用来设置实体模拟的参数，如图 13-44 所示。

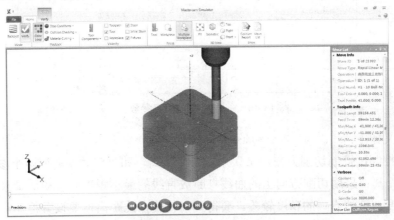

图 13-44 "Verify"对话框

(16) 在"Verify"对话框中单击"播放" 按钮，模拟结果如图 13-45 所示。

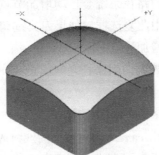

图 13-45 模拟结果

13.3　流线粗加工

曲面流线粗加工能产生沿着曲面的引导方向(U向)或曲面的截断方向(V向)加工的刀具路径。可以采用控制残脊高度来进行精准控制残料，也可以采用步进量即刀间距来控制残料。曲面流线加工比较适合曲面流线相同或类似的曲面加工，对曲面要求只要流线不交叉，产生的路径不交叉即可生成刀具路径。

在主菜单选择"刀具路径"→"曲面粗加工"→"粗加工流线加工"命令，弹出"曲面粗加工流线"对话框，该对话框主要用来设置流线粗加工参数，如图 13-46 所示。

图 13-46　曲面流线粗加工参数

各选项含义如下：

◇　切削控制：控制切削方向加工误差。有"距离"和"整体误差"两个参数来控制。

● 距离：采用切削方向上的曲线打断成直线的最小距离即移动增量来控制加工精度。这种方式的精度较差。要得到高精度，此距离值要设置得非常小，但是计算时间会变长。

● 整体误差：以设定刀具路径与曲面之间的误差来决定切削方向路径的精度。所有超过此设定误差的路径系统会自动增加节点，使路径变短，误差减少。

● 执行过切检查：选中此复选框，如果刀具过切，系统会自动调整刀具路径，避免过切，该选项会增加计算时间。

◇　截断方向的控制：用来控制切削路径之间的距离。有"距离"和"环绕高度"两个选项。

● 距离：设定两切削路径之间的距离。

● 环绕高度：设定两切削路径之间所留下的残料的高度。系统根据高度来控制距离。

◇　切削方式：设置切削加工走刀方式，有双向、单向和螺旋式。

● 双向：以来回的方式切削加工。

● 单向：从某一方向切削到终点侧，抬刀回到起点侧，再以同样的方向到达终点侧，所有切削路径都朝同一方向。

● 螺旋式：产生螺旋式切削路径，适合封闭式流线曲面。

◇ 只有单行：限定只有排成一列的曲面上产生流线加工。

◇ 最大 Z 轴进给量：设定粗切每层最大切削深度。

◇ 下刀的控制：控制下刀侧。可以单侧下刀、双侧下刀以及连续下刀。

◇ 允许沿面下降切削：允许刀具在曲面上沿着曲面下降切削。

◇ 允许沿面上升切削：允许刀具在曲面上沿着曲面上升切削。

案例 13-3：流线粗加工

对如图 13-47 所示的图形采用流线粗加工进行铣削，结果如图 13-48 所示。

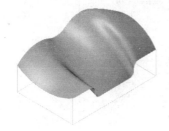

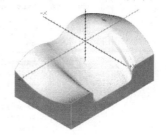

图 13-47　待加工图形　　　　　　图 13-48　加工结果

操作步骤：

(1) 单击"打开" 按钮，从光盘打开"源文件\第 13 章\13-3.mcx-7"，单击"确定" 按钮完成文件的调取。

(2) 在主菜单中选择"刀具路径"→"曲面粗加工"→"粗加工流线加工"命令，弹出"选择工件形状"对话框，选取曲面的类型，选中"未定义"选项，再单击"确定" 按钮，如图 13-49 所示。

(3) 系统弹出"输入新 NC 名称"对话框，在文本框中按默认名称，单击"确定" 按钮，如图 13-50 所示。

图 13-49　选取曲面类型　　　　图 13-50　输入新 NC 名称

(4) 在主菜单中选择"刀具路径"→"曲面粗加工"→"粗加工流线加工"命令，系统弹出"流线设置"对话框，选取曲面为加工面。切削方向和补正方向如图中所示。单击"确定" 按钮，完成流线选项设置，如图 13-51 所示。

(5) 系统弹出"曲面粗加工流线"对话框，在该对话框中单击"刀具路径参数"标签，弹出"刀具路径参数"选项卡，如图 13-52 所示。该对话框用来设置刀具相关参数。

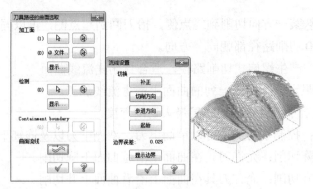

图 13-51 流线选项

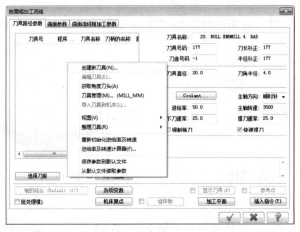

图 13-52 刀具路径参数

(6) 在"刀具路径参数"选项卡空白处单击右键，在弹出的右键菜单中选中"创建新刀具"选项，系统弹出定义刀具类型对话框，选取球刀，如图 13-53 所示。

(7) 系统弹出定义刀具参数对话框，如图 13-54 所示。单击"确定"☑按钮，完成刀具参数设置。

图 13-53 定义刀具类型

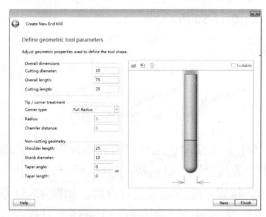

图 13-54 新建刀具

(8) 在"刀具路径参数"对话框中即创建了 D10 球刀。设置进给率为 800,下刀速率为 400,主轴转速为 3000,如图 13-55 所示。

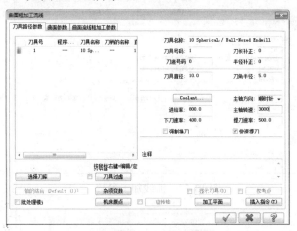

图 13-55 设置切削参数

(9) 在"曲面粗加工流线"对话框中单击"曲面参数"标签页,弹出"曲面参数"选项卡,设置高度参数,如图 13-56 所示。

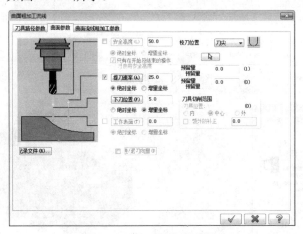

图 13-56 设置曲面参数

(10) 在"曲面粗加工流线"对话框中单击"曲面流线粗加工参数"标签,设置曲面流线粗加工参数,如图 13-57 所示。

(11) 在"曲面流线粗加工参数"选项卡中单击"切削深度"按钮,系统弹出"切削深度设置"对话框,该对话框用来设定第一层切削深度和最后一层的切削深度,如图 13-58 所示。单击"确定" ✓ 按钮,完成切削深度设置。

(12) 在"曲面流线粗加工参数"选项卡中单击"间隙设置"按钮,系统弹出"刀具路径的间隙设置"对话框,该对话框用来设置刀具路径在遇到间隙时的处理方式,如图 13-59 所示。单击"确定" ✓ 按钮,完成间隙设置。

(13) 系统根据参数生成流线粗加工刀具路径,如图 13-60 所示。

图 13-57　流线加工参数

图 13-58　切削深度

图 13-59　间隙设置

图 13-60　生成加工刀路

(14) 在刀具路径管理器中单击"属性"→"材料设置"选项，弹出"机器群组属性"对话框，单击"材料设置"标签，打开"材料设置"选项卡，如图 13-61 所示设置加工坯料的尺寸，单击"确定" 按钮完成参数设置。

(15) 坯料设置结果如图 13-62 所示，虚线框显示的即为毛坯。

(16) 单击"实体模拟" 按钮，系统弹出"Verify"对话框，该对话框用来设置实体模拟的参数，如图 13-63 所示。

(17) 在"Verify"对话框中单击"播放" 按钮，模拟结果如图 13-64 所示。

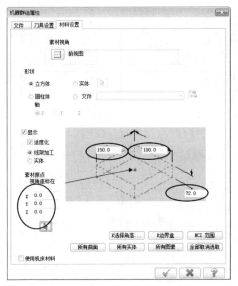

图 13-61 设置毛坯

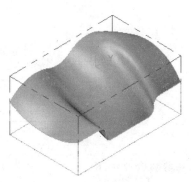

图 13-62 毛坯

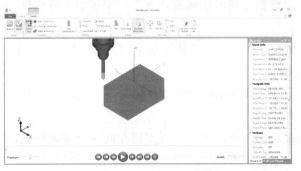

图 13-63 "Verify" 对话框

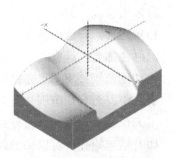

图 13-64 模拟结果

13.4 挖槽粗加工

挖槽粗加工是将工件在同一高度上进行等分后产生分层铣削的刀具路径,即在同一高度上完成所有的加工后再进行下一个高度的加工。它在每一层上的走刀方式与二维挖槽类似。挖槽粗加工在实际粗加工过程中使用频率最多,所以也称其为"万能粗加工",绝大多数的工件都可以利用挖槽来进行开粗。挖槽粗加工提供了多样化的刀具路径和多种下刀方式,是粗加工中最为重要的刀具路径。

在"曲面粗加工挖槽"对话框中单击"粗加工参数"标签,打开"粗加工参数"选项卡,如图 13-65 所示,可以设置挖槽粗加工所需要的一些参数,包括 Z 轴最大进刀量、粗加工下刀方式、切削深度、平面设置等。

图 13-65　挖槽粗加工参数

其参数含义如下。

✧　Z 轴最大进给量：设置 Z 轴方向每刀最大切削深度。

✧　螺旋式下刀：选中"螺旋式下刀"复选框，将采用螺旋式下刀。未选中该复选框，将采用直线下刀。

✧　指定进刀点：选中该复选框，输入所有加工参数，会提示选取进刀点，所有每层切削路径都会以选取的下刀点作为起点。

✧　由切削范围外下刀：允许切削刀具路径从切削范围外下刀。此选项一般在凸形工件中选中，刀具从范围外进刀，不会产生过切。

✧　下刀位置针对起始孔排序：选中该复选框，每层下刀位置安排在同一位置或区域，如有钻起始孔，可以钻的起始孔作为下刀位置。

✧　顺铣：切削方式以顺铣方式加工。

✧　逆铣：切削方式以逆铣方式加工。

在"曲面粗加工挖槽"对话框中单击"挖槽参数"标签，打开"挖槽参数"选项卡，如图 13-66 所示，用来设置挖槽专用参数。

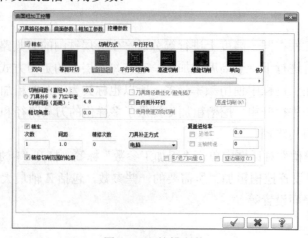

图 13-66　挖槽参数

各选项含义如下。

◇　粗车：选中该复选框时，可按设定的切削方式执行分层粗加工路径。

◇　切削方式：这里提供了 8 种切削方式，与二维挖槽一样。

◇　切削间距：设置两刀具路径之间的距离，可以用刀具直径的百分比或直接输入距离来表示。

◇　粗切角度：此字段只在双向或单向切削时，设定刀具切削方向与 X 轴的方向。

◇　刀具路径最佳化：选中该项时，可优化挖槽刀具路径，尽量减少刀具负荷，以最优化的走刀方式进行切削。

◇　由内而外环切：挖槽刀具路径由中心向外加工到边界，适合所有的环绕式切削路径。该项只有选中环绕式加工方式才能选中。若没选中该项，则由外向内加工。

◇　使用快速双向切削：该项只有在粗加工切削方式为双向切削时才可以被选用。选中该项时可优化计算刀路，尽量以最短的时间进行加工。

◇　精车：选中该项，每层粗铣后会对外形和岛屿进行精加工，且能减小精加工刀具切削负荷。

◇　次数：设置精加工次数。

◇　间距：设置精加工刀具路径间的距离。

◇　精修次数：设置沿最后精修路径重复加工的次数。如果刀具钢性不好，在加工侧壁时刀具受力会产生让刀，导致垂直度不高，可以采用精修次数进行重复走刀，以提高垂直度。

◇　刀具补正方式：有电脑、两者和两者反向。

◇　覆盖进给率：可设置精修刀具路径的转速和进给率。

案例 13-4：挖槽粗加工

将如图 13-67 所示的图形进行挖槽粗加工，加工结果如图 13-68 所示。

图 13-67　挖槽图形

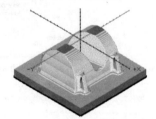

图 13-68　挖槽结果

操作步骤：

(1) 单击"打开" 按钮，从光盘打开"源文件\第 13 章\13-4.mcx-7"，单击"确定" 按钮完成文件的调取。

(2) 在主菜单上选择"刀具路径"→"曲面粗加工"→"粗加工挖槽加工"命令，弹出"输入新 NC 名称"对话框，在文本框中按默认的名称，单击"确定" 按钮完成输入，如图 13-69 所示。

(3) 选取曲面后弹出"刀具路径的曲面选取"对话框，如图 13-70 所示。选取曲面和边界后，单击"确定" 按钮完成选取。

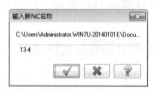

图 13-69　输入新 NC 名称

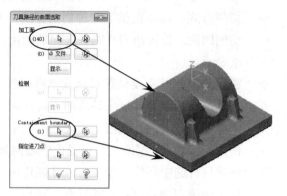

图 13-70　曲面的选取

(4) 弹出"曲面粗加工挖槽"对话框，如图 13-71 所示。用来设置曲面挖槽粗加工的各种参数。单击"刀具路径参数"选项卡，设置刀具及相关参数。

(5) 在"刀具路径参数"选项卡的空白处单击右键，从右键菜单中选择"创建新刀具"选项，弹出定义刀具对话框，如图 13-72 所示。选取刀具类型为"圆鼻刀"，系统弹出球刀定义对话框，将圆鼻刀参数设置为直径 D10R1，如图 13-73 所示。单击"确定" 按钮，完成设置。

图 13-71　刀具路径参数

图 13-72　定义刀具

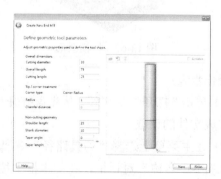

图 13-73　设置圆鼻刀参数

(6) 系统返回"刀具路径参数"选项卡，设置进给速率和转速等相关参数，如图 13-74 所示。

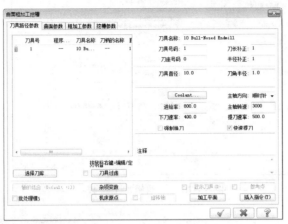

图 13-74　刀具相关参数

(7) 在"曲面粗加工挖槽"对话框中单击"曲面参数"标签，打开"曲面参数"选项卡，如图 13-75 所示。设置曲面相关参数，单击"确定" ✓ 按钮完成参数设置。

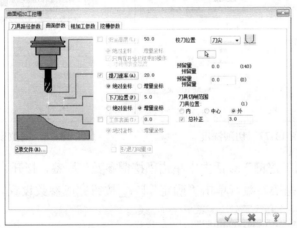

图 13-75　曲面参数

(8) 在"曲面粗加工挖槽"对话框中单击"粗加工参数"标签，打开"粗加工参数"选项卡，如图 13-76 所示。可以设置挖槽粗加工参数。单击"确定" ✓ 按钮完成参数设置。

(9) 在"粗加工参数"选项卡中单击"切削深度"按钮，系统弹出"切削深度设置"对话框，该对话框用来设定第一层切削深度和最后一层的切削深度，如图 13-77 所示。单击"确定" ✓ 按钮，完成切削深度设置。

(10) 在"粗加工参数"对话框中单击"间隙设置"按钮，系统弹出"刀具路径的间隙设置"对话框，该对话框用来设置刀具路径在遇到间隙时的处理方式，如图 13-78 所示。单击"确定" ✓ 按钮，完成间隙设置。

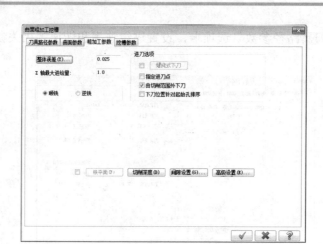

图 13-76　挖槽粗加工参数

图 13-77　切削深度

图 13-78　间隙设置

(11) 在"曲面粗加工挖槽"对话框中单击"挖槽参数"标签，打开"挖槽参数"选项卡，如图 13-79 所示。设置挖槽参数，单击"确定" ✓ 按钮完成参数设置。

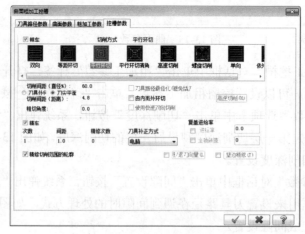

图 13-79　挖槽参数

(12) 系统会根据设置的参数生成挖槽粗加工刀具路径，如图 13-80 所示。

图 13-80　挖槽粗加工刀具路径

(13) 在刀具路径管理器中单击"属性"→"材料设置"选项，弹出"机器群组属性"对话框，单击"材料设置"标签，打开"材料设置"选项卡，如图 13-81 所示设置加工坯料的尺寸，单击"确定" ✓ 按钮完成参数设置。

(14) 坯料设置结果如图 13-82 所示，虚线框显示的即为毛坯。

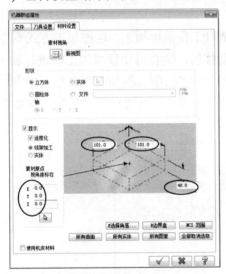

图 13-81　设置毛坯

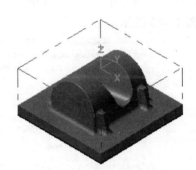

图 13-82　毛坯

(15) 单击"实体模拟" 按钮，系统弹出"Verify"对话框，该对话框用来设置实体模拟的参数，如图 13-83 所示。

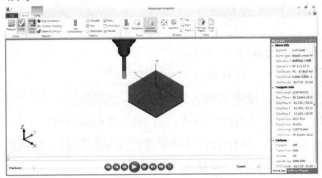

图 13-83　"Verify"对话框

(16) 在"Verify"对话框中单击"播放" ▶ 按钮，模拟结果如图 13-84 所示。

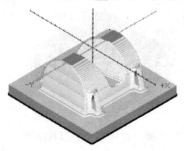

图 13-84　模拟结果

13.5　钻削式粗加工

钻削式粗加工是使用类似钻孔的方式，快速地对工件做粗加工。这种加工方式有专用刀具，刀具中心有冷却液的出水孔，以供钻削时顺利排屑，适合对比较深的工件进行加工。

在主菜单上选择"刀具路径"→"曲面粗加工"→"钻削式粗加工"命令，弹出"曲面粗加工钻削式"对话框，单击"钻削式粗加工参数"标签，打开"钻削式粗加工参数"选项卡，如图 13-85 所示。

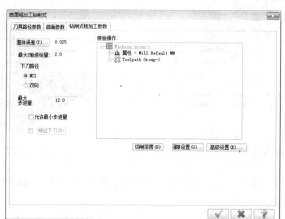

图 13-85　粗加工钻削式参数

该选项卡中各参数含义如下。

◇　整体误差：设定刀具路径与曲面之间的误差。

◇　最大 Z 轴进给量：设定 Z 轴方向每刀最大切削深度。

◇　下刀路径：钻削路径的产生方式，有 NCI 和双向两种。

● 　NCI：参考某一操作的刀具路径来产生钻削路径。钻削的位置会沿着被参考的路径，这样可以产生多样化的钻削顺序。

● 　双向：如选择双向，会提示选择两对角点来决定钻削的矩形范围。

   ◇　最大步进量：设定两钻削路径之间的距离。

   ◇　螺旋下刀：以螺旋的方式下刀。

案例 13-5：钻削式粗加工

将如图 13-86 所示的图形进行钻削式粗加工，加工结果如图 13-87 所示。

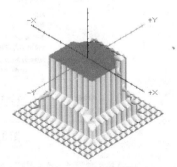

图 13-86　钻削粗加工图形　　　　　　　　图 13-87　加工结果

操作步骤：

(1) 单击"打开" ![按钮] 按钮，从光盘打开"源文件\第 13 章\13-5.mcx-7"，单击"确定" ![按钮] 按钮完成文件的调取。

(2) 在主菜单上选择"刀具路径"→"曲面粗加工"→"粗加工钻削式加工"命令，选择曲面后单击"确定" ![按钮] 按钮，弹出"刀具路径的曲面选取"对话框，再选取网格点，选取左下角点和右上角点，如图 13-88 所示。单击"确定" ![按钮] 按钮完成选取。

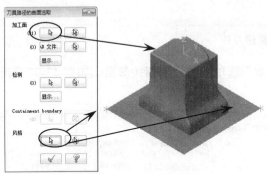

图 13-88　选取曲面和网格点

(3) 弹出"曲面粗加工钻削式"对话框，如图 13-89 所示。用来设置曲面钻削式粗加工的各种参数。

(4) 在"刀具路径参数"选项卡的空白处单击右键，从右键菜单中选择"创建新刀具"选项，弹出定义刀具对话框，如图 13-90 所示。选取刀具类型为"钻头"，系统弹出钻头定义对话框，将钻头参数设置为直径 D10，如图 13-91 所示。单击"确定" ![按钮] 按钮，完成设置。

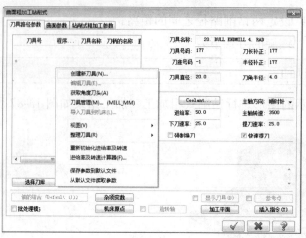

图 13-89　粗加工参数

图 13-90　新建刀具

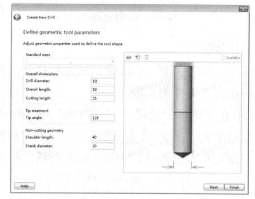

图 13-91　设置钻头参数

(5) 在"刀具路径参数"选项卡中设置相关参数，如图 13-92 所示。单击"确定" ✓ 按钮完成刀具参数设置。

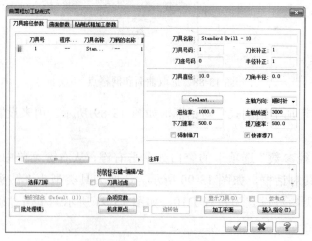

图 13-92　刀具相关参数

　　(6) 在"曲面粗加工钻削式"对话框中单击"曲面参数"标签，打开"曲面参数"选项卡，如图 13-93 所示。设置曲面相关参数，单击"确定" ✓ 按钮完成参数设置。

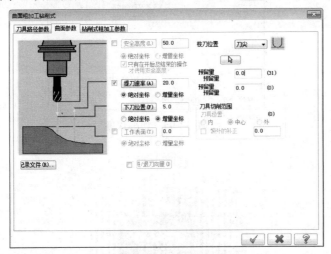

图 13-93　曲面参数

　　(7) 在"曲面粗加工钻削式"对话框中单击"钻削式粗加工参数"标签，打开"钻削式粗加工参数"选项卡，如图 13-94 所示。设置钻削式粗加工参数，单击"确定" ✓ 按钮完成参数设置。

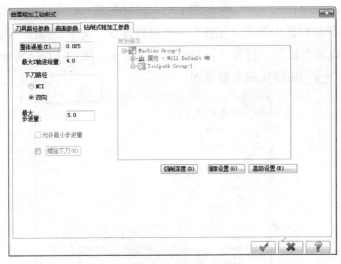

图 13-94　粗加工参数

　　(8) 在"钻削式粗加工参数"选项卡中单击"切削深度"按钮，系统弹出"切削深度设置"对话框，该对话框用来设定第一层切削深度和最后一层的切削深度，如图 13-95 所示。单击"确定" ✓ 按钮，完成切削深度设置。

　　(9) 参数设置完毕后，系统会根据设置的参数生成钻削式粗加工刀具路径，如图 13-96 所示。

图 13-95　切削深度

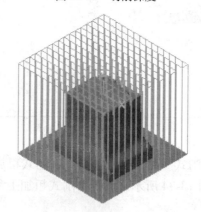

图 13-96　钻削式加工路径

(10) 在刀具路径管理器中单击"属性"→"材料设置"选项,弹出"机器群组属性"对话框,单击"材料设置"标签,打开"材料设置"选项卡,如图 13-97 所示设置加工坯料的尺寸,单击"确定" 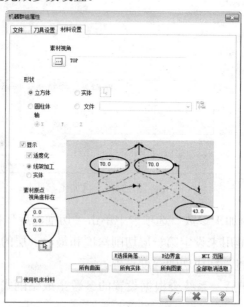 按钮完成参数设置。

图 13-97　设置毛坯

(11) 坯料设置结果如图 13-98 所示，虚线框显示的即为毛坯。

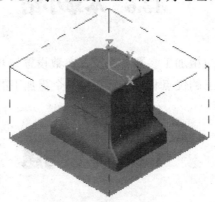

图 13-98　毛坯

(12) 单击"实体模拟" 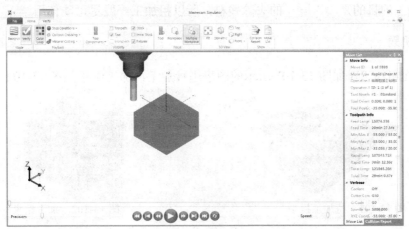按钮，系统弹出"Verify"对话框，该对话框用来设置实体模拟的参数，如图 13-99 所示。

图 13-99　"Verify"对话框

(13) 在"Verify"对话框中单击"播放" ▶按钮，模拟结果如图 13-100 所示。

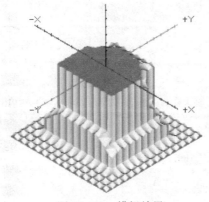

图 13-100　模拟结果

13.6　本章小结

本章主要讲解三维曲面粗加工参数含义及其参数设置技巧。理解曲面粗加工的目的，掌握曲面粗加工中每种粗加工的优点和缺点，并将多个粗加工的优缺点结合进行相互弥补，达到快速去除残料的最终目的。

13.7　本章习题

一、填空题

1. 三维曲面粗加工主要是用来对工件进行_____加工。
2. 粗加工的目的是_____的去除残料，所以粗加工一般尽可能使用_____。

二、上机题

采用曲面粗加工对如图 13-101 所示的图形进行加工，加工结果如图 13-102 所示。

图 13-101　待加工模型

图 13-102　加工结果

第 14 章

二次开粗加工

　　上一章已经讲过曲面粗加工刀路，一般作为首次开粗。本章所讲的粗加工主要是针对二次开粗。

　　二次开粗顾名思义，是在首次开粗的基础上对多余的工件余量再进行一次开粗。二次开粗的意义是将首次开粗后的工件余量进行均匀化，为后续的精加工做好准备，防止局部区域残料过多。局部残料过多会导致刀具损伤甚至刀具断裂。

　　因此，二次开粗既要避免在首次开粗已经加工过的区域重复加工，又要避免某些局部残料多的区域没有加工到，因此二次开粗残料的判断也很重要。

 学习目标

　◇　理解曲面二次开粗加工的原理和目的以及要达到的效果。
　◇　掌握几种常见的二次开粗的加工方式。并熟练掌握其开粗的优缺点。根据不同的残料形式合理选用不同的二次开粗加工方式来清除残料。
　◇　掌握二次开粗加工的区域优化功能，减少抬刀次数。

14.1 等高外形粗加工

等高外形粗加工是采用等高线的方式进行逐层加工，曲面越陡，等高加工效果越好。等高外形粗加工常作为二次开粗，或者用于铸件毛坯的开粗。等高外形粗加工是绝大多数高速机所采用的加工方式。一般主要是对工件比较陡峭的部分进行二次开粗，对于比较浅的区域等高外形粗加工效果不好。

等高外形粗加工参数与其他粗加工类似，这里主要讲解等高外形粗加工特有的参数。在主菜单选择"刀具路径"→"粗加工"→"等高粗加工"命令，弹出"曲面粗加工等高外形"对话框，如图 14-1 所示。该对话框用来设置等高外形粗加工相关参数。

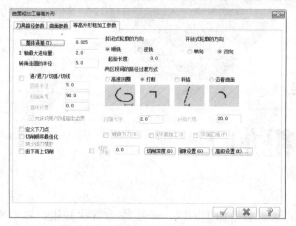

图 14-1 等高外形粗加工参数设置

各选项参数如下：

◇ 整体误差：设定刀具路径与曲面之间的误差值。

◇ Z 轴最大进给量：设定 Z 轴方向每刀最大切深。

◇ 转角走圆的半径：设定刀具路径的转角处走圆弧的半径。小于或等于 135º 的转角处将采用圆弧刀具路径。

◇ 进/退刀/切弧/切线：在每一切削路径的起点和终点产生一进刀或退刀的圆弧或者切线。

◇ 允许切弧/切线超出边界：允许进退刀圆弧超出切削范围。

◇ 定义下刀点：用来设置刀具路径的下刀位置，刀具路径会从最接近选择点的曲面角落下刀。

◇ 切削顺序最佳化：使刀具尽量在一区域加工，直到该区域所有切削路径都完成后，再移动到下一区域进行加工。这样可以减少提刀次数，提高加工效率。

◇ 减少插刀情形：只在选中"切削顺序最佳化"后才会激活，当选中"切削顺序最佳化"时，刀具切削完当前区域再切削下一区域，如果两区域刀具路径之间距离小于刀具直径，有可能导致刀具埋入量过深，刀具负荷过大，很容易损坏刀具。因而，选中此参数，系统对刀具路径距离小于刀具直径的区域直接加工，而不采用刀具路径切削顺序最佳化。

◇ 封闭式轮廓的方向：设定等高粗加工运算中封闭式路径的切削方向。提供了顺铣和逆铣两种。

◇ 起始长度：设定封闭式切削路径起点之间的距离，这样可以使路径起点分散，不会在工件上留下明显的痕迹。

◇ 开放式轮廓的方向：设定等高粗加工中开放式路径的切削方式，有双向和单向两种。

◇ 两区段间的路径过滤方式：设定两路径之间刀具的移动方式，即路径终点到下一路径的起点。系统提供了 4 种过渡方式：高速回圈、打断、斜插和沿着曲面 4 种。

　● 高速回圈：该项用于高速加工，是尽量在两切削路径间插入一圆弧形平滑路径，使刀具路径尽量平滑，减少不必要的转角。

　● 打断：在两切削间，刀具先上移然后平移，再下刀，避免撞刀。

　● 斜插：以斜进下刀的方式移动。

　● 沿着曲面：刀具沿着曲面方式移动。

◇ 回圈长度：只有当两区域间的路径过渡方式设为变速回圈时该项才会被激活。该项用来设置残料加工两切削路径之间的刀具移动方式。如果两路径之间距离小于循环长度，会插入一循环，如果大于循环长度，则插入一平滑的曲线路径。

◇ 斜插长度：该选项是设置等高路径之间的斜插长度，只有在选择"高速回圈"和"斜插"时该项才被激活。

◇ 螺旋下刀：以螺旋的方式下刀。

案例 14-1：等高外形粗加工

对如图 14-2 所示的图形采用等高外形粗加工进行铣削，结果如图 14-3 所示。

图 14-2　待加工图形

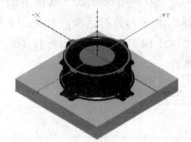

图 14-3　加工结果

操作步骤：

(1) 单击"打开" 按钮，从光盘打开"源文件\第 14 章\14-1.mcx-7"，单击"确定" 按钮完成文件的调取。

(2) 在主菜单选择"刀具路径"→"曲面粗加工"→"粗加工等高外形加工"命令，系统提示选取曲面，选取曲面后弹出"刀具路径的曲面选取"对话框，选取要加工的曲面和定义切削范围。如图 14-4 所示。单击"确定" 按钮完成选取。

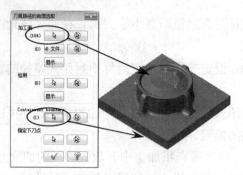

图 14-4　曲面和加工范围的选取

（3）弹出"曲面粗加工等高外形"对话框，如图 14-5 所示。该对话框用来设置曲面等高粗加工的各种参数。

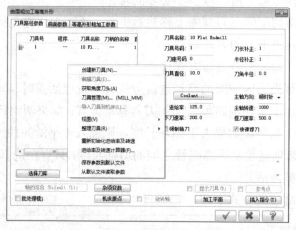

图 14-5　曲面等高粗加工参数

（4）在"刀具路径参数"选项卡的空白处单击右键，从右键菜单中选择"创建新刀具"选项，弹出定义刀具对话框，如图 14-6 所示。选取刀具类型为"球刀"，系统弹出球刀定义对话框，将球刀参数设置为直径 D8，如图 14-7 所示。单击"确定" ☑ 按钮，完成设置。

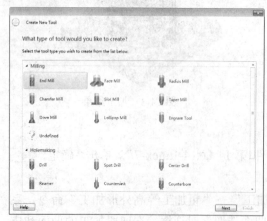

图 14-6　新建刀具

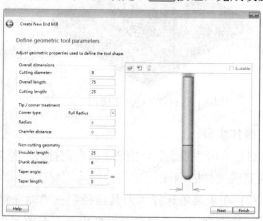

图 14-7　设置球刀参数

(5) 在"刀具路径参数"选项卡中设置相关参数,如图 14-8 所示。单击"确定" ✓ 按钮完成刀具参数设置。

图 14-8 刀具相关参数

(6) 在"曲面粗加工等高外形"对话框中单击"曲面参数"标签,打开"曲面参数"选项卡,如图 14-9 所示。设置曲面相关参数,单击"确定" ✓ 按钮完成参数设置。

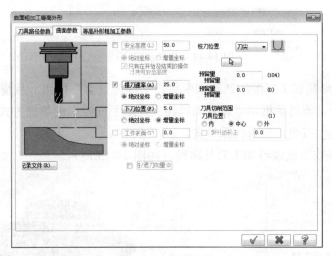

图 14-9 曲面参数

(7) 在"曲面粗加工等高外形"对话框中单击"等高外形粗加工参数"标签,打开"等高外形粗加工参数"选项卡,如图 14-10 所示。设置残料加工相关参数,单击"确定" ✓ 按钮完成参数设置。

(8) 在"等高外形粗加工参数"选项卡中单击"切削深度"按钮,系统弹出"切削深度设置"对话框,该对话框用来设定最高和最低位置,如图 14-11 所示。单击"确定" ✓ 按钮,完成切削深度设置。

图 14-10　等高外形加工参数

图 14-11　切削深度

(9) 在"等高外形粗加工参数"选项卡中单击"间隙设置"按钮，系统弹出"刀具路径的间隙设置"对话框，该对话框用来设置刀具路径在遇到间隙时的处理方式，如图 14-12 所示。单击"确定" ✔ 按钮，完成间隙设置。

(10) 系统根据参数生成残料加工刀具路径，如图 14-13 所示。

图 14-12　间隙设置

图 14-13　生成等高外形刀路

(11) 在刀具路径管理器中单击"属性"→"材料设置"选项，弹出"机器群组属性"对话框，单击"材料设置"标签，打开"材料设置"选项卡，如图 14-14 所示设置加工坯料的尺寸，单击"确定" ✔ 按钮完成参数设置。

(12) 坯料设置结果如图 14-15 所示，虚线框显示的即为毛坯。

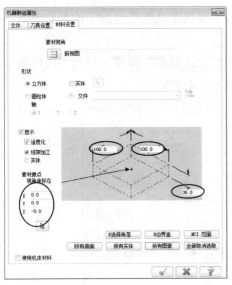

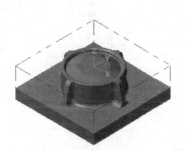

图 14-14　设置毛坯　　　　　　　　　　　图 14-15　毛坯

(13) 单击"实体模拟" 按钮，系统弹出"Verify"对话框，该对话框用来设置实体模拟的参数，如图 14-16 所示。

(14) 在"Verify"对话框中单击"播放" 按钮，模拟结果如图 14-17 所示。

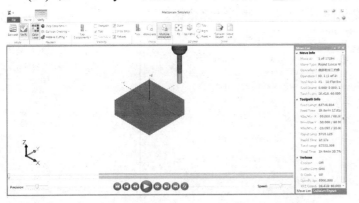

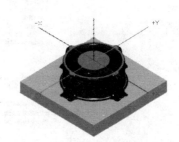

图 14-16　"Verify"对话框　　　　　　　　图 14-17　模拟结果

14.2　残料粗加工

残料粗加工可以侦测先前曲面粗加工刀具路径留下来的残料，并用等高加工方式铣削残料。残料加工主要用于二次开粗。由于其可以侦测残料区域，因此残料粗加工一般作为二次开粗的首选刀路。但是其缺点是刀路计算量大，耗时长，加工废刀路比较多。在实际使用时尽量减少废刀路的数量，提高效率。

残料粗加工除了前面讲的刀具路径参数和曲面参数选项卡外，还有两个选项卡，即残料粗加工参数和剩余材料参数。残料粗加工参数主要用来设置残料加工的开粗参数。剩余材料参数用来设置剩余材料计算依据。

在"曲面残料粗加工"对话框中单击"残料加工参数"标签,打开"残料加工参数"选项卡,如图 14-18 所示。参数与等高外形粗加工参数类似。

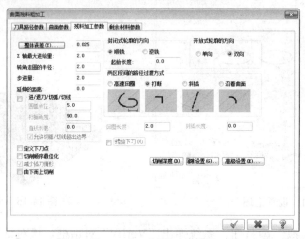

图 14-18　残料加工参数

在"曲面残料粗加工"对话框中单击"剩余材料参数"标签,打开"剩余材料参数"选项卡,如图 14-19 所示,可以设置残料加工的剩余残料计算依据。

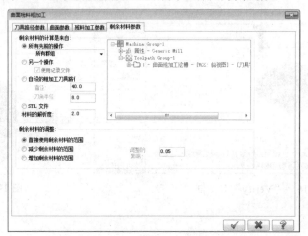

图 14-19　剩余材料参数

剩余材料参数含义如下。

◇　所有先前的操作:所有先前的刀具路径都被作为残料计算的来源。

◇　另一个操作(使用纪录文件):选中该单选按钮时在右边的操作显示区会显示被选择的操作纪录文件作为残料的来源。选中该项后计算粗铣刀具无法进入的区域作为残料区域。如未选中该单选按钮,可在被选择的刀具路径中计算出残料区域。

◇　自设的粗加工刀具路径:用来设置粗铣的刀具的直径和刀角半径来计算残料区域。

❖ STL 文件：用来设置残料计算的依据是与 STL 文件比较后剩余的部分作为残料区域。

❖ 材料的解析度：材料解析度即材料的分辨率，可用来控制残料的计算误差，数值越小，残料越精准，计算的时间越长。

❖ 剩余材料的调整：在粗加工中采用大直径刀具进行切削，导致曲面表面留下阶梯式残料，如图 14-20 所示。可用该项参数来增加或减小残料范围，设定阶梯式残料是否要加工。

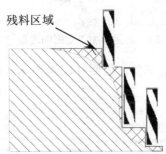

图 14-20　残料区域

● 直接使用剩余材料的范围：该项表示不做调整运算。

● 减少剩余材料的范围：允许忽略阶梯式残料，残料范围减少，可加快刀具路径计算速度。

● 增加剩余材料的范围：通过增加残料范围，产生将阶梯式的残料移除的刀具路径。

❖ 调整的距离：设定加大或缩小残料范围的距离。

案例 14-2：残料粗加工

将如图 14-21 所示的挖槽结果进行残料粗加工，加工结果如图 14-22 所示。

图 14-21　挖槽结果

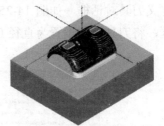

图 14-22　残料加工结果

操作步骤：

(1) 单击"打开"按钮，从光盘打开"源文件\第 14 章\14-2.mcx-7"，单击"确定" 按钮完成文件的调取。

(2) 在主菜单选择"刀具路径"→"曲面粗加工"→"粗加工残料加工"命令，系统要求选取曲面，选择曲面后弹出"刀具路径的曲面选取"对话框，选取要加工的曲面和定义切削范围，如图 14-23 所示。单击"确定" 按钮完成选取。

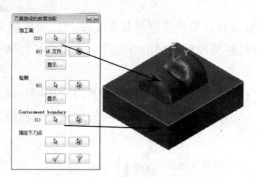

图 14-23　曲面和加工范围的选取

(3) 弹出"曲面残料粗加工"对话框，如图 14-24 所示。该对话框用来设置曲面残料粗加工的各种参数。

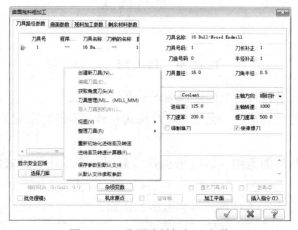

图 14-24　曲面残料粗加工参数

(4) 在"刀具路径参数"选项卡的空白处单击右键，从右键菜单中选择"创建新刀具"选项，弹出定义刀具对话框，如图 14-25 所示。选取刀具类型为"End Mill"，系统弹出新建刀具对话框，将刀具参数设置为直径 D10R5，如图 14-26 所示。单击"确定"按钮，完成设置。

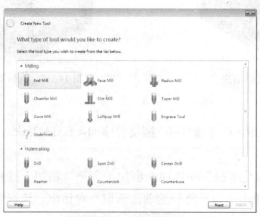

图 14-25　定义刀具

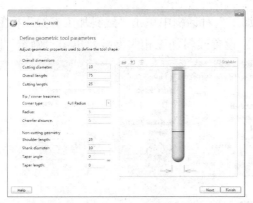

图 14-26　设置刀具参数

(5) 在"刀具路径参数"选项卡中设置相关参数，如图 14-27 所示。单击"确定" ✓ 按钮完成刀具参数设置。

图 14-27　刀具相关参数

(6) 在"曲面残料粗加工"对话框中单击"曲面参数"标签，打开"曲面参数"选项卡，如图 14-28 所示。设置曲面相关参数，单击"确定" ✓ 按钮完成参数设置。

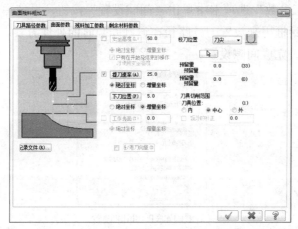

图 14-28　曲面参数

(7) 在"曲面残料粗加工"对话框中单击"残料加工参数"标签，打开"残料加工参数"选项卡，如图 14-29 所示。设置残料加工相关参数，单击"确定" ✓ 按钮完成参数设置。

图 14-29　残料加工参数

(8) 在"残料加工参数"选项卡中单击"切削深度"按钮，系统弹出"切削深度设置"对话框，该对话框用来设定第一层切削深度和最后一层的切削深度，如图 14-30 所示。单击"确定" ✓ 按钮，完成切削深度设置。

图 14-30　切削深度

(9) 在"残料加工参数"选项卡中单击"间隙设置"按钮，系统弹出"刀具路径的间隙设置"对话框，该对话框用来设置刀具路径在遇到间隙时的处理方式，如图 14-31 所示。单击"确定" ✓ 按钮，完成间隙设置。

图 14-31　间隙设置

(10) 在"曲面残料粗加工"对话框中单击"剩余材料参数"标签，打开"剩余材料参数"选项卡，如图 14-32 所示。设置残料加工剩余材料的计算依据，单击"确定" 按钮完成参数设置。

(11) 系统根据参数生成残料加工刀具路径，如图 14-33 所示。

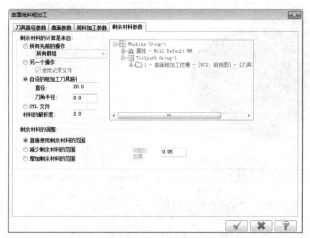

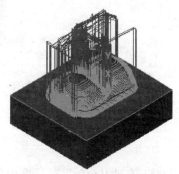

图 14-32　剩余材料参数　　　　　　　　　　　图 14-33　生成残料刀路

(12) 在刀具路径管理器中单击"属性"→"材料设置"选项，弹出"机器群组属性"对话框，单击"材料设置"标签，打开"材料设置"选项卡，如图 14-34 所示设置加工坯料的尺寸，单击"确定" 按钮完成参数设置。

(13) 坯料设置结果如图 14-35 所示，虚线框显示的即为毛坯。

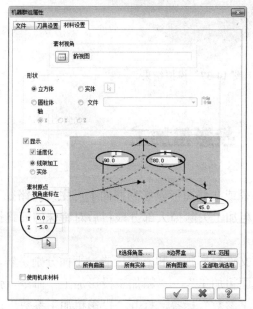

图 14-34　设置毛坯　　　　　　　　　　　　　图 14-35　毛坯

(14) 单击"实体模拟" 📄 按钮，系统弹出"Verify"对话框，该对话框用来设置实体模拟的参数，如图 14-36 所示。

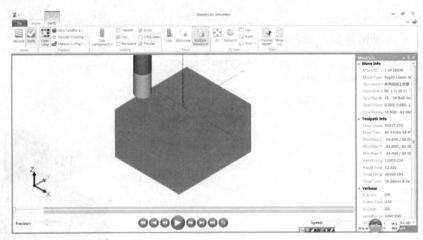

图 14-36 "Verify"对话框

(15) 在"Verify"对话框中单击"播放" ▶ 按钮，模拟结果如图 14-37 所示。

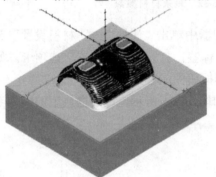

图 14-37 模拟结果

14.3 投影粗加工

投影粗加工是将已经存在的刀具路径或几何图形投影到曲面上产生刀具路径。投影粗加工一般也不能作为首次粗加工，只能在粗加工去除掉大部分残料后对特殊的刀路投影、线条投影、点投影后的区域进行二次开粗加工。

投影加工的类型有曲线投影、NCI 文件投影加工和点集投影。下面分别讲解。

在主菜单选择"刀具路径"→"曲面粗加工"→"粗加工投影加工"命令，弹出"曲面粗加工投影"对话框，单击"投影粗加工参数"标签，打开"投影粗加工参数"选项卡，如图 14-38 所示，用来设置放射加工的专用参数。

图 14-38　放射状加工专用参数

各参数含义如下：

❖　最大 Z 轴进给量：每层最大的进给深度。

❖　投影方式：设置投影加工的投影类型。

● 　NCI：投影刀路。

● 　曲线：投影曲线生成刀路。

● 　点：投影点生成刀路。

案例 14-3：投影粗加工

将如图 14-39 所示的曲线投影到曲面上形成刀路，加工结果如图 14-40 所示。

图 14-39　粗加工投影

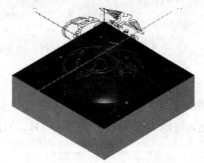

图 14-40　投影加工结果

操作步骤：

(1) 单击"打开" 📄 按钮，从光盘打开"源文件\第 14 章\14-3.mcx-7"，单击"确定" ☑️
按钮完成文件的调取。

(2) 在主菜单上选择"刀具路径"→"曲面粗加工"→"粗加工投影加工"命令，弹出
"选择工件形状"对话框，选取曲面的类型，选中"凸"单选按钮，再单击"确定" ☑️ 按
钮，如图 14-41 所示。

(3) 弹出"刀具路径的曲面选取"对话框，如图 14-42 所示。选取加工曲面和曲面加工

范围，单击"确定" ✓ 按钮完成选取。

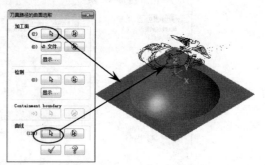

图 14-41　选取曲面类型　　　　　图 14-42　选取曲面和投影曲线

(4) 弹出"曲面粗加工投影"对话框，如图 14-43 所示。可以设置曲面粗加工的各种参数。在"曲面粗加工投影"对话框中单击"刀具路径参数"标签，打开"刀具路径参数"选项卡，设置刀具及相关参数。

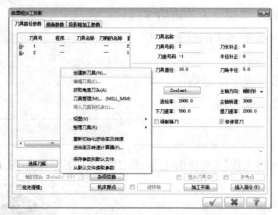

图 14-43　曲面粗加工放射状加工参数

(5) 在"刀具路径参数"选项卡的空白处单击右键，从右键菜单中选择"创建新刀具"选项，弹出定义刀具对话框，如图 14-44 所示。选取刀具类型为"球刀"，系统弹出球刀定义对话框，将球刀参数设置为直径 D1，如图 14-45 所示。单击"确定" ✓ 按钮，完成设置。

图 14-44　定义刀具

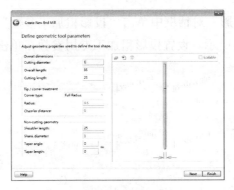

图 14-45　设置球刀参数

(6) 单击"确定"按钮后，在"刀具路径参数"选项卡中设置相关参数，如图 14-46 所示。

图 14-46　刀具相关参数

(7) 在"曲面粗加工投影"对话框中单击"曲面参数"标签，打开"曲面参数"选项卡，如图 14-47 所示。设置曲面相关参数，单击"确定" ✓ 按钮完成参数设置。

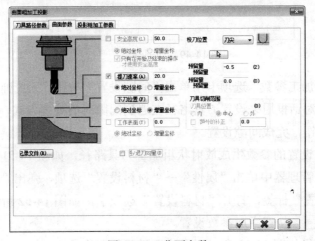

图 14-47　曲面参数

(8) 在"曲面粗加工投影"对话框中单击"投影粗加工参数"标签，打开"投影粗加工参数"选项卡，如图 14-48 所示。设置投影粗加工专用参数，单击"确定"✔️按钮完成参数设置。

图 14-48　放射状粗加工参数

(9) 在"投影粗加工参数"选项卡中单击"切削深度"按钮，系统弹出"切削深度设置"对话框，该对话框用来设定第一层切削深度和最后一层的切削深度，如图 14-49 所示。单击"确定"✔️按钮，完成切削深度设置。

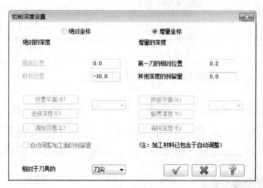

图 14-49　切削深度

(10) 在"投影粗加工参数"选项卡中单击"间隙设置"按钮，系统弹出"刀具路径的间隙设置"对话框，该对话框用来设置刀具路径在遇到间隙时的处理方式，如图 14-50 所示。单击"确定"✔️按钮，完成间隙设置。

(11) 系统会根据设置的参数生成放射状粗加工刀具路径，如图 14-51 所示。

(12) 在刀具路径管理器中单击"属性"→"材料设置"选项，弹出"机器群组属性"对话框，单击"材料设置"标签，打开"材料设置"选项卡，如图 14-52 所示设置加工坯料的尺寸，单击"确定"✔️按钮完成参数设置。

(13) 坯料设置结果如图 14-53 所示，虚线框显示的即为毛坯。

图 14-50　间隙设置

图 14-51　投影粗加工刀具路径

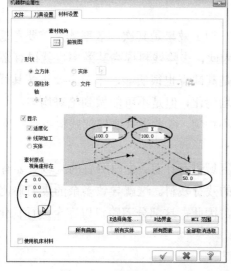

图 14-52　设置毛坯

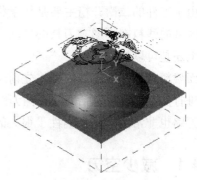

图 14-53　毛坯

(14) 单击"实体模拟" 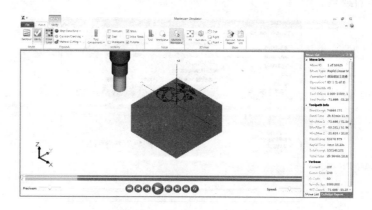 按钮，系统弹出"Verify"对话框，该对话框用来设置实体模拟的参数，如图 14-54 所示。

图 14-54　"Verify"对话框

(15) 在"Verify"对话框中单击"播放" ▶ 按钮，模拟结果如图 14-55 所示。

图 14-55　模拟结果

14.4　切削区域优化

粗加工的目的就是快速去除残料，因此，加工效果是其次，效率才是首要考虑的因素。在实际工作中，效率更是考虑的重中之重。因此，去除残料提高其效率也就很有必要。在二次开粗中，残料粗加工有其明显的优势，但是其缺点也很明显，本节主要讲解其优化措施。

由于工件的二次开粗主要是尽量将残料均匀化，但是不可能做到绝对均匀，实际上允许局部区域的残料在不影响刀具的情况下可以不均匀。或者说只要局部残料不是特别的不均匀实际上还是可以接受的。

而残料粗加工在计算时会将先前所有的区域进行计算，先前所有的区域只要有一点残料都会进行加工，这也包括刀具在两刀路之间的残脊残料。这就导致多余的废刀路比较多，甚至空刀路也非常多，并且牺牲了很大的效率，因此，这部分刀路可以完全进行优化。

14.4.1　减少空刀

在"曲面残料粗加工"对话框中单击"残料加工参数"标签，系统弹出"残料加工参数"选项卡，如图 14-56 所示。在该对话框中开放式轮廓的方向设置为双向，可以减少单向刀路引起的空刀多的缺点。

图 14-56　残料加工参数

另外，勾选"切削顺序最佳化"选项前的复选框，以及"减少插刀情形"选项前的复选框也可以减少不必要的空刀刀路。

14.4.2　减少抬刀

在"残料加工参数"选项卡中单击"间隙设置"按钮，系统弹出"刀具路径的间隙设置"对话框，如图 14-57 所示。

图 14-57　刀具路径的间隙设置

如果步进量或每层切深大于某一设定值，系统即会抬刀。设定值包括距离、最大切深的百分比、刀具直径的百分比 3 种。即当步进量大于设定的距离、步进量大于最大切深的百分比或步进量大于刀具直径的百分比时，刀具就会提到参考高度，而在切削时只要没有发生撞刀的危险，抬刀会浪费时间，因此，为了减少不必要的抬刀，将距离、最大切深的百分比和刀具直径的百分比 3 个选项中的值设置得稍微大些，这样就可以尽量减少抬刀。

一般情况下建议选择刀具直径的百分比选项来控制抬刀，百分比值一般设置为 300% 最佳，这样步进量小于 300% 时刀具都不会抬刀，可以减少很多的抬刀空走刀轨。

14.4.3　减少计算量

通常情况下，工件中有些局部凹槽在首次开粗中大直径刀具是无法进入的，导致开粗后凹槽内残料非常深，因此，正常情况下，二次开粗加工工件整个区域计算量非常大，刀轨也比较凌乱，有很多废刀轨，此时可以通过限定范围来优化加工区域，减少计算量。

如图 14-58 所示的残料加工，进行区域优化后限定在中间开粗刀具无法进入的区域，优化后的刀轨如图 14-59 所示。很明显刀轨少了很多。

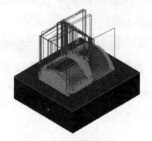

图 14-58　残料加工

图 14-59　优化后的刀轨

案例 14-4：刀路优化

将如图 14-60 所示的挖槽结果进行残料粗加工，加工结果如图 14-61 所示。

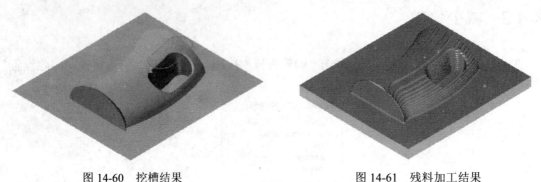

图 14-60　挖槽结果　　　　　　　　图 14-61　残料加工结果

操作步骤：

(1) 单击"打开" 按钮，从光盘打开"源文件\第 14 章\14-4.mcx-7"，单击"确定" 按钮完成文件的调取。

(2) 在主菜单上选择"刀具路径"→"曲面粗加工"→"粗加工残料加工"命令，系统要求选取曲面，选择曲面后弹出"刀具路径的曲面选取"对话框，选取要加工的曲面和定义切削范围，如图 14-62 所示。单击"确定" 按钮完成选取。

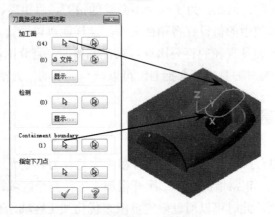

图 14-62　曲面和加工范围的选取

(3) 弹出"曲面残料粗加工"对话框，如图 14-63 所示。该对话框用来设置曲面残料粗加工的各种参数。

(4) 在"刀具路径参数"选项卡的空白处单击右键，从右键菜单中选择"创建新刀具"选项，弹出定义刀具对话框，如图 14-64 所示。选取刀具类型为"End Mill"，系统弹出新建刀具对话框，将圆鼻刀参数设置为直径 D3R0.5，如图 14-65 所示。单击"确定" 按钮，完成设置。

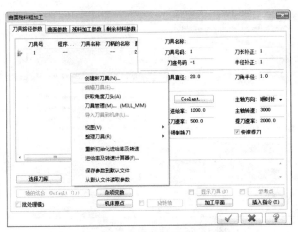

图 14-63 曲面残料粗加工参数

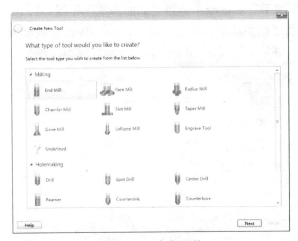

图 14-64 定义刀具

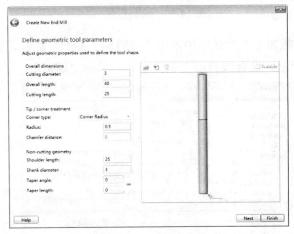

图 14-65 设置刀具参数

(5) 在"刀具路径参数"选项卡中设置相关参数,如图 14-66 所示。单击"确定" ✓ 按钮完成刀具参数设置。

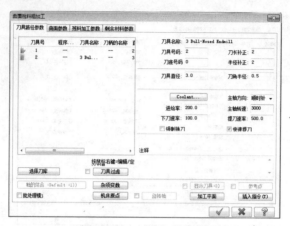

图 14-66　刀具相关参数

（6）在"曲面残料粗加工"对话框中单击"曲面参数"标签，打开"曲面参数"选项卡，如图 14-67 所示。设置曲面相关参数，单击"确定" ✔ 按钮完成参数设置。

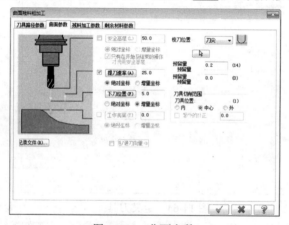

图 14-67　曲面参数

（7）在"曲面残料粗加工"对话框中单击"残料加工参数"标签，打开"残料加工参数"选项卡，如图 14-68 所示。设置残料加工相关参数，单击"确定" ✔ 按钮完成参数设置。

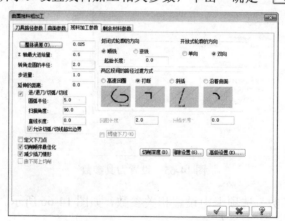

图 14-68　残料加工参数

(8) 在"残料加工参数"选项卡中单击"切削深度"按钮，系统弹出"切削深度设置"对话框，该对话框用来设定第一层切削深度和最后一层的切削深度，如图 14-69 所示。单击"确定" ✓ 按钮，完成切削深度设置。

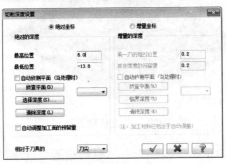

图 14-69　切削深度

(9) 在"残料加工参数"选项卡中单击"间隙设置"按钮，系统弹出"刀具路径的间隙设置"对话框，该对话框用来设置刀具路径在遇到间隙时的处理方式，如图 14-70 所示。单击"确定" ✓ 按钮，完成间隙设置。

图 14-70　间隙设置

(10) 在"曲面残料粗加工"对话框中单击"剩余材料参数"标签，打开"剩余材料参数"选项卡，如图 14-71 所示。设置残料加工剩余材料的计算依据，单击"确定" ✓ 按钮完成参数设置。

图 14-71　剩余材料参数

(11) 系统根据参数生成残料加工刀具路径，如图 14-72 所示。

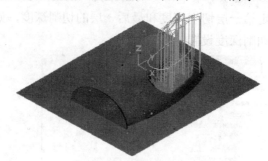

图 14-72　生成残料刀路

(12) 在刀具路径管理器中单击"属性"→"材料设置"选项，弹出"机器群组属性"对话框，单击"材料设置"标签，打开"材料设置"选项卡，如图 14-73 所示设置加工坯料的尺寸，单击"确定" ✓ 按钮完成参数设置。

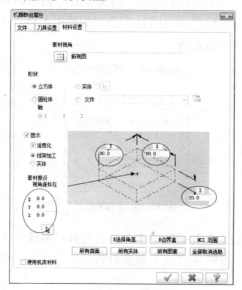

图 14-73　设置毛坯

(13) 坯料设置结果如图 14-74 所示，虚线框显示的即为毛坯。

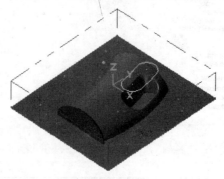

图 14-74　毛坯

(14) 单击"实体模拟" 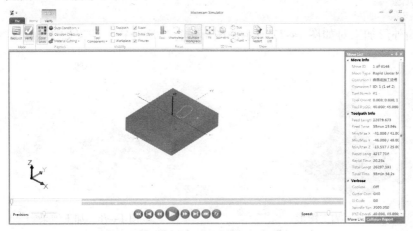 按钮，系统弹出"Verify"对话框，该对话框用来设置实体模拟的参数，如图 14-75 所示。

图 14-75　"Verify"对话框

(15) 在"Verify"对话框中单击"播放" ▶ 按钮，模拟结果如图 14-76 所示。

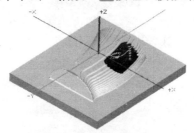

图 14-76　模拟结果

14.5　本章小结

本章主要讲解二次开粗加工的参数及其操作技巧。通过二次粗加工使残料更加均匀，并且通过参数优化来优化刀轨，减少计算时间，提高加工效率。

14.6　本章习题

一、填空题

1. 二次开粗的意义是将首次开粗后的工件余量进行＿＿＿＿＿＿＿＿＿，为后续的精加工做好准备。

2．局部残料过多会导致刀具_____，甚至刀具_____。

二、上机题

采用等高外形加工对如图 14-77 所示的图形进行二次开粗，结果如图 14-78 所示。

图 14-77　加工图形

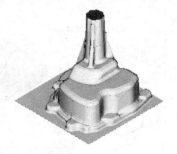

图 14-78　加工结果

第15章

三维曲面精加工

三维曲面精加工主要是对上一工序的粗加工或半精加工后剩余的残料进行再加工，以进一步清除残料，达到所要求的尺寸精度和表面光洁度。因此，三维曲面精加工直接影响产品的精度，也是曲面加工的重点，下面将以案例进行详细讲解。

在主菜单上选择"刀具路径"→"曲面精加工"命令，即可调取所需要的精加工。包括平行精加工、放射精加工、投影精加工、流线精加工、等高外形精加工、陡斜面加工、浅平面加工、环绕等距精加工、熔接精加工。

 学习目标

❖ 理解曲面精加工的通用参数的含义。
❖ 掌握曲面精加工平行铣削加工的操作技巧。
❖ 掌握曲面精加工环绕等距加工的操作技巧。
❖ 理解陡斜面和浅平面的含义。
❖ 会操作陡斜面、浅平面、放射、流线、熔接等精加工操作。

15.1 平行铣削精加工

平行铣削精加工是以指定的角度产生平行的刀具切削路径。刀具路径相互平行，在加工比较平坦的曲面，此刀具路径加工的效果非常好，精度也比较高。

在主菜单上选择"刀具路径"→"曲面精加工"→"平行精加工平行铣削"命令，选取工件形状和要加工的曲面，单击"确定" ✓ 按钮，弹出"曲面精加工平行铣削"对话框，如图 15-1 所示。

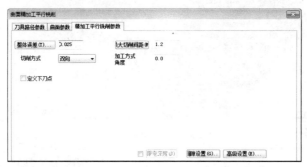

图 15-1 曲面精加工平行铣削参数

曲面精加工平行铣削参数含义如下。

✧ 整体误差：设定刀具路径与曲面之间的误差。误差值越大，计算速度越快，但精度越差。误差值越小，计算速度越慢，但可以获得高的精度。

✧ 最大切削间距(最大步进量)：设定刀具路径之间的距离，此处精加工采用球刀，所以间距要设置小一些。单击"最大切削间距"按钮，弹出"最大步进量"对话框，如图 15-2 所示。该对话框还提供了平坦区域和在 45 度斜面区域产生的残脊高度供用户参考。

✧ 切削方式：设定曲面加工平行铣削刀具路径的切削方式，有单向切削和双向切削方式两种。

● 双向：以来回两方向切削工件，如图 15-3 所示。

● 单向：单方向切削，以一方向切削后，快速提刀，提刀到参考点再平移到起点后再下刀。单向抬刀的次数比较多，如图 15-4 所示。

图 15-2 最大切削间距

图 15-3 双向

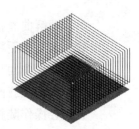
图 15-4 单向

◇　加工方式角度：设定刀具路径的切削方向与当前 X 轴的角度，以逆时针为正，顺时针为负。

◇　定义下刀点：如选中该复选框，系统会要求选取或输入下刀点位置，刀具从最接近选取点进刀。

案例 15-1：平行铣削精加工

对如图 15-5 所示的图形进行平行精加工，加工结果如图 15-6 所示。

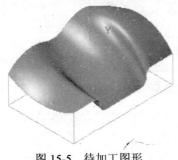

图 15-5　待加工图形

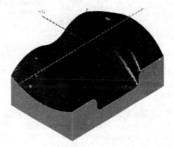

图 15-6　加工结果

操作步骤：

(1) 在主菜单上选择"打开" 📂 按钮，从光盘找到"源文件\第 15 章\15-1.mcx-7"，单击"确定" ✓ 按钮，完成文件的调取。

(2) 在主菜单上选择"刀具路径"→"曲面精加工"→"精加工平行铣削加工"命令，弹出"刀具路径的曲面选取"对话框，选取加工曲面和曲面加工范围，单击"确定" ✓ 按钮完成选取。如图 15-7 所示。

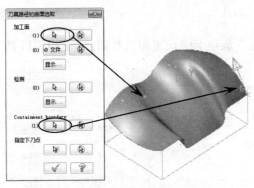

图 15-7　曲面和边界的选取

(3) 系统弹出"曲面精加工平行铣削"对话框，如图 15-8 所示。用来设置曲面精加工的各种参数。

(4) 在"刀具路径参数"选项卡的空白处单击右键，从右键菜单中选择"创建新刀具"选项，弹出定义刀具对话框，如图 15-9 所示。选取刀具类型为"End Mill"，系统弹出新建刀具对话框，将刀具参数设置为直径 D10 的球刀，如图 15-10 所示。单击"确定" ✓ 按钮，完成设置。

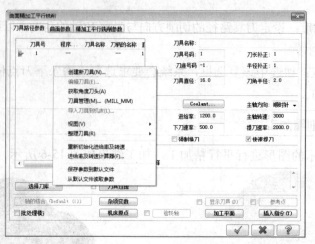

图 15-8　曲面精加工平行铣削参数

图 15-9　定义刀具

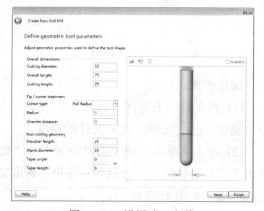

图 15-10　设置球刀参数

(5) 在"刀具路径参数"选项卡中设置相关参数，如图 15-11 所示。单击"确定" 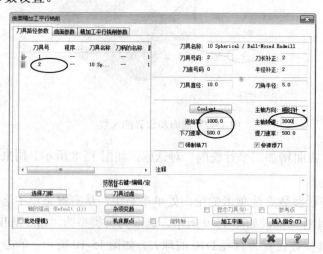按钮完成刀具路径参数设置。

图 15-11　刀具相关参数

(6) 在"曲面精加工平行铣削"对话框中单击"曲面参数"标签，打开"曲面参数"选项卡，如图 15-12 所示设置曲面相关参数，单击"确定" ☑ 按钮完成参数设置。

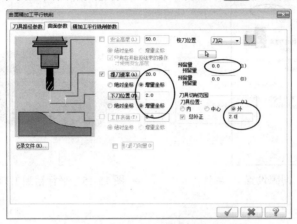

图 15-12　曲面参数

(7) 在"曲面精加工平行铣削"对话框中单击"精加工平行铣削参数"标签，打开"精加工平行铣削参数"选项卡，如图 15-13 所示设置平行精加工专用参数，单击"确定" ☑ 按钮完成参数设置。

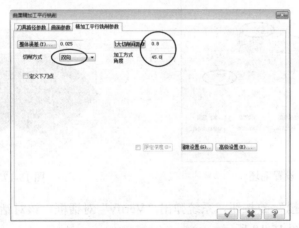

图 15-13　平行精加工专用参数

(8) 在"曲面精加工平行铣削"对话框中单击"间隙设定"按钮，系统弹出"刀具路径的间隙设置"对话框，该对话框用来设置刀具路径在遇到间隙时的处理方式，按图 15-14 所示。单击"确定" ☑ 按钮，完成间隙设置。

(9) 系统会根据所设置的参数生成平行精加工刀具路径，如图 15-15 所示。

(10) 在刀具路径管理器中单击"属性"→"材料设置"选项，弹出"机器群组属性"对话框，单击"材料设置"标签，打开"材料设置"选项卡，按图 15-16 所示设置加工坯料的尺寸，单击"确定" ☑ 按钮完成参数设置。

(11) 坯料设置结果如图 15-17 所示，虚线框显示的即为毛坯。

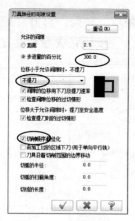

图 15-14　间隙设置

图 15-15　平行精加工刀具路径

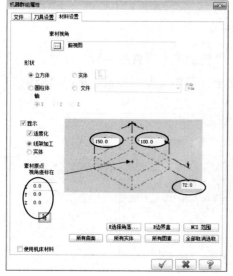

图 15-16　设置毛坯

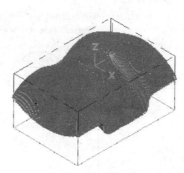

图 15-17　毛坯

(12) 单击"实体模拟" 按钮，系统弹出"Verify"对话框，该对话框用来进行设置实体模拟的参数设置。如图 15-18 所示。

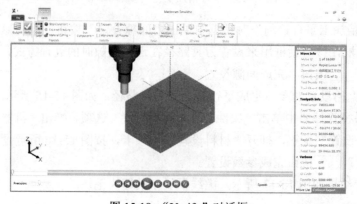

图 15-18　"Verify"对话框

(13) 在"Verify"对话框中单击"播放" ▶ 按钮，模拟结果如图 15-19 所示。

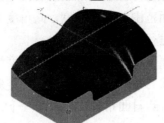

图 15-19　模拟结果

15.2　平行陡斜面精加工

平行陡斜面精加工适用于比较陡的斜面的精加工，可在陡斜面区域上以设定的角度产生相互平行的陡斜面精加工刀具路径，与平行精加工刀路相似。

在主菜单选择"刀具路径"→"精加工"→"陡斜面精加工"命令，弹出"曲面精加工平行式陡斜面"对话框，在"曲面精加工平行式陡斜面"对话框中单击"陡斜面精加工参数"标签，打开"陡斜面精加工参数"选项卡，如图 15-20 所示。该对话框用来设置陡斜面精加工参数。

图 15-20　陡斜面加工

各参数含义如下。

◇　整体误差：设定刀具路径与曲面之间的误差值。

◇　最大切削间距：设定两刀具路径之间的距离。

◇　加工方式角度：设定陡斜面加工切削方向在水平面的投影与 X 轴的夹角。

◇　切削方式：设置陡斜面精加工刀具路径切削的方式，有双向和单向两种方式。

◇ 陡斜面的范围：以角度来限定陡斜面加工的曲面角度范围。

◇ 从倾斜角度：设定陡斜面范围的起始角度，此角度为最小角度。所有角度大于该角度时被认为是陡斜面将进行陡斜面精加工。

◇ 到倾斜角度：设定陡斜面范围的终止角度，此角度为最大角度。所有角度小于该角度而大于最小角度时被认为是陡斜面范围将进行陡斜面精加工。

◇ 定义下刀点：指定刀点，陡斜面精加工刀具路径下刀时，将以最接近点的地方开始进刀。

◇ 切削方向延伸量：在陡斜面切削路径中，由于只加工陡斜面，没有加工浅平面，因而在陡斜面刀具路径之间将有间隙断开，形成内边界。而曲面的边界形成外边界。切削方向的延伸量将在内边界的切削方向上沿曲面延伸一段设定的值，来清除部分残料区域。

如图 15-21 所示为切削方向延伸量为 0 时的刀具路径。图 15-22 所示为切削方向延伸量为 10 时的刀具路径。可以看出后面的刀具路径在内边界延伸了一段距离，此距离即是用户所设置的延伸值。

图 15-21　延伸距离为 0　　　　　　　图 15-22　延伸距离为 10

◇ 包含外部的切削：为了解决浅平面区域较大，而陡斜面精加工对浅平面加工效果不佳的问题，可以设置"包含外部切削"选项。该项是在切削方向延伸量的基础上将全部的浅平面进行覆盖。在选中"包含外部的切削"复选框后就不需要再设置切削方向延伸量了，因为"包含外部的切削"相当于将切削方向延伸量设定延伸到曲面边界。如图 15-23 所示为未选中包含外部切削选项时的刀具路径。图 15-24 所示为选中包含外部切削选项时的刀具路径。

 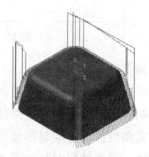

图 15-23　未选中包含外部切削选项　　　图 15-24　选中包含外部切削选项

案例 15-2：平行陡斜面精加工

将如图 15-25 所示的图形采用陡斜面精加工，结果如图 15-26 所示。

图 15-25　陡斜面加工图形

图 15-26　加工结果

操作步骤：

(1) 在主菜单上单击"打开" 按钮，从光盘找到"源文件\第 15 章\15-2.mcx-7"，单击"确定" 按钮，完成文件的调取。

(2) 在主菜单上选择"刀具路径"→"曲面精加工"→"精加工陡斜面加工"命令，弹出"刀具路径的曲面选取"对话框，如图 15-27 所示。选取加工曲面和边界范围曲线。单击"确定" 按钮完成选取。

图 15-27　选取加工曲面和范围

(3) 弹出"曲面精加工平行式陡斜面"对话框，该对话框用来设置相关参数，如图 15-28 所示。

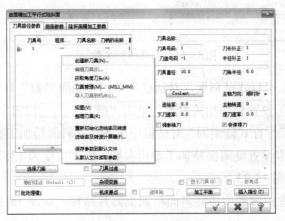

图 15-28　刀具路径参数

(4) 在"刀具路径参数"选项卡的空白处单击右键，从右键菜单中选择"创建新刀具"选项，弹出定义刀具对话框，如图 15-29 所示。选取刀具类型为"End Mill"，单击"下一步"按钮后，系统弹出新建刀具对话框，将参数设置为直径 D8 的球刀，如图 15-30 所示。单击"确定"√ 按钮，完成设置。

 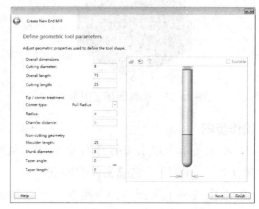

图 15-29 定义刀具 　　　　　　　　　图 15-30 设置球刀参数

(5) 在"刀具路径参数"选项卡中设置相关参数，如图 15-31 所示。单击"确定"√ 按钮完成刀具路径参数设置。

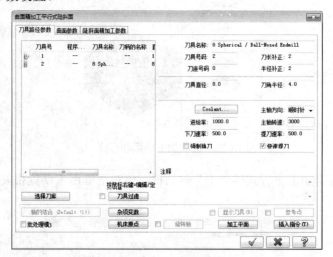

图 15-31 刀具相关参数

(6) 在"曲面精加工平行式陡斜面"对话框中单击"曲面参数"标签，打开"曲面参数"对话框，如图 15-32 所示设置曲面相关参数，单击"确定"√ 按钮完成参数设置。

(7) 在"曲面精加工平行式陡斜面"对话框中单击"陡斜面精加工参数"标签，打开"陡斜面精加工参数"选项卡设置陡斜面精加工专用参数，加工角度为 135°，单击"确定"√ 按钮完成参数设置，如图 15-33 所示。

(8) 系统会根据设置的参数生成陡斜面精加工刀具路径，如图 15-34 所示。

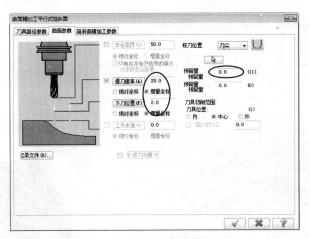

图 15-32 曲面参数

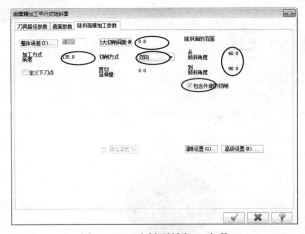

图 15-33 陡斜面精加工参数

图 15-34 平行陡斜面刀具路径

(9) 在刀具路径管理器中单击"属性"→"材料设置"选项，弹出"机器群组属性"对话框，单击"材料设置"标签，打开"材料设置"选项卡，按图 15-35 所示设置加工坯料的尺寸，单击"确定" ☑ 按钮完成参数设置

(10) 坯料设置结果如图 15-36 所示，虚线框显示的即为毛坯。

(11) 单击"实体模拟" 🔧 按钮，系统弹出"Verify"对话框，该对话框用来进行设置实体模拟的参数设置。如图 15-37 所示。

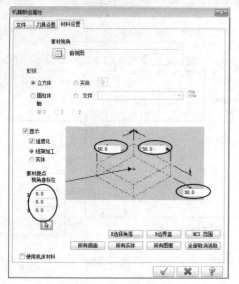

图 15-35　设置毛坯

图 15-36　毛坯

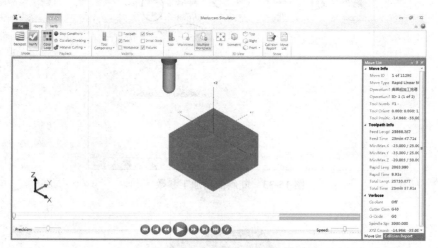

图 15-37　"Verify"对话框

(12) 在"Verify"对话框中单击"播放" ▶ 按钮，模拟结果如图 15-38 所示。

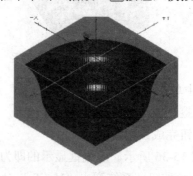

图 15-38　模拟结果

15.3 放射状精加工

放射状精加工主要用于类似回转体工件的加工，其与放射状粗加工一样，产生从一点向四周发散或者从四周向中心集中的精加工刀具路径。值得注意的是，此刀具路径中心加工效果比较好，边缘加工效果差，整体加工不均匀。

选择"刀具路径"→"精加工"→"精加工放射状加工"命令，选取工件类型和加工曲面，单击"确定" 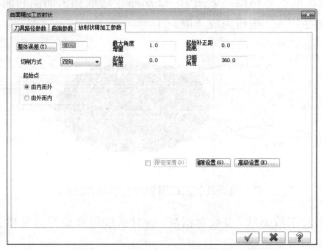 按钮，弹出"曲面精加工放射状"对话框，在"曲面精加工放射状"对话框中单击"放射状精加工参数"标签，弹出"放射状精加工参数"选项卡如图 15-39 所示。该对话框用来设置放射状精加工参数。

图 15-39 曲面粗加工放射状参数

该对话框各参数含义如下。

◇ 整体误差：设定刀具路径与曲面之间的误差。

◇ 切削方式：设置切削走刀的方式，有双向切削和单向切削两种。

◇ 最大角度增量：设定放射状精加工刀具路径之间的角度。

◇ 起始补正距：以指定的点为中心，向外偏移一定的半径后再切削。

◇ 起始角度：设置放射状精加工刀具路径起始加工与 X 轴的夹角。

◇ 扫描角度：设置放射状路径加工的角度范围。以逆时针为正。

◇ 起始点：设置刀具路径的加工起始点。

● 由内而外：加工起始点在放射中心点，加工方向从内向外铣削。

● 由外而内：加工起始点在放射边缘，加工方向从外向内铣削。

案例 15-3：放射状精加工

对如图 15-40 所示的图形进行放射精加工，加工结果如图 15-41 所示。

图 15-40　放射加工图形　　　　　　　　　图 15-41　放射精加工结果

操作步骤:

(1) 在主菜单上单击"打开" 按钮,从光盘找到"源文件\第 15 章\15-3.mcx-7", 单击"确定" 按钮,完成文件的调取。

(2) 在主菜单上选择"刀具路径"→"曲面精加工"→"精加工放射状加工"命令,弹出"刀具路径的曲面选取"对话框,如图 15-42 所示。选取加工曲面和曲面加工范围以及放射中心点,单击"确定" 按钮完成选取。

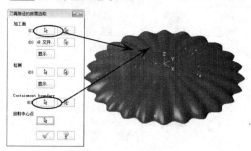

图 15-42　曲面及加工范围和放射中心点的选取

(3) 弹出"曲面精加工放射状"参数对话框,该对话框用来设置刀具相关参数,如图 15-43 所示。

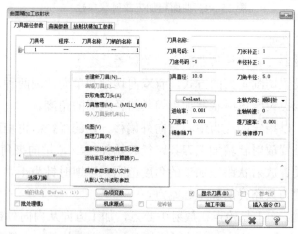

图 15-43　曲面精加工放射状参数

(4) 在"刀具路径参数"选项卡的空白处单击右键,从右键菜单中选择"创建新刀具"选项,弹出定义刀具对话框,如图 15-44 所示。选取刀具类型为"End Mill",系统弹出新建刀具对话框,将参数设置为直径 D10 球刀,如图 15-45 所示。单击"确定" 按钮,完成设置。

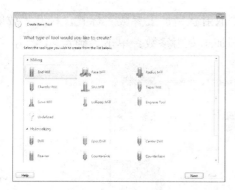

图 15-44　定义刀具　　　　　　　　　图 15-45　设置球刀参数

（5）在"刀具路径参数"选项卡中设置相关参数，如图 15-46 所示。单击"确定" ✓ 按钮完成刀具路径参数设置。

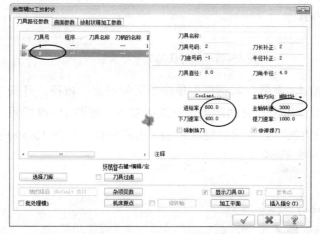

图 15-46　刀具相关参数

（6）在"曲面精加工放射状"对话框中单击"曲面参数"标签，打开"曲面参数"选项卡，如图 15-47 所示设置曲面相关参数。单击"确定" ✓ 按钮完成参数设置。

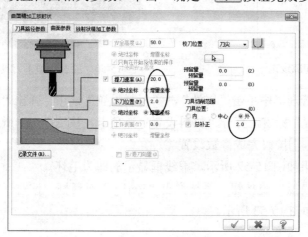

图 15-47　曲面参数

(7) 在"曲面精加工放射状"对话框中单击"放射状精加工参数"标签，打开"放射状精加工参数"选项卡，如图 15-48 所示设置平行精加工专用参数。单击"确定" 按钮完成参数设置。

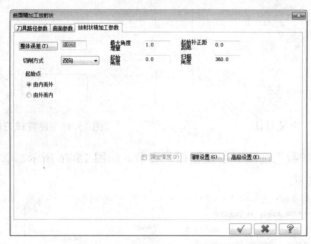

图 15-48　放射状加工专用参数

(8) 在"放射状精加工参数"对话框中单击"间隙设定"按钮，打开"刀具路径的间隙设置"对话框，该对话框用来设置间隙处理方式等参数，如图 15-49 所示。

(9) 系统会根据设置的参数生成放射状精加工刀具路径，如图 15-50 所示。

图 15-49　间隙设定

图 15-50　放射状加工刀具路径

(10) 在刀具路径管理器中单击"属性"→"材料设置"选项，弹出"机器群组属性"对话框，单击"材料设置"标签，打开"材料设置"选项卡，按图 15-51 所示设置加工坯料的尺寸，单击"确定" 按钮完成参数设置

(11) 坯料设置结果如图 15-52 所示，虚线框显示的即为毛坯。

(12) 单击"实体模拟" 按钮，系统弹出"Verify"对话框，该对话框用来进行设置实体模拟的参数设置，如图 15-53 所示。

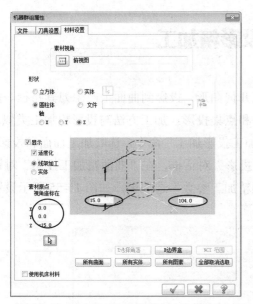

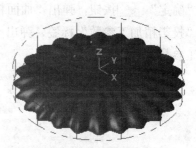

图 15-51 设置毛坯　　　　　　　　　　图 15-52 毛坯

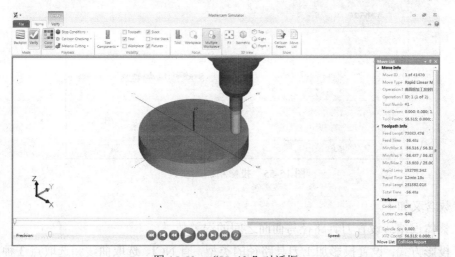

图 15-53 "Verify" 对话框

(13) 在"Verify"对话框中单击"播放" ▶ 按钮，模拟结果如图 15-54 所示。

图 15-54 模拟结果

15.4　投影精加工

投影精加工是将已经存在的刀具路径或几何图形，投影到曲面上产生刀具路径。投影加工的类型有：NCI 文件投影加工、曲线投影和点集投影，加工方法与投影粗加工类似。

选择"刀具路径"→"精加工"→"精加工投影加工"命令，选取加工曲面和投影曲线，单击"确定" √ 按钮，弹出"曲面精加工投影"对话框，在"曲面精加工投影"对话框中单击"投影精加工参数"标签，弹出"投影精加工参数"选项卡，如图 15-55 所示设置投影精加工参数。

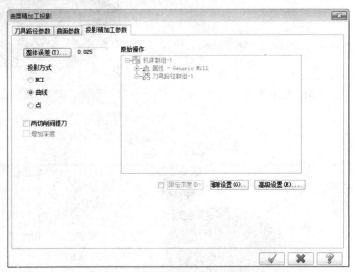

图 15-55　投影精加工参数

其参数含义如下。

◇　整体误差：设置刀具路径与曲面之间的误差值。

◇　投影方式：设置投影加工刀具路径的类型，有 NCI、选取曲线和选取点 3 种方式(如图)。NCI 是采用刀具路径投影。选取曲线是将曲线投影到曲面进行加工。选取点是将点或多个点投影到曲面上进行加工。

◇　两切削间提刀：在两切削路径之间提刀。

◇　增加深度：此项只有在 NCI 投影时才被激活，是在原有的基础上进行增加一定的深度。

◇　原始操作：此项只有在 NCI 投影时才被激活，选取 NCI 投影加工所需要的刀具路径文件。

案例 15-4：投影精加工

对如图 15-56 所示的图形进行投影精加工，加工结果如图 15-57 所示。

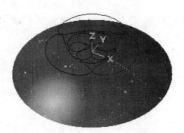

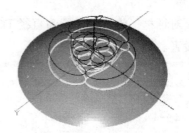

图 15-56　精加工投影　　　　　　　　　　　图 15-57　投影加工结果

操作步骤：

(1) 在主菜单上单击"打开" 按钮，从光盘找到"源文件\第 15 章\15-4.mcx-7"，单击"确定" 按钮，完成文件的调取。

(2) 在主菜单上选择"刀具路径"→"精加工"→"精加工投影加工"命令，弹出"刀具路径的曲面选取"对话框，如图 15-58 所示。选取加工曲面和投影曲线，单击"确定" 按钮完成选取。

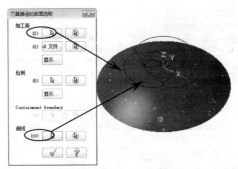

图 15-58　加工曲面和投影曲线的选取

(3) 弹出"曲面精加工投影"对话框，该对话框用来设置刀具相关参数，如图 15-59 所示。

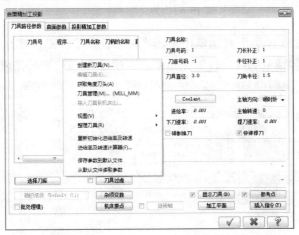

图 15-59　曲面精加工投影参数

(4) 在"刀具路径参数"选项卡的空白处单击右键，从右键菜单中选择"创建新刀具"选项，弹出定义刀具对话框，如图 15-60 所示。选取刀具类型为"End Mill"，系统弹出新建刀具对话框，将参数设置为直径 D2 的球刀，如图 15-61 所示。单击"确定" ✓ 按钮，完成设置。

图 15-60　定义刀具

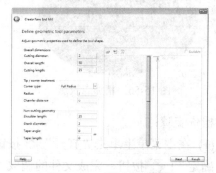

图 15-61　设置球刀参数

(5) 在"刀具路径参数"选项卡中设置相关参数，如图 15-62 所示。单击"确定" ✓ 按钮完成刀具路径参数设置。

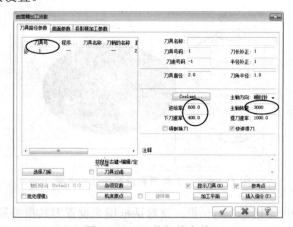

图 15-62　刀具相关参数

(6) 在"曲面精加工投影"对话框中单击"曲面参数"标签，打开"曲面参数"选项卡，如图 15-63 所示设置预留量为-1，设置完后单击"确定" ✓ 按钮完成参数设置。

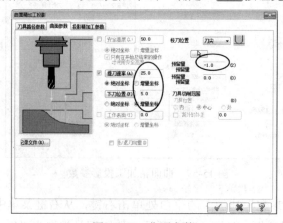

图 15-63　曲面参数

(7) 在"曲面精加工投影"对话框中单击"投影精加工参数"标签，打开"投影精加工参数"选项卡，如图 15-64 所示设置投影精加工专用参数，单击"确定" 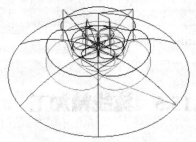 按钮完成参数设置。

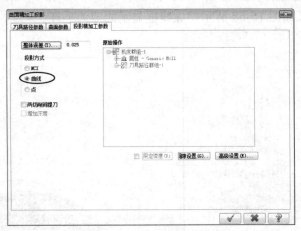

图 15-64　投影加工专用参数

(8) 在"曲面精加工投影"对话框中单击"间隙设定"按钮，打开"刀具路径的间隙设置"对话框，该对话框用来设置间隙处理方式等参数，如图 15-65 所示。

图 15-65　间隙设定

(9) 系统会根据设置的参数生成放射状精加工刀具路径，如图 15-66 所示。

图 15-66　加工刀具路径

(10) 在刀具路径管理器中单击"属性"→"材料设置"选项，弹出"机器群组属性"对话框，单击"材料设置"标签，打开"材料设置"选项卡，按图15-67所示设置加工坯料的尺寸，单击"确定" ☑ 按钮完成参数设置

(11) 坯料设置结果如图15-68所示，虚线框显示的即为毛坯。

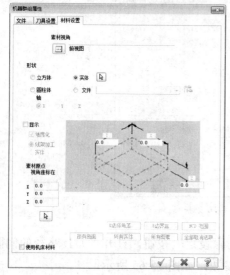

图 15-67　设置毛坯

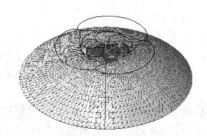

图 15-68　毛坯

(12) 单击"实体模拟" 🖉 按钮，系统弹出"Verify"对话框，该对话框用来进行设置实体模拟的参数设置，如图15-69所示。

(13) 在"Verify"对话框中单击"播放" ▶ 按钮，模拟结果如图15-70所示。

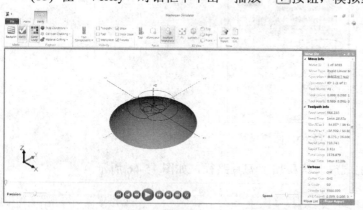

图 15-69　"Verify"对话框

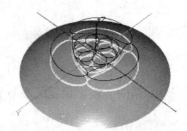

图 15-70　模拟结果

15.5　流线精加工

曲面流线精加工是沿着曲面的流线产生相互平行的刀具路径，选择的曲面最好不要相

交，且流线方向相同，刀具路径不产生冲突，才可以产生流线精加工刀具路径。曲面流线方向一般有两个方向，且两方向相互垂直，所以流线精加工刀具路径也有两个方向，可产生曲面引导方向或截断方向加工刀具路径。

选择"刀具路径"→"精加工"→"流线精加工"命令，系统会要求用户选择流线加工所需曲面，选取完毕后，弹出"刀具路径的曲面选取"对话框，如图 15-71 所示。该对话框可以用来设置加工曲面的选取、干涉曲面的选取和曲面流线参数。

在"刀具路径的曲面选取"对话框中单击"曲面流线参数"选项，弹出"流线设置"对话框如图 15-72 所示。该对话框可以用来设置曲面流线的相关参数。

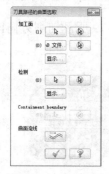

图 15-71　曲面选取

图 15-72　曲面流线参数

曲面流线参数各含义如下。

❖ 补正方向：刀具路径产生在曲面的正面或反面的切换按钮。如图 15-73 所示为补正方向向外，如图 15-74 所示为补正方向向内。

图 15-73　补正方向向外

图 15-74　补正方向向内

❖ 切削方向：刀具路径切削方向的切换按钮。如图 15-75 所示的加工方向为切削方向，图 15-76 所示的加工方向为截断方向。

图 15-75　切削方向

图 15-76　截断方向

❖ 步进方向：刀具路径截断方向起始点的控制按钮。如图 15-77 所示为从下向上加工，图 15-78 所示为从上向下加工。

图 15-77 从下向上加工

图 15-78 从上向下加工

❖ 起始：刀具路径切削方向起点的控制按钮。如图 15-79 所示切削方向向左，图 15-80 所示为切削方向向右。

图 15-79 切削方向向左

图 15-80 切削方向向右

❖ 边界误差：设置曲面与曲面之间的间隙值。当曲面边界之间的值大于此值，被认为曲面不连续，刀具路径也不会连续。当曲面边界之间的值小于此值，系统可以忽略曲面之间的间隙，认为曲面连续，会产生连续的刀具路径。

在"曲面精加工流线"对话框中单击"曲面流线精加工参数"标签，打开"曲面流线精加工参数"选项卡如图 15-81 所示。该对话框用来设置流线精加工参数。

图 15-81 曲面精加工流线

该选项卡各参数含义如下。

❖ 切削控制：控制沿着切削方向路径的误差。系统提供两种方式：距离和整体误差。

- 距离：输入数值设定刀具在曲面上沿切削方向的移动的增量。此方式误差较大。
- 整体误差：以设定刀具路径与曲面之间的误差值来控制切削方向路径的误差。

◇ 执行过切检查：该参数会对刀具过切现象进行调整，避免过切。

◇ 截断方向的控制：控制垂直切削方向路径的误差。系统提供两种方式：距离和环绕高度。

- 距离：设置切削路径之间的距离。
- 环绕高度：设置切削路径之间留下的残料高度。残料超过设置高度，系统自动调整切削路径之间的距离。

◇ 切削方式：设置流线加工的切削方式，有双向、单向和螺旋式切削 3 种。

- 双向：以双向来回切削的方式进行加工。
- 单向：以单方向进行切削，提刀到参考高度，再下刀到起点循环切削。
- 螺旋式：产生螺旋式切削刀具路径。

◇ 只有单行：限定只能排成一列的曲面上产生流线加工刀具路径。

15.6　等高外形精加工

等高外形精加工适用于陡斜面加工，在工件上产生沿等高线分布的刀具路径，相当于将工件沿 Z 轴进行等分。等高外形除了可以沿 Z 轴等分外，还可以沿外形等分。

在主菜单选择"刀具路径"→"精加工"→"精加工等高外形加工"命令，选取加工曲面后，单击"确定" ✓ 按钮，弹出"曲面精加工等高外形"对话框，在"曲面精加工等高外形"对话框中单击"等高外形精加工参数"标签，打开"等高外形精加工参数"选项卡，如图 15-82 所示。该选项卡可以用来设置等高外形精加工参数。

图 15-82　等高外形精加工

参数含义如下。

◇ 整体误差：设定刀具路径与曲面之间的误差值。

- ✧ Z 轴最大进给量：设定 Z 轴方向每刀最大切深。
- ✧ 转角走圆的半径：设定刀具路径的转角处走圆弧的半径。小于或等于 135º 的转角处将采用圆弧刀具路径。
- ✧ 进/退刀/切弧/切线：在每一切削路径的起点和终点产生一进刀或退刀的圆弧或者切线。
- ✧ 允许切弧/切线超出边界：允许进/退刀圆弧超出切削范围。
- ✧ 定义下刀点：此选项用来设置刀具路径的下刀位置，刀具路径会从最接近选择点的曲面角落下刀。
- ✧ 切削顺序最佳化：使刀具尽量在一区域加工，直到该区域所有切削路径都完成后，才移动到下一区域进行加工。这样可以减少提刀次数，提高加工效率。
- ✧ 减少插刀情形：该参数只在选中"切削顺序最佳化"时才会激活，在选中该复选框时，系统对刀具路径距离小于刀具直径的区域直接加工，而不采用刀具路径切削顺序最佳化。
- ✧ 由下而上切削：会使刀具路径由工件底部开始加工到工件顶部。
- ✧ 封闭式轮廓的方向：设定残料加工在运算中封闭式路径的切削方向。有顺铣和逆铣两种。
- ✧ 起始长度：设定封闭式切削路径起点之间的距离，这样可以使路径起点分散，不在工件上留下明显的痕迹。
- ✧ 开放式轮廓的方向：设定残料加工中开放式路径的切削方式，有双向和单向两种。
- ✧ 两区段间的路径过渡方式：设定两路径之间刀具的移动方式，即路径终点到下一路径的起点。系统提供了 4 种过渡方式：高速回圈、打断、斜插和沿着曲面。4 种方式的含义如下。
  - • 高速回圈：此选项常用于高速切削中，在两切削路径间插入一圆弧路径，使刀具路径尽量平滑过渡。
  - • 打断：在两切削间，刀具先上移后平移，再下刀，可避免撞刀。
  - • 斜插：以斜进下刀的方式移动。
  - • 沿着曲面：刀具沿着曲面方式移动。
- ✧ 回圈长度：只有选择"高速回圈"切削时该项才被激活。该项用来设置残料加工两切削路径之间刀具的移动方式。如果两路径之间的距离小于循环长度，就插入循环；如果大于循环长度，则插入一平滑的曲线路径。
- ✧ 斜插长度：该选项可设置等高路径之间的斜插长度，只有在选择"高速回圈"和"斜插"时才被激活。
- ✧ 螺旋下刀：以螺旋的方式下刀。有些残料区域是封闭的，没有可供直线下刀的空间。且直线下刀容易断刀，这时可以采用螺旋式下刀。单击"螺旋式下刀"按钮，弹出如图 15-83 所示的"螺旋下刀参数"对话框。该对话框可以用来设置以螺旋的方式进行下刀的参数，如下：

- 半径：输入螺旋半径值。
- Z 方向开始螺旋位置：输入开始螺旋的高度值。
- 进刀角度：输入进刀时角度。
- 以圆弧进给(G2/G3：将螺旋式下刀的刀具路径以圆弧的方式输出。
- 方向：设置螺旋的方向，以顺时针或逆时针进行螺旋。
- 进刀采用的进给率：设置螺旋进刀时采用的速率，有下刀速率和进给率两种。

❖ 浅平面加工：专门对等高外形无法加工或加工不好的地方进行移除或增加刀具路径。选中"浅平面加工设置"复选框，单击"浅平面加工设置"按钮，弹出"浅平面加工"对话框，如图 15-84 所示。该对话框可以用来设置工件中比较平坦的曲面刀具路径，参数如下：

- 移除浅平区域的刀具路径：将浅平面区域比较稀疏的等高刀具路径移除，然后再用其他刀路进行弥补。
- 增加浅平区域的刀具路径：在浅平面区域比较稀疏的等高刀具路径中增加部分开放的刀具路径。
- 分层铣深的最小切削深度：设置"增加浅平面区域的刀具路径"的最小切削深度。
- 加工角度的极限：设置浅平面的分界角度，所有小于该角度的都被认为是浅平面。
- 步进量的极限：设置浅平面区域的刀具路径间的最大距离。
- 允许局部切削：允许刀具路径在局部区域形成开放式切削。

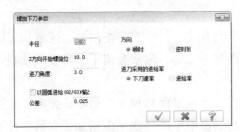

图 15-83　螺旋式下刀

图 15-84　浅平面加工设置

如图 15-85 所示为未选中浅平面加工选项时的刀具路径。图 15-86 所示为选中并移除 30º 浅平面区域的刀具路径。图 15-87 所示为选中并增加浅平面区域的刀具路径。

图 15-85　未选中浅平面加工

图 15-86　移除浅平面加工

图 15-87　增加浅平面加工

❖ 平面区域：对工件平面或近似平面进行加工设置。单击"平面区域"按钮，弹出"平面区域加工设置"对话框，如图 15-88 所示，可以用来设置平面区域的步进量。

图 15-88　平面区域加工设置

　　如图 15-89 所示为未选中平面区域时的刀具路径，图 15-90 所示为选中平面区域时的刀具路径。

图 15-89　未选中平面区域

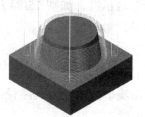

图 15-90　选中平面区域

15.7　浅平面精加工

　　浅平面精加工适合对比较平坦的曲面进行精加工。某些刀路在浅平面区域加工的效果不佳，如挖槽粗加工、等高外形精加工、陡斜面精加工等，常常会留下非常多的残料，而浅平面精加工可以对这些残料区域进行加工。

　　在主菜单选择"刀具路径"→"精加工"→"浅平面精加工"命令，弹出"曲面精加工浅平面"对话框，在"曲面精加工浅平面"对话框中单击"浅平面精加工参数"标签，打开"浅平面精加工参数"选项卡，如图 15-91 所示。该对话框用来设置浅平面精加工参数。

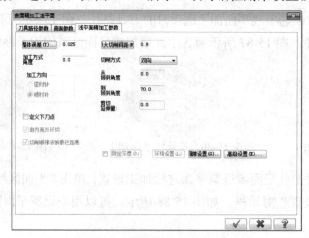

图 15-91　浅平面精加工参数设置

其部分参数含义如下。

❖ 整体误差：设定刀具路径与曲面之间的误差值。

❖ 最大切削间距：设定刀具路径之间的最大间距。

❖ 加工方式/角度：设定刀具路径切削方向与 X 轴的夹角。此项只有在切削方式为双向切削或单向切削时才有效，切削方式为 3D 环绕时此处角度值无效。

❖ 加工方向：当设置切削方式为 3D 环绕时，有逆时针和顺时针两种。

❖ 定义下刀点：选择一点，刀具路径从最靠近此点处进行下刀。

❖ 由内而外环切：加工时从内向外进行切削。此项只在切削方式为 3D 环绕时才被激活。

❖ 切削顺序依照最短距离：该项可以在加工刀具路径提刀次数较多时进行优化处理，减少提刀次数。

❖ 切削方式：设定浅平面精加工刀具路径的切削方式，有双向、单向和 3D 环绕切削 3 种。

● 双向切削：以双向来回切削工件。

● 单向切削：以单一方向切削到终点后，提刀到参考高度，再回到起点重新循环。

● 3D 环绕切削：以等距环绕的方式进行切削。

❖ 从倾斜角度：设定浅平面的最小角度值。

❖ 到倾斜角度：设定浅平面的最大角度值。最小角度值到最大角度值即是要加工的浅平面区域。

❖ 剪切延伸量：在浅平面区域的切削方向沿曲面延伸一定距离，只适合双向切削和单向切削。如图 15-92 所示为延伸量为 0 时的刀具路径。图 15-93 所示为延伸量为 5 时的刀具路径。

图 15-92　延伸量为 0

图 15-93　延伸量为 5

❖ 环绕设置：当切削方式为 3D 环绕时，可设置环绕切削参数。单击"环绕设置"按钮，弹出"环绕设置"对话框，如图 15-94 所示，可以重新设置计算精度。参数如下：

● 覆盖自动精度的计算：选中时系统将先前的部分设置值覆盖，采用步进量的百分比来控制切削间距。没有选中该项，系统自动以设置的误差值和切削间距进行计算。

● 将限定区域的边界存为图形：选中该复选框将限定为浅平面的区域边界保存为图形。

图 15-94　环绕设置

案例 15-5：浅平面精加工

将如图 15-95 所示的图形采用浅平面精加工，结果如图 15-96 所示。

图 15-95　浅平面加工图形

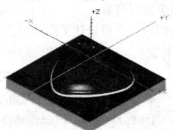

图 15-96　浅平面加工结果

操作步骤：

(1) 单击"打开"按钮 ，从光盘找到"源文件\第 15 章\15-5.mcx-7"，单击"确定" 按钮，完成文件的调取。

(2) 在主菜单上选择"刀具路径"→"曲面精加工"→"精加工浅平面加工"命令，弹出"刀具路径的曲面选取"对话框，如图 15-97 所示。选取加工曲面和边界范围曲线，单击"确定" 按钮完成选取。

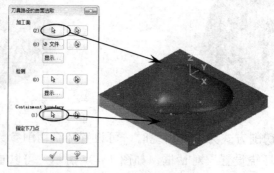

图 15-97　选取曲面和加工范围

(3) 弹出"曲面精加工浅平面"对话框，该对话框用来设置浅平面精加工参数，如图 15-98 所示。

(4) 在"刀具路径参数"选项卡的空白处单击右键，从右键菜单中选择"创建新刀具"

选项，弹出定义刀具对话框，如图 15-99 所示。选取刀具类型为"End Mill"，系统弹出新建刀具对话框，将参数设置为直径 D10 的球刀，如图 15-100 所示。单击"确定" 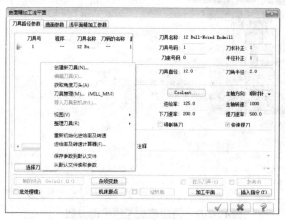 按钮，完成设置。

图 15-98　曲面精加工浅平面参数

图 15-99　定义刀具

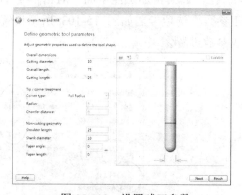

图 15-100　设置球刀参数

(5) 在"刀具路径参数"选项卡中设置相关参数，如图 15-101 所示。单击"确定" 按钮完成刀具路径参数设置。

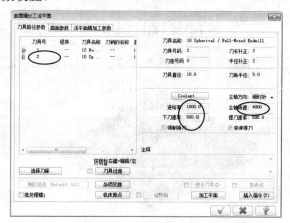

图 15-101　刀具相关参数

(6) 在"曲面精加工浅平面"对话框中单击"曲面参数"标签,打开"曲面参数"选项卡,如图 15-102 所示设置曲面相关参数。设置完后单击"确定" 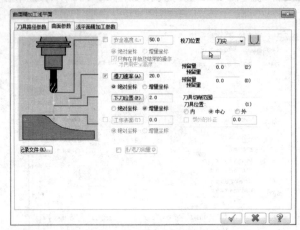 按钮完成参数设置。

图 15-102　曲面精加工浅平面参数

(7) 在"曲面精加工浅平面"对话框中单击"浅平面精加工参数"标签,打开"浅平面精加工参数"选项卡,如图 15-103 所示设置浅平面精加工专用参数。单击"确定" 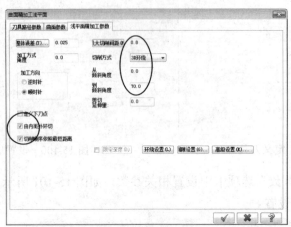 按钮完成参数设置。

图 15-103　精加工参数

(8) 系统会根据用户所设置的参数生成浅平面精加工刀具路径,如图 15-104 所示。

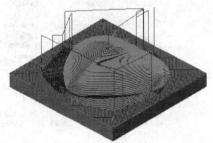

图 15-104　浅平面精加工刀具路径

(9) 在刀具路径管理器中单击"属性"→"材料设置"选项，弹出"机器群组属性"对话框，单击"材料设置"标签，打开"材料设置"选项卡，按图 15-105 所示设置加工坯料的尺寸，单击"确定" ✓ 按钮完成参数设置。

(10) 坯料设置结果如图 15-106 所示，虚线框显示的即为毛坯。

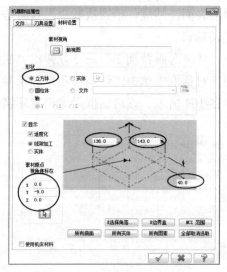

图 15-105　设置毛坯

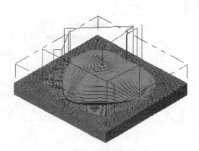

图 15-106　毛坯

(11) 单击"实体模拟" 按钮，系统弹出"Verify"对话框，该对话框用来设置实体模拟的参数，如图 15-107 所示。

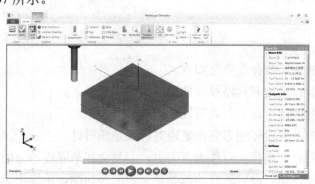

图 15-107　"Verify"对话框

(12) 在"Verify"对话框中单击"播放" ▶ 按钮，模拟结果如图 15-108 所示。

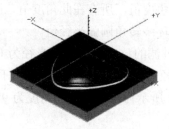

图 15-108　模拟结果

15.8 环绕等距精加工

环绕等距精加工可在加工多个曲面零件时采用环绕式切削，而且刀具路径采用等距式排列，残料高度固定，在整个区域上产生首尾一致的表面光洁度，抬刀次数少，因而是比较好的精加工刀具路径，常作为工件最后一层残料的清除。

在主菜单选择"刀具路径"→"精加工"→"环绕等距精加工"命令，弹出"曲面精加工环绕等距"对话框，在"曲面精加工环绕等距"对话框中单击"环绕等距精加工参数"标签，打开"环绕等距精加工参数"选项卡，如图 15-109 所示。该对话框用来设置环绕等距精加工参数。

图 15-109　环绕等距精加工参数

环绕等距精加工部分参数含义如下。

◇　整体误差：设定刀具路径与曲面之间的误差值。

◇　最大切削间距：设定刀具路径之间的最大间距。

◇　加工方向：设定环绕方向，是逆时针还是顺时针。

◇　定义下刀点：选择一点作为下刀点，刀具会在最靠近该点的地方进刀。

◇　由内而外环切：设定环绕的起始点从内向外切削，不选中该项即从外向内切削。

◇　切削顺序依照最短距离：适合对抬刀次数多的零件进行优化，减少抬刀次数。

◇　转角过滤：设置环绕等距切削转角设置。

● 角度：输入临界角度值，所有在此角度值范围内的都在转角处走圆弧。

● 最大环绕：输入环绕转角圆弧半径值。

如图 15-110 所示为转角过滤的角度为 120º，半径为 0.2 时的刀具路径。图 15-111 所示为转角过滤的角度为 60º，半径为 0.2 时的刀具路径。由于刀具路径间夹角为 90º，所以设置为 60º 将不走圆角。图 15-112 所示为转角过滤的角度为 91º，半径为 2 时的刀具路径。可以看出转角半径变大。

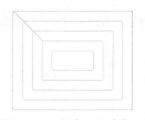
图 15-110 角度 120°半径 0.2

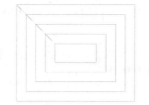
图 15-111 角度 60°半径 0.2

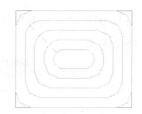
图 15-112 角度 91°半径 2

❖ 斜线角度：输入环绕等距刀具路径转角的斜线角度。如图 15-113 所示是斜线角度为 0º 时的刀具路径。图 15-114 所示是斜线角度为 45º 时的刀具路径。

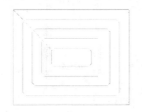
图 15-113 斜线角度 0°

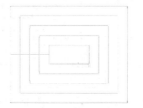
图 15-114 斜线角度 45°

案例 15-6：环绕等距精加工

将如图 15-115 所示的图形采用环绕等距精加工，结果如图 15-116 所示。

图 15-115 环绕等距加工图形

图 15-116 环绕等距加工结果

操作步骤：

(1) 单击"打开" 按钮，从光盘找到"源文件\第 15 章\15-6.mcx-7"，单击"确定" 按钮，完成文件的调取。

(2) 在主菜单上选择"刀具路径"→"曲面精加工"→"精加工环绕等距加工"命令，弹出"刀具路径的曲面选取"对话框，如图 15-117 所示。选取加工曲面和边界范围曲线，单击"确定" 按钮完成选取。

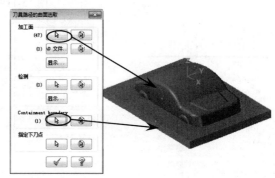
图 15-117 选取曲面和范围

(3) 弹出"曲面精加工环绕等距"对话框，该对话框用来设置环绕等距精加工参数，如图 15-118 所示。

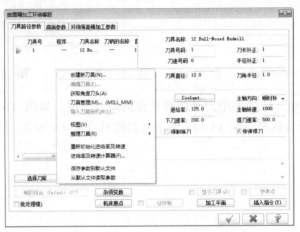

图 15-118　曲面精加工环绕等距

(4) 在"刀具路径参数"选项卡的空白处单击右键，从右键菜单中选择"创建新刀具"选项，弹出定义刀具对话框，如图 15-119 所示。选取刀具类型为"球刀"，系统弹出球刀定义对话框，将球刀参数设置为直径 D6，如图 15-120 所示。单击"确定" ✓ 按钮，完成设置。

图 15-119　定义刀具

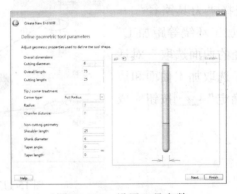

图 15-120　设置刀具参数

(5) 在"刀具路径参数"选项卡中设置相关参数，如图 15-121 所示。单击"确定" 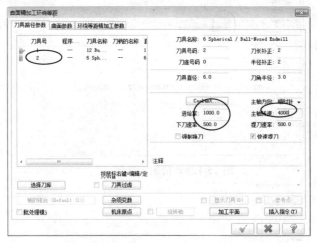 按钮完成刀具路径参数设置。

图 15-121 刀具相关参数

(6) 在"曲面精加工环绕等距"对话框中单击"曲面参数"标签，打开"曲面参数"选项卡，如图 15-122 所示设置曲面相关参数，单击"确定" 按钮完成参数设置。

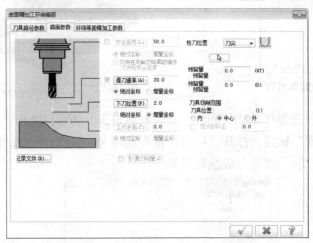

图 15-122 曲面精加工环绕等距参数

(7) 在"曲面精加工环绕等距"对话框中单击"环绕等距精加工参数"标签，打开"环绕等距精加工参数"选项卡，如图 15-123 所示设置环绕等距精加工专用参数，单击"确定" 按钮完成参数设置。

(8) 在"曲面精加工环绕等距"对话框中选中"间隙设置"复选框，单击"间隙设置"按钮，弹出"刀具路径的间隙设置"对话框，该对话框用来设置间隙的控制方式，如图 15-124 所示。

(9) 系统会根据用户所设置的参数，生成环绕等距精加工刀具路径，如图 15-125 所示。

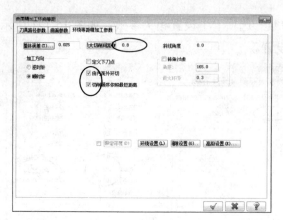

图 15-123　精加工参数

图 15-124　间隙设置

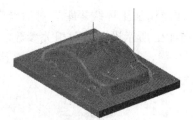

图 15-125　环绕等距刀具路径

(10) 在刀具路径管理器中单击"属性"→"材料设置"选项,弹出"机器群组属性"对话框,单击"材料设置"标签,打开"材料设置"选项卡,按图 15-126 所示设置加工坯料的尺寸,单击"确定" ✔ 按钮完成参数设置。

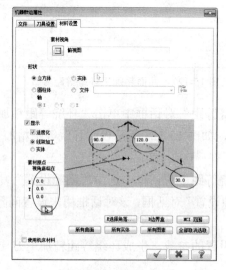

图 15-126　设置毛坯

(11) 坯料设置结果如图 15-127 所示，虚线框显示的即为毛坯。

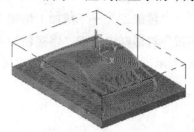

图 15-127　毛坯

(12) 单击"实体模拟" 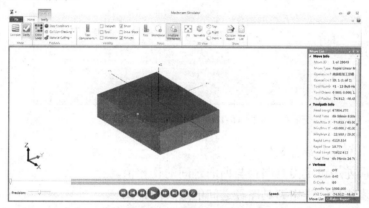 按钮，系统弹出"Verify"对话框，该对话框用来设置实体模拟的参数，如图 15-128 所示。

图 15-128　"Verify"对话框

(13) 在"Verify"对话框中单击"播放" ▶ 按钮，模拟结果如图 15-129 所示。

图 15-129　模拟结果

15.9　熔接精加工

熔接精加工是将两条曲线内形成的刀具路径投影到曲面上形成的精加工刀具路径。需要选取两条曲线作为熔接曲线。熔接精加工其实是双线投影精加工，此刀具路径从早期版本的投影精加工中分离出来，专门列为一个刀路。

在主菜单选择"刀具路径"→"精加工"→"精加工熔接"命令，弹出"曲面精加工熔接"对话框，在"曲面精加工熔接"对话框中单击"熔接精加工参数"标签，打开"熔接精加工参数"选项卡，如图 15-130 所示。该对话框用来设置熔接精加工参数。

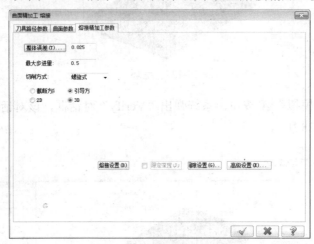

图 15-130　熔接精加工参数

熔接精加工部分参数含义如下。

◇　整体误差：设定刀具路径与曲面之间的误差值。

◇　最大步进量：设定刀具路径之间的最大间距。

◇　切削方式：设置熔接加工切削方式，有双向、单向和螺旋线切削方式。

● 双向切削：以双向来回切削工件。

● 单向切削：以单一方向切削到终点后，提刀到参考高度，再回到起点重新循环。

● 螺旋线切削：以螺旋线方式进行切削。

◇　截断方向：在两熔接边界间产生截断方向熔接精加工刀具路径。这是一种二维切削方式，刀具路径是直线型的，适合腔体加工，不适合陡斜面的加工。

◇　引导方向：在两熔接边界间产生切削方向熔接精加工刀具路径。可以选择 2D 或 3D 加工方式。刀具路径由一条曲线延伸到另一条曲线，适合于流线加工。

如图 15-131 所示为选择引导方向时的刀具路径，图 15-132 所示，为选择截断方向时的刀具路径。

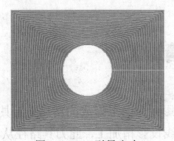

图 15-131　引导方向

图 15-132　截断方向

◇　2D：适合产生 2D 熔接精加工刀具路径。

◇　3D：适合产生 3D 熔接精加工刀具路径。

◇　熔接设置：设置两个熔接边界在熔接时横向和纵向的距离。单击"熔接设置"按钮，
弹出"引导方向熔接设置"对话框，如图 15-133 所示，用来设置引导方向的距离和
步进量的百分比等参数。

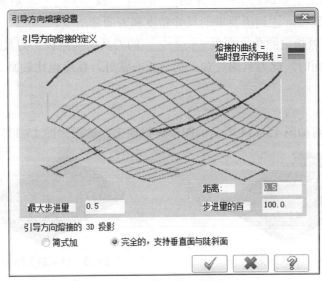

图 15-133　引导方向熔接设置

15.10　本章小结

　　本章主要讲解曲面精加工的参数含义及其操作步骤，Mastercam 提供了非常多的精加工
刀具路径，包括平行精加工、放射精加工、陡斜面精加工、浅平面精加工、环绕等距精加工、
熔接精加工等。

　　利用曲面精加工刀具路径可产生精准的精修曲面。曲面精加工的目的主要是通过精修获
得必要的加工精度和表面粗糙度。

　　其中平行精加工、环绕等距精加工等使用较多。平行精加工刀具路径相互平行，刀路稳
定、刀具切削负荷平稳、加工精度较好，是非常好的刀具路径。环绕等距加工通常作为曲面
最后一层残料的清除，能产生在曲面上等间距排列的刀具路径。对陡斜面和浅平面都适用。
用户应重点掌握这两个刀具路径，再辅助其他的精加工刀具路径即可很好地掌握曲面精加工
操作。

15.11　本章习题

一、填空题

1. 三维曲面精加工主要是对上一工序的_____或_____后剩余的残料进行再加工，以进一步清除残料，达到所要求的尺寸精度和表面光洁度。

2. 平行精加工是以指定的角度产生_____的刀具切削路径。刀具路径_____，在加工比较平坦的曲面时，此刀具路径加工的效果非常好，精度也比较高。

二、上机题

采用曲面精加工对如图 15-134 所示的图形进行加工，结果如图 15-135 所示。

图 15-134　待加工模型　　　　　　　　　图 15-135　加工结果

第 16 章

清角加工

曲面精加工清角加工主要用来加工精加工之后局部区域残料无法清除的区域，或零件中刀具无法进入的曲面尖角部位。本章将进行详细讲解。

 学习目标

◆ 理解清角加工的原因。

◆ 理解交线清角和残料清角的区别。

◆ 掌握清角加工的操作技巧。

16.1 交线清角精加工

交线即两相交的曲面在相交处产生的相交线。交线清角精加工会在两相交曲面相交处产生刀具路径，用来清除交线处的残料。

在主菜单选择"刀具路径"→"精加工"→"交线清角精加工"命令，弹出"曲面精加工交线清角"对话框，在"曲面精加工交线清角"对话框中单击"交线清角精加工参数"标签，打开"交线清角精加工参数"选项卡，如图 16-1 所示。该对话框用来设置交线清角精加工参数。

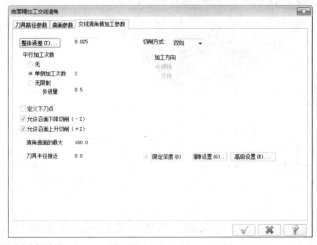

图 16-1 "曲面精加工交线清角"对话框

曲面交线清角精加工部分参数含义如下。

◇ 整体误差：设定刀具路径与曲面之间的误差值。

◇ 平行加工次数：设置交线清角精加工次数。有"无"、"单侧的加工次数"和"无限制"3 种。

● 无：不定义次数，即进行一刀式切削。如图 16-2 所示为次数设置为"无"时的刀具路径。

● 单侧的加工次数：自定义单侧加工次数。如图 16-3 所示为单侧加工 3 次时的刀具路径。

● 无限制：不定义次数，由系统自动决定次数，直到将交线以外的曲面全部加工为止。如图 16-4 所示为次数设置为无限制时的刀具路径。

◇ 切削方式：设置切削加工方式，有单向和双向两种。

◇ 定义下刀点：设置进刀点，刀具会从最接近此点处下刀。

◇ 允许沿面下降切削：允许刀具沿曲面下降切削。

◇ 允许沿面上升切削：允许刀具沿曲面上升切削。

❖　清角曲面的最大角度：设置两曲面夹角的最大值，所有曲面夹角在此范围内都纳入
交线清角的范围。

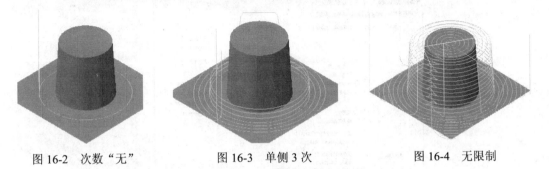

图 16-2　次数"无"　　　　图 16-3　单侧 3 次　　　　图 16-4　无限制

案例 16-1：交线清角精加工

将如图 16-5 所示的图形采用交线清角精加工，结果如图 16-6 所示。

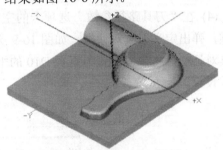

图 16-5　交线清角加工图形　　　　图 16-6　交线清角加工结果

操作步骤：

(1) 单击"打开" 按钮，从光盘找到"源文件\第 16 章\16-1.mcx-7"，单击"确定"
按钮，完成文件的调取。

(2) 在主菜单上选择"刀具路径"→"曲面精加工"→"精加工交线清角加工"命令，
弹出"刀具路径的曲面选取"对话框，如图 16-7 所示。选取加工曲面和边界范围曲线，单
击"确定" 按钮完成选取。

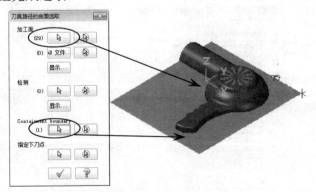

图 16-7　选取曲面和加工范围

(3) 弹出"曲面精加工交线清角"对话框，该对话框用来设置交线清角参数，如图 16-8 所示。

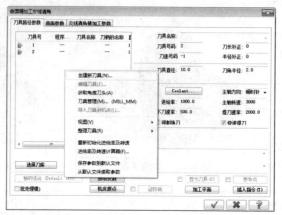

图 16-8　"曲面精加工交线清角"对话框

(4) 在"刀具路径参数"选项卡的空白处单击右键，从右键菜单中选择"创建新刀具"选项，弹出定义刀具对话框，如图 16-9 所示。选取刀具类型为"End Mill"，系统弹出新建刀具对话框，将参数设置为直径 D10 的平底刀，如图 16-10 所示。单击"确定" ✓ 按钮，完成设置。

图 16-9　定义刀具

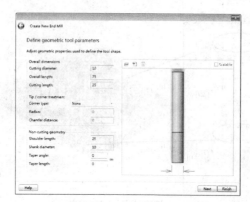

图 16-10　设置平底刀参数

(5) 在"刀具路径参数"选项卡中设置相关参数，如图 16-11 所示。单击"确定" ✓ 按钮完成刀具路径参数设置。

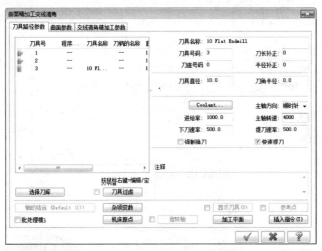

图 16-11　刀具相关参数

(6) 在"曲面精加工交线清角"对话框中单击"曲面参数"标签，打开"曲面参数"选项卡，如图 16-12 所示设置曲面相关参数，单击"确定" ✓ 按钮完成参数设置。

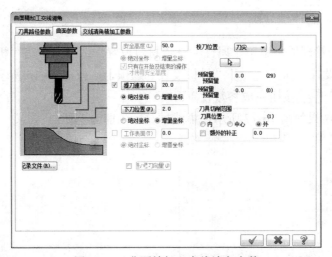

图 16-12　曲面精加工交线清角参数

(7) 在"曲面精加工交线清角"对话框中单击"交线清角精加工参数"标签，打开"交线清角精加工参数"选项卡，如图 16-13 所示设置交线清角精加工专用参数，单击"确定" ✓ 按钮完成参数设置。

(8) 在"曲面精加工交线清角"对话框中选中"限定深度"复选框，单击"限定深度"按钮，弹出"限定深度"对话框，该对话框用来设置切削的深度，如图 16-14 所示。系统会根据设置的参数生成交线清角精加工刀具路径，如图 16-15 所示。

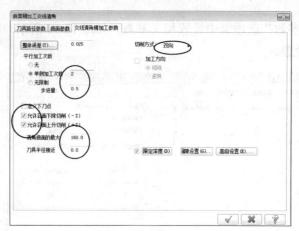

图 16-13　精加工参数

图 16-14　"限定深度"对话框

图 16-15　交线清角刀具路径

(9) 在刀具路径管理器中单击"属性"→"材料设置"选项，弹出"机器群组属性"对话框，单击"材料设置"标签，打开"材料设置"选项卡，按图 16-16 所示设置加工坯料的尺寸，单击"确定" ✓ 按钮完成参数设置。

(10) 坯料设置结果如图 16-17 所示，虚线框显示的即为毛坯。

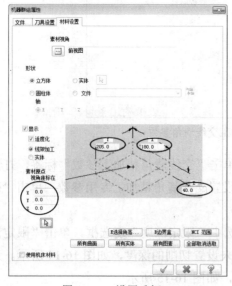

图 16-16　设置毛坯

图 16-17　毛坯

(11) 单击"实体模拟"按钮 ✍️，系统弹出"Verify"对话框，该对话框用来设置实体模拟的参数，如图 16-18 所示。

(12) 在"Verify"对话框中单击"播放" ▶ 按钮，模拟结果如图 16-19 所示。

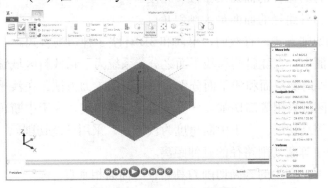 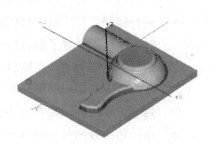

图 16-18　"Verify"对话框　　　　　　　　　图 16-19　模拟结果

16.2　残料清角精加工

残料清角精加工是对先前的操作或大直径刀具所留下来的残料进行加工。残料清角精加工主要用来清除局部地方过多的残料区域，使残料均匀，避免精加工刀具接触过多的残料而撞刀，为后续的精加工做准备。

在主菜单选择"刀具路径"→"精加工"→"残料清角精加工"命令，弹出"曲面精加工残料清角"对话框，在"曲面精加工残料清角"对话框中单击"残料清角精加工参数"标签，打开"残料清角精加工参数"选项卡，如图 16-20 所示。该对话框用来设置残料清角精加工参数。

图 16-20　曲面精加工残料清角参数

残料清角精加工部分参数含义如下。

◇　整体误差：设定刀具路径与曲面之间的误差值。

◆ 最大切削间距：设定刀具路径之间的最大间距。

◆ 定义下刀点：选择一点作为下刀点，刀具会在最靠近此点的地方进刀。

◆ 从倾斜角度：设定残料清角刀具路径的曲面最小倾斜角度。

◆ 到倾斜角度：设定残料清角刀具路径的曲面最大倾斜角度。

◆ 切削方式：设定残料清角的切削方式，有双向、单向和 3D 环绕 3 种切削方式。

◆ 混合路径：在残料区域的斜面中，有陡斜面和浅平面之分，系统为了将残料区域铣削干净，还设置了混合路径，对陡斜面和浅平面分别采用不同的走刀方法。在浅平面采用环绕切削，在陡斜面区域采用等高切削。分界点即是中断角度，大于中断角度的斜面即是陡斜面，采用等高切削。小于中断角度为浅平面，采用环绕切削。

◆ 延伸的长度：设定混合路径中等高切削路径的延伸距离。

◆ 保持切削方向与残料区域垂直：产生的等高切削刀具路径与曲面相垂直。

◆ 加工角度：设定刀具路径的加工角度。只在"双向"和"单向"切削方式时有用。

◆ 加工方向：设置 3D 环绕刀具路径的加工方向，逆时针或是顺时针。

◆ 由内而外环切：设置 3D 环绕刀具路径加工方式为从内向外。

在"曲面精加工残料清角"对话框中单击"残料清角的材料参数"标签，打开"残料清角的材料参数"选项卡，如图 16-21 所示。该对话框用来设置残料清角精加工剩余材料参数。

图 16-21　残料清角的材料参数

残料清角的材料参数含义如下。

◆ 粗铣刀具的刀具直径：输入精加工刀具直径，系统会根据刀具直径计算剩余的材料。

◆ 粗铣刀具的刀角半径：输入精加工刀具的刀角半径，系统会根据刀具的刀角半径精确计算刀具加工不到的剩余材料。

◆ 重叠距离：加大残料区域的切削范围。

案例 16-2：精加工残料清角加工

将如图 16-22 所示的图形采用残料清角精加工，结果如图 16-23 所示。

图 16-22　残料清角精加工图形　　　　图 16-23　残料清角精加工结果

操作步骤：

(1) 单击"打开" 按钮，从光盘找到"源文件\第 16 章\16-2.mcx-7"，单击"确定" 按钮，完成文件的调取。

(2) 在主菜单上选择"刀具路径"→"曲面精加工"→"精加工残料清角加工"命令，弹出"刀具路径的曲面选取"对话框，如图 16-24 所示。选取加工曲面和加工范围，单击"确定" 按钮完成选取。

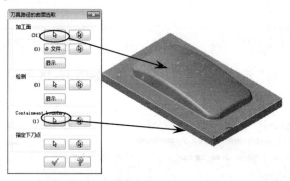

图 16-24　选取曲面和加工范围

(3) 弹出"曲面精加工残料清角"对话框，该对话框用来设置残料清角参数，如图 16-25 所示。

图 16-25　曲面精加工残料清角参数

(4) 在"刀具路径参数"选项卡的空白处单击右键，从右键菜单中选择"创建新刀具"选项，弹出定义刀具对话框，如图 16-26 所示。选取刀具类型为"End Mill"，系统弹出新建刀具对话框，将参数设置为直径 D10R1 圆鼻刀，如图 16-27 所示。单击"确定" ✔ 按钮，完成设置。

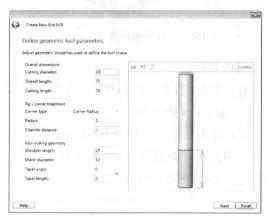

图 16-26　定义刀具　　　　　　　　　图 16-27　设置刀具参数

(5) 在"刀具路径参数"选项卡中设置相关参数，如图 16-28 所示。单击"确定" ✔ 按钮完成刀具路径参数设置。

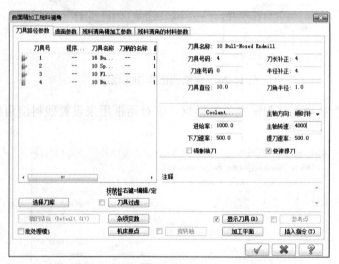

图 16-28　刀具相关参数

(6) 在"曲面精加工残料清角"对话框中单击"曲面参数"标签，打开"曲面参数"选项卡，如图 16-29 所示设置曲面相关参数，单击"确定" ✔ 按钮完成参数设置。

(7) 在"曲面精加工残料清角"对话框中单击"残料清角精加工参数"标签，打开"残料清角精加工参数"选项卡，如图 16-30 所示设置残料清角精加工专用参数，单击"确定" ✔ 按钮完成参数设置。

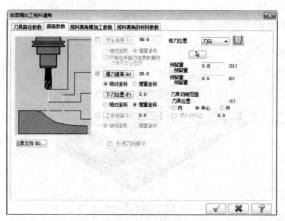

图 16-29　曲面参数设置

图 16-30　精加工参数

(8) 在"曲面精加工残料清角"对话框中单击"残料清角的材料参数"标签，打开"残料清角的材料参数"选项卡，如图 16-31 所示设置残料清角材料依据，单击"确定" 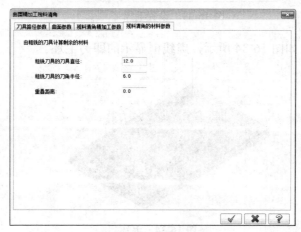 按钮完成参数设置。

图 16-31　材料参数

(9) 系统会根据用户所设置的参数，生成残料清角精加工刀具路径，如图 16-32 所示。

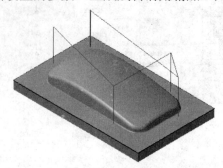

图 16-32　刀具路径

(10) 在刀具路径管理器中单击"属性"→"材料设置"选项，弹出"机器群组属性"对话框，单击"材料设置"标签，打开"材料设置"选项卡，按图 16-33 所示设置加工坯料的尺寸，单击"确定" ☑ 按钮完成参数设置。

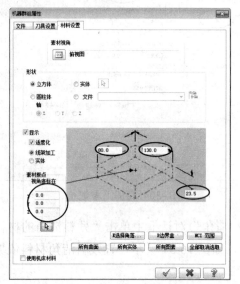

图 16-33　设置毛坯

(11) 坯料设置结果如图 16-34 所示，虚线框显示的即为毛坯。

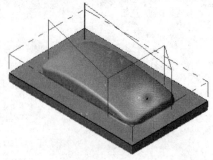

图 16-34　毛坯

(12) 单击"实体模拟" 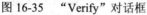按钮，系统弹出"Verify"对话框，该对话框用来设置实体模拟的参数，如图 16-35 所示。

(13) 在"Verify"对话框中单击"播放" ▶按钮，模拟结果如图 16-36 所示。

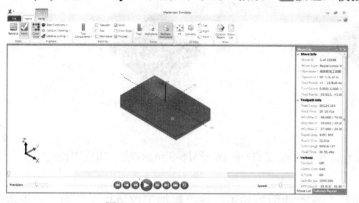

图 16-35 "Verify"对话框

图 16-36 模拟结果

16.3 挖槽面铣加工

在"曲面粗加工挖槽"对话框中单击"粗加工参数"标签，系统弹出"粗加工参数"选项卡，如图 16-37 所示。

在"粗加工参数"选项卡中勾选"铣平面"按钮前的复选框，再单击"铣平面"按钮，系统弹出"平面铣削加工参数"对话框，该对话框默认参数都为 0，一般情况下按默认参数即可，如图 16-38 所示。

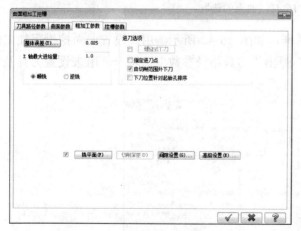

图 16-37 粗加工参数

图 16-38 "平面铣削加工参数"对话框

勾选"铣平面"按钮前的复选框后，挖槽粗加工就只加工工件中有平面的部分了，连带可以清角和光滑平面。下面对其步骤进行详细讲解。

案例 16-3：挖槽面铣

对如图 16-39 所示的图形进行挖槽面铣，结果如图 16-40 所示。

图 16-39　挖槽面铣加工

图 16-40　加工结果

操作步骤：

(1) 单击"打开" 按钮，从光盘找到"源文件\第 16 章\16-3.mcx-7"，单击"确定" 按钮，完成文件的调取。

(2) 在主菜单上选择"刀具路径"→"曲面粗加工"→"粗加工挖槽加工"命令，选取曲面后弹出"刀具路径的曲面选取"对话框，如图 16-41 所示。选取曲面和边界后，单击"确定" 按钮完成选取。

图 16-41　曲面的选取

(3) 弹出"曲面粗加工挖槽"对话框，如图 16-42 所示。用来设置曲面挖槽粗加工的各种参数。单击"刀具路径参数"标签，弹出"刀具路径参数"选项卡，用来设置刀具及相关参数。

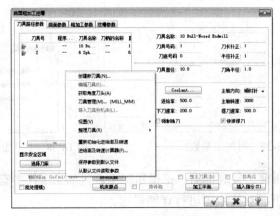

图 16-42　刀具路径参数

（4）在"刀具路径参数"选项卡的空白处单击右键，从右键菜单中选择"创建新刀具"选项，弹出定义刀具对话框，如图 16-43 所示。选取刀具类型为"平底刀"，系统弹出平底刀定义对话框，将平底刀参数设置为直径 D8，如图 16-44 所示。单击"确定" 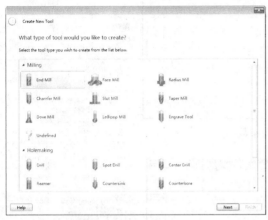 按钮，完成设置。

图 16-43　定义刀具

图 16-44　设置平刀参数

（5）在"刀具路径参数"选项卡中设置相关参数，如图 16-45 所示。单击"确定" 按钮完成刀具路径参数设置。

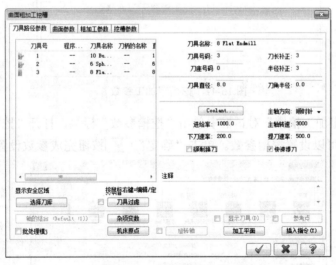

图 16-45　刀具相关参数

（6）在"曲面粗加工挖槽"对话框中单击"曲面参数"标签，打开"曲面参数"选项卡，如图 16-46 所示。设置曲面相关参数，单击"确定" 按钮完成参数设置。

（7）在"曲面粗加工挖槽"对话框中单击"粗加工参数"标签，打开"粗加工参数"选项卡，如图 16-47 所示，可以设置挖槽粗加工参数。单击"确定" 按钮完成参数设置。

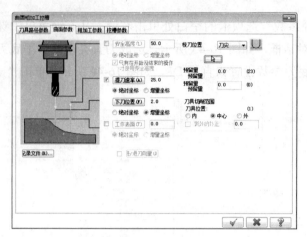

图 16-46　曲面参数

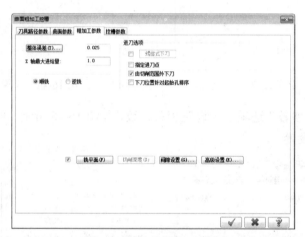

图 16-47　挖槽粗加工参数

(8) 在"曲面粗加工挖槽"对话框中单击"挖槽参数"标签，打开"挖槽参数"选项卡，如图 16-48 所示，可以设置挖槽参数。单击"确定" ✓ 按钮完成参数设置。

图 16-48　挖槽参数

(9) 系统会根据设置的参数生成挖槽粗面铣加工刀具路径，如图 16-49 所示。

图 16-49　挖槽粗加工刀具路径

(10) 在刀具路径管理器中单击"属性"→"材料设置"选项，弹出"机器群组属性"对话框，单击"材料设置"标签，打开"材料设置"选项卡，按图 16-50 所示设置加工坯料的尺寸，单击"确定" ☑ 按钮完成参数设置。

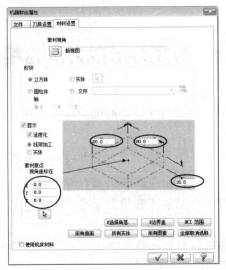

图 16-50　设置毛坯

(11) 坯料设置结果如图 16-51 所示，虚线框显示的即为毛坯。

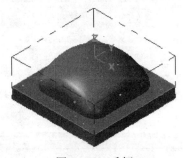

图 16-51　毛坯

(12) 单击"实体模拟" 按钮，系统弹出"Verify"对话框，该对话框用来设置实体模拟的参数，如图 16-52 所示。

(13) 在"Verify"对话框中单击"播放" ▶ 按钮，模拟结果如图 16-53 所示。

图 16-52　"Verify"对话框　　　　　　　　图 16-53　模拟结果

16.4　等高外形残料清角精加工

等高外形残料清角精加工可以对比较陡的曲面进行精加工操作，同时利用限定深度来控制加工的深度进行残料清角加工。

在主菜单选择"刀具路径"→"精加工"→"精加工等高外形加工"命令，选取加工曲面后，单击"确定" ✓ 按钮，弹出"曲面精加工等高外形"对话框，在"曲面精加工等高外形"对话框中单击"等高外形精加工参数"标签，系统弹出"等高外形精加工参数"选项卡，如图 16-54 所示。

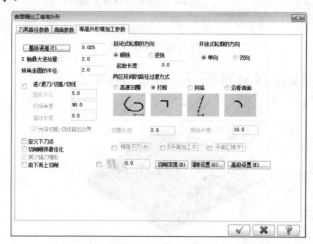

图 16-54　"等高外形精加工参数"选项卡

在"等高外形精加工参数"选项卡中单击"切削深度"按钮，系统弹出"切削深度设置"对话框，在该对话框中设置最高点和最低点，即可控制刀具加工的范围，如图 16-55 所示。

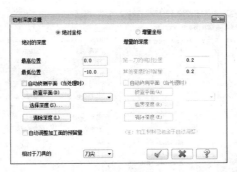

图 16-55　切削深度设置

案例 16-4：等高外形残料清角精加工

对如图 16-56 所示的图形进行精加工，结果如图 16-57 所示。

图 16-56　等高外形精加工图形

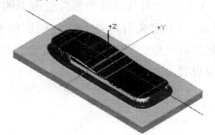

图 16-57　加工结果

操作步骤：

(1) 单击"打开" 按钮，从光盘找到"源文件\第 16 章\16-4.mcx-7"，单击"确定" 按钮，完成文件的调取。

(2) 在主菜单上选择"刀具路径"→"曲面精加工"→"精加工等高外形加工"命令，系统弹出"刀具路径的曲面选取"对话框，如图 16-58 所示，选取加工曲面和边界范围曲线，单击"确定" 按钮完成选取。

图 16-58　选取曲面和加工范围

(3) 弹出"曲面精加工等高外形"对话框，如图 16-59 所示。该对话框用来设置曲面等高外形精加工的各种参数。

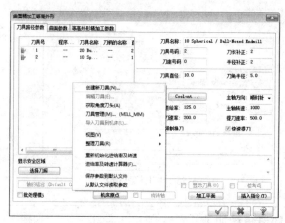

图 16-59 "曲面精加工等高外形"对话框

(4) 在"刀具路径参数"选项卡的空白处单击右键，从右键菜单中选择"创建新刀具"选项，弹出定义刀具对话框，如图 16-60 所示。选取刀具类型为"End Mill"，系统弹出刀具定义对话框，将刀具参数设置为直径 D8R1，如图 16-61 所示。单击"确定"按钮，完成设置。

图 16-60 定义刀具

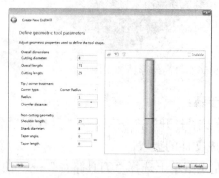

图 16-61 设置球刀参数

(5) 在"刀具路径参数"选项卡中设置相关参数，如图 16-62 所示。单击"确定"按钮完成刀具路径参数设置。

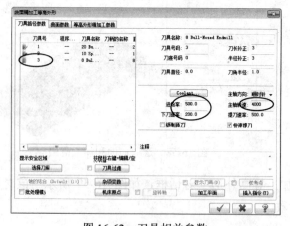

图 16-62 刀具相关参数

410

(6) 在"曲面精加工等高外形"对话框中单击"曲面参数"标签，打开"曲面参数"选项卡，如图 16-63 所示设置曲面相关参数，单击"确定" ✔ 按钮完成参数设置。

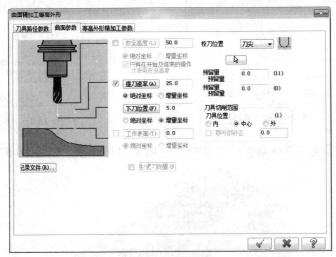

图 16-63　曲面参数

(7) 在"曲面精加工等高外形"对话框中单击"等高外形精加工参数"标签，打开"等高外形精加工参数"选项卡，如图 16-64 所示设置等高外形精加工专用参数，单击"确定" ✔ 按钮完成参数设置。

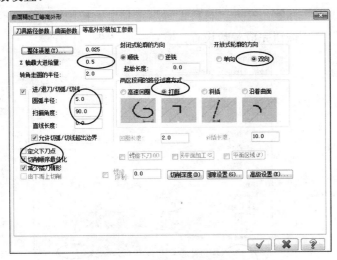

图 16-64　等高外形精加工参数

(8) 在"等高外形精加工参数"选项卡中单击"切削深度"按钮，弹出"切削深度设置"对话框，该对话框用来设置切削的深度，如图 16-65 所示。

(9) 在"等高外形精加工参数"选项卡中单击"间隙设置"按钮，弹出"刀具路径的间隙设置"对话框，该对话框用来设置间隙的控制方式，如图 16-66 所示。

图 16-65　切削深度的设定　　　　　　　　图 16-66　间隙设定

(10) 系统会根据设置的参数生成等高外形精加工刀具路径，如图 16-67 所示。

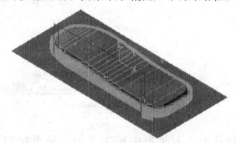

图 16-67　加工刀路

(11) 在刀具路径管理器中单击"属性"→"材料设置"选项，弹出"机器群组属性"对话框，单击"材料设置"标签，打开"材料设置"选项卡，按图 16-68 所示设置加工坯料的尺寸，单击"确定"⬚按钮完成参数设置。

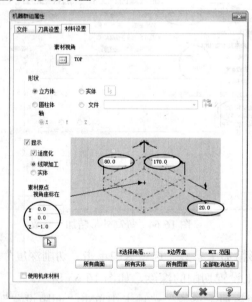

图 16-68　设置毛坯

(12) 坯料设置结果如图 16-69 所示，虚线框显示的即为毛坯。

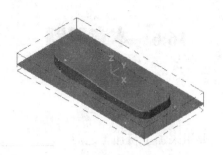

图 16-69　毛坯

(13) 单击"实体模拟"按钮，系统弹出"Verify"对话框，该对话框用来设置实体模拟的参数，如图 16-70 所示。

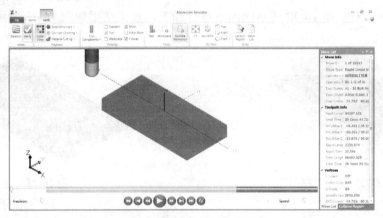

图 16-70　"Verify"对话框

(14) 在"Verify"对话框中单击"播放"按钮，模拟结果如图 16-71 所示。

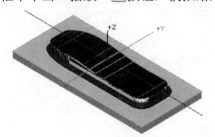

图 16-71　模拟结果

16.5　本章小结

本章主要讲解清角加工刀路参数及其操作技巧。清角加工主要是针对精加工操作后的工件交线处的残料或者拐角处的残料进行清除。一般用于最后局部残料清除操作，在清除残料的同时应避免伤及工件。

16.6   本章习题

一、填空题

1. 曲面精加工清角加工主要用来加工精加工之后_____或零件中_____。

2. 交线即两相交的曲面在_____产生的_____。交线清角精加工会在两相交曲面相交处产生刀具路径，用来清除交线处的残料。

二、上机题

采用清角加工对如图 16-72 所示的图形进行加工，加工结果如图 16-73 所示。

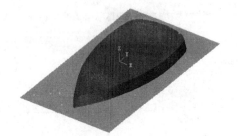

图 16-72   待加工图形

图 16-73   加工结果